关怀伦理学

〔美〕弗吉尼亚·赫尔德 著

苑莉均 译

商务印书馆
创于1897 The Commercial Press

2014年·北京

Virginia Held

THE ETHICS OF CARE

Personal, Political, and Global

本书根据牛津大学出版社 2006 年英文版译出

献给我的孙辈：亚历山大、欧文、马德琳、
凯利和尼古拉斯

目 录

鸣 谢

我的著作《女性主义道德：文化、社会和政治的转变》于1993年出版。从那时起，我日益相信，我开始研究的关怀伦理学很值得进一步发展。我写过一系列关怀各个方面的论文，在会议和座谈会上宣读、讨论了这些文章，并且出版了其中的大部分。这本书以这些文章为主要根据，但它们都已经改写，其中许多材料是新的。

我非常感谢以下很多人，他们提供给我关于上述文章和本书中的论证和观察的很多想法、反思、批评、赞成、不赞成和很多建议。我特别要感谢他们颇有价值的评论：伊丽莎白·安德森、芭芭拉·安德鲁、切西尔·卡尔霍恩、里奇蒙·坎贝尔、克劳迪娅·卡德、大卫·科普、费尔蒙·戴维斯、卡罗尔·古尔德、肯特·格林诺瓦特、马克·阿尔丰、大卫·约翰斯顿、艾莉森·贾格尔、伊娃·基蒂、海蒂·马尔默、戴安娜·迈耶斯、珍妮·尼代尔斯基、希尔德·尼尔森、玛撒·努斯鲍姆、罗莎·蒙德罗德、萨拉·鲁迪克、苏珊·舍温、罗伯特·L. 西蒙、詹姆斯·P. 斯特巴、纳迪亚·乌尔比纳蒂、杰里米·沃尔德伦、艾里斯·马里恩·扬，以及对这本书的部分或全部做过审查的匿名评论员。

我感谢以下各机构为我提供机会来宣读本书所考虑到的观念，并使这些思想在会议中得到讨论，这些机构是：美国哲学协会（中部和太平洋分会）、美国价值探究协会、纽约城市大学研究生院、哥伦比亚大学、达尔豪斯大学、两届的国际法哲学与社会哲学（IVR）世界大会、库茨敦大学、新泽西州地区哲学协会、纽约州立大学布罗克波特校区、萨福克社区学区、塔夫茨大学、联合学院、图尔库（芬兰）大学和范德比尔特大学。

我感谢出版商允许我使用改版重印或以下他们已发表的论文。第一章的一个早期版本作为“关怀伦理学”一文刊登在大卫·考普主编的《牛津伦理学理论手册》（纽约：牛津大学出版社，2006 年）。第二章的一个早期版本的标题是“思考关怀：作为实践和价值的关怀”，刊登在切西尔·卡尔霍恩主编的《设置道德罗盘》（纽约：牛津大学出版社，2004 年）。第四章包括的资料源自“正义和功利：谁来关怀？”，刊登在《哲学交换》26（1995—1996 年）；“关怀与正义的融会贯通”，刊登在《希培莎期刊》（1995 年春季）；还有“女性主义哲学的贡献”，《协会》（1998）。第五章的一个早期版本，“自由主义和关怀伦理学”，刊登在克劳迪亚·卡德主编的《论女性主义伦理学和政治》（劳伦斯：堪萨斯大学出版社，1999）。第六章的一个早期版本，“关爱的关系和正义原则”，刊登在詹姆斯·斯特巴主编的《女性主义争议》（拉纳姆，马里兰州：罗门和利特菲尔德出版社，2001）。第七章的一个较短的版本，“关怀和市场的推广”，发表在《希培莎期刊》17（2）（2002 年春季），第八章的一部分是根据“权利和关怀的前提”，见于玛里琳·弗里德曼等人编辑的《权利和理性：纪念卡尔·威尔曼论文集》（德雷赫特：克卢韦尔学术出版社，2000 年，施普林格科学和商业传媒许可）。第九章包括的资料源于“女性主义的道德和权利”，见于《法律理论》，补编 19 条；“权利”，见于艾莉森·贾格尔和艾里斯·马里恩·扬主编的《伴随女权主义哲学》（马尔登，马萨诸塞州：布莱克韦尔出版社，1998 年）；还有“女性主义与政治理论”，见于罗伯特·L. 西蒙主编的《布莱克韦尔社会和政治哲学指南》（马尔登，马萨诸塞州：布莱克韦尔出版社，2002 年）。要比第十章更短、更早期的版本，“全球背景中的关怀与正义”，刊登在《协会》（2003 年）和《比较法学》17（2）（2004 年 6 月）：第 141-155 页。

我非常感谢纽约市立大学多年来对我的稳定聘用、定期休假、那些很了不起的学生和那些有坚定信仰的同事们，后者使我有可能作为哲学家来著述，旨在影响更广泛的世界，而不仅仅是哲学家如何认为。我在纽约市立大学研究生中心和纽约亨特学院本科班任教，我所教授的这些课程提供了无数的见解和论证，它们都反映在这本书里。

我感谢我多年的合作伙伴，罗伯特·L. 汤普森，感谢他稳定的陪伴和轻松的接触，也感谢我的孩子，朱莉娅和菲利普，以及他们的家人。他们提供的那种平衡对于我从来都是不可缺少的。

引　论

3

在过去的几十年中，关怀伦理学已经发展成为有前途的选择，以替代已经在过去两个世纪中采用的主导性道德的方法。它已产生了大量的文献，并影响了许多地区的许多道德查询。它正在改变道德问题往往被解释的方式，也在改变许多人认为道德问题的推荐办法应该是什么。

随着规范观点的兴趣向各方面扩大——从平等的家庭和工作场所的纲要开始，经由家长和公民的道德责任，到对政府及外交政策的伦理评定——关怀伦理学为我们带来了希望，以更富有成效的方式重新思考我们应当如何引导我们的生活。

关怀伦理学有潜力将真正的普遍关怀经验作为依据。从幼童开始人人要受到关怀，否则人类不会生存。唯有关怀伦理学能帮助我们理解关怀中的价值，理解如何以关怀为标准才能拒斥暴力和强制。

关怀伦理学不必求助于宗教信仰，因为信仰携带造成分化的精神包袱，也不用依赖可疑的声明，因为这些声明都要求：对于所有道德问题，我们必须优先考虑理性的普遍性规范。与之相反，关怀伦理学则是在经验、对经验的反省和关于经验的论说的基础上，发展一种对最基本的也是最全面的价值观的了解。

我在本书第一部分逐步揭示关怀伦理学作为一种道德理论或方法以应对道德争议。第二部分探究关怀伦理学对政治、社会和全球问题的含义，同时也要关注在运用这一理论的尝试中应当允许理论本身的循序改进。

我在第一章立项说明：关怀伦理学是一种独具特性的道德理论或方法，不可以附加在其他已经确立的方法（比如康德的道德论、功利论或美德论）上，或包含在它们之中。美德论要引出更
4 多的争议，这是因为它和关怀伦理学有相似之处。关怀伦理学主要研究人与人的相互关系而非个人的倾向气质。这正是我要论证的关怀伦理学的独特性。

第二章探究关怀“是”什么，或者说，我们所说的“关怀”一词的意思是什么或应是什么。我的结论是，关怀既是实践的价值或众多实践活动，又是一种价值或一系列价值的价值观。它在某种程度上发生在存在的关怀实践中，尽管存在的实践通常已嵌入了使人不满意的强行支配。它还提供标准以评定其实践活动并且举荐好的关怀。

既然关怀的实践和价值都要求关怀之人，我在第三章探究关怀者应具有的特性。我的结论是关怀者不仅要有适当动机以对他（她）者作出反应并提供关怀，还要依效果而调适其参与的实践。

我在发展关怀伦理学时也在比较关怀和正义。第四章将检验对两种理论的比较：一方以正义或功利为根据，另一方以关怀为基础。我考虑关怀与正义之间可能实现的融会贯通，还有那些方式，它们可能对以下这个问题作出概念分析：一种使人满意的综合性道德理论如何将其各个零碎的部分结合成整体。

第五章对关怀伦理学的假定和含义同传统自由主义的假定和含义进行对比，并且保护关怀伦理学使其免遭自由的批评。第六章扩展到讨论道德理论化中的普遍化，并且保护关怀伦理学使其免遭占主导地位的道德理论的以下那种假定的必要条件的侵扰：即理性的普遍原则总是被授予优先权。

我从第七章开始考察关怀伦理学对于政治和社会问题的含义，这也是第二部分的中心。首先讨论政治问题：用来从事诸如儿童关怀、教育和健康关怀的市场方式是否应当加以扩充或者被限制；还要触及这一争执对于各种文化的含义。我要说明主导性的道德方法缺乏资源来解决这些问题。与此相关，关怀伦理学能提供令人信服的限制市场的论证。

我在第八章讨论如何真正尊重我们视为重要的权利，这一点预先设定了：无论权利是否被尊重，人们已经充足地依据关怀而结合。我将考虑公民社会这一题目如何在过去的十年间突然受到极其巨大的关注，这只能通过关怀关系得到解释。

第九章考察这样一些论证，它们用来限制法律的干涉和合法性的思考，而不是想象法律能给所有道德性的思维提供合适的工具。它还解释关怀伦理学为什么有办法举荐应对强权和暴力，关怀理论学为什么不必也不应当建立在理想化的家庭和谐的想象之上。

第十章探究关怀伦理学对国家之间关系和全球文明性的含义。我又一次建议它能够提供更多保证，它们超出了我们从更熟悉的正义论里发现的观点。

5 在本书中，我试图呈现一种新的发展中的道德方法很有希望的潜力。关怀伦理学只有几十年历史，在人类尝试着评估我们应当如何生存并举荐应该做什么的历史中是很短的时间。关怀伦理学还有很多弱点和缺陷，但它的发展是一种继续不断的协作项目。我希望这本书对它将来的改进作出贡献。

第一部分　关怀和道德理论

第一章　作为道德理论的关怀伦理学　*9*

关怀伦理学只有几十年的短暂历史。[1]不愿用“关怀”代表这一道德探索的理论家试图用“爱的伦理”或“关系的伦理”替代它，但是“关怀”一词总是要回归成为至今所考虑到的几个词中令人比较满意的一个，虽然它还有不尽人意之处。关怀概念的优点在于当关怀致力于关怀人的工作时不失其见解，也不会落入道德理想化的指责，不合实际这一点正是关怀伦理学家经常反对的。而关怀既是价值又是实践。

迄今，关怀伦理学远远超越了其原始形式，而对关怀伦理学的评定不应当限定在其早期的经常被引用的一两本著作中。关怀伦理学发展成了一种道德理论：不仅与家庭、朋友的私人领域相关联，也与医疗实践、法律、政治生活、社会组织、战争和国际关系相关联。

关怀伦理学有时被视为一种很有潜力的道德理论，这一理论要替代主导性理论，例如康德、功利论或亚里士多德的美德论。关怀伦理学有时又被视为美德论的一种形式。其发展一直在于强调那些被忽略的道德思考，认为它们至少与那些在正义和权力的道德性、或满足功利和偏好的理论中作为核心的思考同等重要。多位对理解关怀伦理学卓有贡献的作者寻求着整合以下的道德思考：诸如由其他道德理论已经澄清了的正义怎样能令人满意地与关怀相结合，尽管这些作者觉得有必要重新构思这些道德思考。

关怀伦理学的特点

关怀伦理学的倡导人抵制将其探索归纳为只能适合一种道德理论的固定形式。关怀理论家视其理论为众多见识之集，并重视
10 对具体情况和个人的叙事，而不是所熟悉的道德理论的抽象推理和普遍声明。[2]但我还是认为，我们能从各种关怀伦理学中识别出几个主要特点。

第一，关怀伦理学的主要关注在于迫切的道德感；为满足周围的人的需要而服务，我们对这些人负有责任。比如，关爱子女可能是很好的、可辩护的位于一个人的道德关注的第一线。关怀伦理学认识到，人的一生中多年来是依赖别人的，而要求我们满足那些依赖者所需要的关怀之道德声明是迫切的，而发展这一使人类生存和进步的关怀关系在道德方面具有高度意义。所有人至少在人生早年需要关怀。人类的繁荣和进步之展望从根本上铰链了关怀和被关怀，而关怀伦理学强调的正是满足依赖者需要的道德责任力度。很多人晚年时会生病，特别在垂暮之年。有些人终身残疾需要被关怀。多数以独立、自主、理性的个人为基点的道德学说极大地忽略了人们互相依赖的实际生活和实际所召唤的道

德性。关怀伦理学关切这一重要的人类生活并划定其道德价值观。关怀伦理学认为关怀并不代表“外围道德”。关怀特殊的他人应当如何与普遍正义的要求相符合这一点必须得到阐述。无论普遍的原则是怎样的，以具体他人的道德要求作为出发点的关怀伦理学，例如对一个人的孩子的道德要求，总能成为强制的要求。

第二，当试图理解道德的推荐以及什么是我们最好的道德行为，从认识论的顺序看，关怀伦理学尊重而不是拒斥情感。当然不是所有情感都被重视，但与主导性的唯理论的方法相对比，比如同情、共鸣、敏感和响应都是道德情感，培育这些情感不仅有助于落实理性的指导原则，而且有利于确定道德的推荐内容。[3]愤怒可作为一种道德愤慨，人们在遭受非正义或非人性的对待时应该感到愤怒，它有助于（而不是干涉）适当解释什么是道德的错误。这并不是说原始感情能指导道德：感情需要反省和培养。从关怀的视点看，完全靠理性和唯理推论或计算的道德探究是有缺陷的。

唯理性道德理论通常考虑并拒斥的情感是一些利己主义的感情，这类感情损害普遍道德规范，是干扰公正的偏爱，也是道德上加以限制的侵犯和复仇的冲动。与之相反的关怀伦理学通常赞赏情感和关系的能力，这类情感和能力从道德上促进人们在实际的人与人互动的境况中理解什么将是最好的。由于即使是有助的 11
情感有可能常常误导或比误导更坏——过多的移情他人会导致过度的自我否定或者仁爱跨越成为控制支配——这里我们需要的是关怀伦理学而不只是关怀自身。种种关怀和其表达以及关爱关系都需要服从道德的缜密思考和评估而不只是观察和描述。

第三，关怀伦理学拒斥以下的主导性的伦理观点，即关于道德难题的推理越抽象越好，因为越是避免偏见和人为化就越是接近公正。关怀伦理学尊重我们与其共享实际关系的特殊他人的要求而不是忽略这些要求。[4] 由此而唤起对主导性理论的普遍和抽象规则的质询。在考虑父母和孩子的实际关系时，主导性理论可能说的是父母子女关系可以被允许、也可以被培育成人们的偏爱。这些理论承认所有父母都有关怀孩子的普遍义务，但不允许人的实际关系具有超过公正需要的优先性。布赖恩·巴里曾经表达这一观点：存在的普遍规则允许人们在某些境况中偏爱朋友，例如决定给谁送节日礼物，但是，对朋友的偏爱在道德上的可接受仅仅是因为普遍规则已经作了如此判断。[5] 与之相反，关怀伦理学怀疑这类抽象和对普遍规则的依赖并质询它们的优先性。大多数关怀伦理学者认为，特殊他人的强制性的道德要求可以有效，即使此要求与道德论通常说的道德判断为普遍适用的要求相冲突，而这一点正是最根本的道德重要性。[6] 关怀与正义、友谊与公正、忠诚与普遍性之间的潜在冲突就是如此。然而也有人认为，如果普遍判断适当合并到以前被忽视了的关怀的规范之中，冲突也就不必存在了。

安妮特·贝尔深思了女性主义对道德的探索如何不同于康德的探索，以及康德关于妇女不依靠理性而依靠情感因而不能成为完全道德的人的主张。她写道："当康德下结论说'妇女是如此糟糕'时，我们可得出结论，'男性对起草立法的特殊技能的固恋，崇拜规则的官僚心态，和男性对于独立性压过相互依赖性的重要性的过分夸大都是如此糟糕’。”[7]

玛格丽特·沃克对比了她理解的女性主义的“道德理解”和传统上认为的道德“知识”。她提倡的道德理解包括“关注、对语境和述事的欣赏以及道德反思中的交流”。这种不同的道德认识论认为“道德理解的适当性在其形式由抽象而概括时就会减弱”。[8]

关怀伦理学或许追求限制普遍规则在它们更适宜的领域里的应用，例如在法律界的应用，并且抵制它们扩大到其他领域。这些规则在家庭和朋友的范围中简单说是不合适的。当然这些领域 12
的关系确实应当被评估而不是仅仅被描述，故此道德不应当被局限在抽象规则里。我们应该对信任、体谅和关怀的实际关系以及非这些关系的关系给予道德指导。

主导性道德理论试图将道德难题解释成自我主义的个人和普遍道德原则这两方的冲突。“自私的个人”和“人性”是人们承认的，但这里面的深层被忽视了。与之相反，关怀伦理学特别关注两个极端之间的中间区域。认真关怀他人的人首先不是在追求扩大自己个人的利益，这些人的利益与他们所关怀的人的利益相互交织在一起。他们这样做也不是全为了其他人或一般化的人性；相反，他们追求保持和提高与特殊他人的真实的人与人的关系。关爱关系中的人们为了自己和他人一起行动。他们的特性姿态既不是自我的又不是利他的；它们是在一种冲突里的两个选择，但是关爱关系的良好状况包含了关系人的良好合作，还有关系本身的良好。

为了努力克服部落意识和宗教褊狭的态度和难题，主导性道德理论试图将家庭和朋友这些领域同化到部落或者视之为个人不公平偏好的渊源。或者说主导性道德理论认为人们在这些领域的关联属于非道德的私人偏爱，如果在公平道德规范的限制下还是可以允许人们去追随的。关怀伦理学认识到家庭与朋友关系中的道德价值和重要性，以及这些领域对道德指导的需要，从而理解现有的关系应如何时常改变和发展。深入了解了这些境况中更个人化的关爱关系的价值，关怀伦理学时常以这些价值为准来检验社会和政治安排。关怀伦理学作为女性主义伦理学的发展形式又会对社会的激进改革做出建议。关怀伦理学不仅要求妇女在现存社会结构中的平等并且要求关于经验的同等重要的思考，这些经验揭示关怀的价值、重要性和道德意义。

关怀伦理学的第四个特性是它对传统的关于公共和私人两个概念的重构，这和女性主义在许多领域的思想相似。以主导性道德理论为纲要的传统观点认为，家务是一个超越政治的、以赞同为基础的、政府不应当干涉的私人领域。女性主义已经说明了男人具有较大的政治、经济和文化的权力并将这一“私人的”范围结构性地变成妇女和儿童的不利地位，致使她（他）们在没有外来干涉时易受家庭暴力的攻击，还经常使妇女在经济上依靠男人并屈服于高度不公正的家庭劳动分工。法律一直在不犹豫地干涉妇女关于生育的决定但却很不情愿去干涉男人们在他们的“城堡”

中强制使用权力。

主导性道德理论视“公共”生活与道德相关联，却忽略了家 13
庭和朋友的“私人”领域内的道德意义。故此，主导性理论假设了道德追求应该是由无关系的、独立的、相互漠不关心但假定是平等的个人来完成的。他们假定了一个抽象的、完全理性的“代理人”来建构道德性，[9]同时却忽略了家庭、朋友和社会群体中相互关联的人们提出的道德问题。在家庭背景中关系往往建立在拥有很不平等的权力的人们之中，这些人并没有选择这些把自己嵌入其中的联系和义务。例如，没有孩子能选择父母但她有义务来关怀他们。这些关系按标准是非契约的，而将它们概括为契约性的就往往破坏了或者是至少暗淡了它们的价值所依赖的信任。关怀伦理学论既不忽视从这些不平等和依赖的关系中产生的道德争议，又不忽视寓于情感和不自愿之中的关系，并且注意到这些性质怎样不仅应用于家庭而且也应用于更广泛的社会。例如人们并不能选择性别、种族、阶级、族群、宗教、国家、或从小长大的文化社群，然而这种种联系可能作为他们是谁的重要方面，而他们的经验也会有助于道德理解。

关怀伦理学的第五个特性是作为关怀伦理学起点的关于人的概念，下一节来论述这一性质。

对自由个人主义的批评

关怀伦理学通常致力于人作为关系的概念研究，这一概念不同于在主导性道德理论中人作为自足和独立个体的概念。主导地位的理论可以被理解为引进了一种关于人的道德理论概念，它主要是在自由论的政治和经济理论中发展起来的，即将人视作理性的、自主的行动者，或者一个以自我利益为中心的个人。按照这一观点，社会的构成是一些“独立、自主的个体，其合作只在于此合作能推进每一方的目的（正如布赖恩·巴里所言）”。[10]或者如果他们是康德论者，他们会避免那些不会成为普遍法则的行动，普遍法则是完全理性和自主的个体代理人都要赞同的法则。迈克尔·桑德尔批评说，这些观点主张“从某种重要意义上表达了将我们分离开的总是要优先于将我们联系在一起的——不只是在认识论上优先、也在道德方面优先。我们先是不同的个人然后才发展关系”。[11]玛撒·努斯鲍姆的自由女性主义道德论认为，“一个又一个人的繁荣既从分析上也从规范上优先于任何群体的繁荣”。[12]

关怀伦理学与之相反，其特征在于将人视作在道德和认识论上都是相关的和相互依赖的。每一个人都从儿时开始就依赖其他
14 人提供关怀；我们在一生中都以很根本的方式和其他人相互依赖。我们仿佛独立地思考和行动这一点依赖着一个社会的关系网络，而我们的关系又是构成我们身份的一部分。这不是说我们不能成为自主的；女性主义已经做了很多有趣的工作来发展另一种自主概念以代替自由个人论的概念。[13]女性主义者具有很多经验来拒绝或者重构压迫性的关系。从关怀伦理学的观点看来，这就意味着，仿佛我们是鲁宾逊·克鲁索、或者用霍布斯凭空涌现的蘑菇的想象来建构道德性都是一种误导。[14]伊娃·基蒂写道，这一概

念助长了社会是由自由、平等和独立的个人所构成，而这些人可以选择相互交往的幻觉。这个观点模糊了每个人都有依赖性的真实事实；即每人在年幼时，大部分人在不同时期患有疾病或年老体弱时，残疾人，还有所有从事于没有报酬的“为依赖者工作”的劳动者。[15] 所以这个观点模糊了现今世界中人们之间和社会群体之间以数不胜数的方式相互依赖的事实。

自由个人主义中人的概念不仅助长了错误的社会图画和图中人物，从关怀伦理学的观点看，它也是一种贫乏的理想。关怀伦理学注重我们与特殊他人的牵连和构成我们身份一部分的实际关系。虽然人们经常可以并应当重建与他人的关系——远离一些人和群体并发展或加强与其他人的联系——关怀伦理学追求的自主是一种重建和培育新关系的能力，不是去紧密效仿自由政治和道德论的没有阻碍的、抽象唯理的自我。以关怀伦理学为动机的人们会追求成为更令人钦佩的良好关怀关系中的关系人。

即使自由论之理想仅仅意味着指导我们去做以理想模式为准、应当为理性的东西，将人视为此模式的呈现其后果还是不应当被欢迎的。正如安妮特·贝尔所写，“自由道德论，倘若无附加的理论，也许使人们不适合成为其证实理论所假定他们成为的、对别人的利益不感兴趣的人”。[16] 有很强的经验证据说明采用一种理论模式会怎样导致其映现的行为。各种研究说明：研究经济学，“对于有明确预测性模型的反复重复和强化的训练”导致人们以自身利益为本来决定该做什么，致使经济学学生比其他学生更少协作、更倾向于讨便宜。[17]

主导性道德理论采用的人的概念至多提供了适合以下人们活动的道德性：相对陌生的、又形成足够信任而建立了政治实体的人们之间法律、政治和经济的互动。[18] 然而关怀伦理学顾及人与人的关联。关怀伦理学认为我们的许多责任都不是自由选定的，而是由于偶然事件呈现给我们的，即我们在家庭、社会和历史的
15 背景联系中体现的偶然事实。关怀伦理学常常唤起我们去承担责任，相反，自由个人主义的道德性集中在如何使我们互相脱离而独立。人作为被嵌入的和承受负担的观点在很多女性主义道德思维中都是最基本的立场，而关怀伦理学尤其强调这一观点（参阅第三章以便深入讨论）。

正义与关怀

有些关怀伦理学概念视其与正义伦理学相对比：建议必须在二者之间作出选择。卡罗尔·吉利根建议的不同视角在解释和组织道德难题的成分时表达了其含义：她自己使用的比喻，如含糊的花瓶和面孔，从心理学对知觉的研究看，例证说明了可能怎样会将一个难题视为不是正义就是关怀的、但不会是二者共存的。[19]

正义伦理学关注的问题在于公平、平等、个人权利、抽象原则和与之一致的应用。关怀伦理学关注的问题在于专注、信任、对需要的反应、讲述的细微差别和培育关爱关系。当正义伦理学追求公平解决个人利益和权利的竞争时，关怀伦理学却认为关怀者和被关怀者的利益很重要地缠绕在一起而非简单的竞争。正义

保护平等和自由，而关怀则培育社会凝聚力和协作。

关于道德性应当思考什么，这里有很不同的强调重点，而上述两种伦理学一直在研讨什么似乎在道德上更重要。这样一来又导致很多人在探究怎样把它们结合成一种更使人满意的道德观。一个有说服力的论证可以举例说明在关怀的背景下需要正义：家庭领域需要防止暴力、不公平的劳动分工、或如何正当对待孩子。另一个也有说服力的论证说明在街道和法庭这些正义背景中则需要关怀：那里的人们应得到人性化的对待，而在教育、健康和公共福利方面都应当属于社会责任的管辖。这些论证暗示了正义和关怀不应当分离成不同的“伦理学”。这一点在萨拉·鲁迪克提议的方法里表述为“正义总要与关怀前后出现”。[20]

很少有人主张关怀中完全没有对正义的思考。举例来说，如果一个人持久地偏爱两个孩子中的一个而又不能证实这个孩子更需要偏爱的话，这个人就不会很好地关怀这两个孩子。争议的焦点确实在于，哪些价值汇聚具有优先性，以及在关怀伦理学和正义伦理学的实践中哪些该更有优势。我们可以详细叙述两者之间重要的不同观点。主张正义论的主导性道德理论中，尊为优先的价值是平等、公正、公平分配和互不干涉；实践正义时，个人的权利受到保护，要达到公正判断，惩罚要适当，所追求的应该为平等对待。与此相对照，在关怀伦理学中，尊为优先的价值是信任、团结、相互关心和心领神会的响应；实践关怀时，关系得到 16
培育，需要获得满足，而对关怀的敏感性得到体现。

迪玛特·布贝克付出了加倍努力来整合关怀与正义。她很清楚地写道："赞同关怀伦理学作为一个概念、价值和观念的体系，是从关怀作为有机的实践产生的，同时也是对引人注意的满足需要的物质要求的反应。"[21]然而，她主要的兴趣在于理解妇女的受压迫，她将压迫联系到妇女们作了绝大多数的无报酬的关怀工作。她论证说，关怀中的平等和最小伤害的原则若非明确表明则已经悄然地嵌入关怀的实践之中。关怀者在受能力和时间限制的情况下，在从事关爱劳动时必须决定怎样对被关怀者们的各种需要做出响应。她写道："关于正义的思考是从关怀实践本身产生的——这一点绝不是牵强附会，故而正义也是适当理解关怀伦理学的重要方面。"[22]因此，关怀伦理学必须考虑社会分配关怀任务的方式是否正义（或缺乏正义）。从传统看，社会期待妇女做大部分必须做的关怀工作；而性别的劳动分工通过榨取她们的非报酬的关怀劳动来剥削妇女，使妇女比男人们更无能力去做有报酬的工作。"女性化"把妇女构思成关怀者，这会有助于限制妇女被迫接受性别的劳动分工。一种只赞扬关怀却不考虑关怀负担如何被分配的关怀伦理学，只会增加对妇女、对少数民族群体的剥削——他们从事于有报酬的工作却是报酬很差的关爱工作，诸如给富人做家务和在日托中心、医院、老人院等类似的工作。

但是尚未触及的问题还很多：我们是否应当认为正义该融合到更合理的关怀伦理学中，还是该保留正义和关怀的观念及其各自的伦理学在概念上的不同。对以下问题的认识还有很多话要讲：关怀伦理学怎样注重人的相对关联性和对特殊他人的需要的反应性；正义伦理学怎样注重公平和权利；以及这两种理论有怎样不同的侧重点。[23] 过多的整合会丧失对以上这些合理差异的见识。所以我更倾向于认为，一种更合理的综合性道德理论要包容关怀伦理和正义伦理两方面的见识，还有其他很多见识，但不是说，在假定一方能为另一方特有的判断提供依据的意义上，其中一方可以纳入另一方。公正的关怀不一定是更好的关怀，而是公平的关怀；同样，人性的正义也不一定是更好的正义，而是关怀的正义。

几乎所有关怀伦理学的提倡者都不愿视其为一种在价值上逊色于主导性正义伦理学的道德世界观。[24] 把关怀的思考想象成仅是对主导性理论的添加附会，如同斯蒂芬·达沃尔所建议的一样，这种关怀理论是不能使人满意的。[25] 把关怀伦理学局限在私人领域、同时又认为关怀伦理学不适合公共生活，正如尼尔·诺丁最先提出、而许多人又作了相同建议的，[26] 这样做也应该被拒绝。但是，关怀和正义怎么融会一体而又不失其各自的优先性，这仍 17
旧是要研究的任务。

关于关怀和正义的整合，我自己的看法是要保持二者在概念上的独特性，也要详细叙述各自具有优先性的适用领域。[27] 例如在法律范围，正义和确保权利应具有优先性，当然也不应丧失关怀的人性考虑。在家庭和朋友之间，应优先考虑充分的关怀，但基本的正义要求也必须达到。但这些都是非常清楚明确的事例；其他事例会结合道德的紧迫性。普遍的人权（包括政治的和公民的、同时也有社会的和经济的权利）的确应当受尊敬，但提高跨越各大洲之间的关怀也许比仅仅做理性认可更有希望能实现人权。当人的需要非常迫切时，在满足需求的共同责任上正义的要求也许要被减弱，虽然很难开脱侵犯权利。在最重要的社会由什么构成这一层面，一个确保权利和具有关怀的区域里，必须唤起的人们的关怀关系通常是薄弱的，却又是不能被忽视的，关怀关系让人们承认彼此作为同一社会的成员。这样的承认最终必须走向全球；与此同时，使正义的自由体系得以运作的公民社会设定了一个在某种程度上具有关怀关系的大背景，而不是只知竞争的个人（参见第八章）。进一步说，关怀思考比之正义思考提供了一个更有成果的基地来决定社会应当怎样被建构：例如，市场应当如何扩展或者被限制（参见第七章）。在保护那些应该被认可的权利，如满足基本需求权利的过程中，那些显示出对其所有成员享有社会关怀的政策会比那些看似公平、却在怨恨地对他们认为是无资格的人发放分配津贴的政策更好。

关怀也许是最深层的基本价值。关怀可以在没有正义的情况下存在：从历史的过程看，家庭中很少有正义，但关怀和生活在没有正义的情况下进行着。反之，没有关怀却不会有正义：因为没有关怀也就没有孩子能活下来，也就不会有人们去尊敬了。

关怀因此而可能提供更广泛、更深入的伦理理论，在其中也应当追求正义；就像关怀关系中的人们有时会有竞争，而竞争就要彼此公平对待；或者在社会生活方面较薄弱的关怀关系中，我们会同意以有限的目标为准对待彼此，仿佛我们像自由论中的抽象个体一样。虽然关怀也许是更基本的价值，但很可能关怀本身并不提供合理的理论资源来解决正义方面的争议。在适当的领域和其相关的问题中，正义伦理学可能是我们最佳的追求。这里应当反对的是那种传统的倾向，倾向于扩充正义，以至于错误地想象正义有能力向我们提供一个全面综合的、适用于所有道德问题的道德论。

社会含义 18

关怀伦理学的许多提倡者为此理论在社会、政治和经济生活的相关方面作出论证。萨拉·鲁迪克说明了关怀伦理学在努力取得和平方面的意义。[28] 我论证了下列问题：当我们看到家庭中人际关系的契约模式的缺陷，我们也会看到在它以外的世界中存在同样的缺陷，并且开始思考应当怎样认识社会以便善待关怀而不要将关怀边缘化。我们会看到，随着关怀成为我们关注的中心并成为社会的主要关注时，不仅社会的每个领域依照关怀的价值都需要转变，而且，倘若认真对待关怀，这些领域之间的关系也要如此转变。不再有一个由法律控制争端和全神贯注于经济收获来支配的社会，我们或许会有一个这样的社会：将社会的最重要任务视作繁荣儿童事业和发展关怀关系，不仅在个人背景中，也要在公民之间并使用政府机构发展关怀。我们总会看到不再有为了市场指导原则而抛弃文化的现象，相反，我们应当有可能以启蒙和丰富人类生活的最佳方式来发展文化。[29]

琼·特龙托为关怀伦理学的政治意义作出论证：她提倡要满足关怀作为“最高社会目的”的需要，由此而视关怀既是政治的、也是道德理想的概念。[30] 她说明现在对提供关怀的安排如何不能被接受："关怀活动往往被贬低价值、报酬压低、而且不成比例地由社会上相对无力的人们来承担。"[31]布贝克、基蒂和许多人都很有力地论证说明关怀必须被视为公共的关注，不是只属于妇女的私人责任、不足和随意的私人慈善、或者是难以预测和扭曲的市场。[32]诺丁斯在她最近的一本书《从家庭开始》中，探究了关怀社会应该是怎样的。[33]

当我们考虑超越了家庭、朋友的较远的关怀关系时，不应认为关怀只还原成为"关心"：关心与面对面的关爱劳动的互动无关，并容易变成家长制的和保护性的。当参与人关系较远时，我们也应当以专注、对需要做出反应、从他人的观点去理解情况这些相同的特性来描述关怀。这样做还需要理解和扩大各种方式的努力。[34]

关怀是一项具有最可能广泛的社会影响的价值观，很不幸的是许多注意关怀伦理学的人一直在假定其作为"家庭伦理学"，仅限于"私人"领域。虽然关怀的早期作者做出此建议，而一些与关怀有关的价值最清晰地显示在个人境况之中，但对关怀伦理学的正确理解应当有以下的认识：此理论深入阐明的价值是根本的、与政治机构和社会如何组成有关，就像正义理论所讨论之列。其价值或许比传统理论所依赖的价值更为根本、也更加贴近于社会生活。

19 一个关怀的社会不把企业部门、军事力量、政府和法律视之为最重要的、等值为最高财富和权力的社会组成部分，这个社会可能将养育儿童、教育社会成员、提供需要、取得和平和爱惜环境作为它的各种任务，并且会以最有可能的方式完成这些任务，即集全社会的最大努力对其任务做出奉献。人们可以承认，一些类似的法律制约和警察的执法行动，包括在全球范围内，可能永远是必要的特殊案例，但也要承认，有关怀伦理的社会可极大地减少对它们的需要。以关怀为重点要求的社会变化要和我们能想象到的一样深刻。

关怀伦理学在其发展中最能确定的就是她不仅限于家庭和个人关系之中。当人们理解关怀理论的社会、政治含义时，这一理论会成为一种激进的伦理来召唤对社会有深远意义的重新建构。关怀理论具有许多资源来叙述解决权力和暴力问题（具体详见第八、九章）。

关怀伦理学与美德伦理学

关怀伦理学致力于培养人们的关怀特性和关怀活动技巧，这样一种伦理学可能会被吸收合并成为美德理论吗？

在一些哲学家看来，关怀伦理学是一种形式的美德伦理。《女性主义者应用伦理学》这本书中的几个作者采取了这一观点。[35] 引领学科的美德理论家迈克尔·斯洛特广泛地论证了以下立场：关怀是最重要的美德，以关怀为动机的道德性思考能够提供关于对与错的行为和政治正义的总体描述。[36]

关怀伦理学和美德理论确实有一些相似之处。两者都审核具体体现各自的实践和道德价值，并都认为道德性的实践必须被培育和塑造。

然而，美德理论过去一直未能对妇女负荷深重的关怀实践给以适当的关注。这一理论一直很典型地将认为美德可以纳入各种传统或传统的共同体，这一点或许正确。与此相反，作为女性主义的关怀伦理学对于现存的传统和传统的社区都是机警小心的：实质上所有传统都是父权制的。关怀伦理学展望关怀的实践不在男性支配统治之下，而应当是在后父权制社会的实践，不过我们还没有那种社会的传统或广泛的经验。个体平等的家庭被不平等的社会和文化的影响所包围。

我的观点是，虽然关怀与美德有相似之处，而关怀无疑也是美德，但关怀伦理学不只是一种美德伦理。美德伦理学尤其注重个人的品格状态，而关怀伦理学特别关注关怀**关系**。关怀的关系具有首要的价值。

20 如依照斯洛特的解释，美德伦理学从根本上是关于道德动机的，这也许过度忽略了关怀的劳动和其客观的效果，就像布贝克所强调的、实际地满足需要将形成亮点。关怀不只是动机、态度或美德的问题。另一方面，布贝克的解释过分接近功利主义的满足需要论，却忽视了关怀**也**有其动机和美德的思考。如果将美德伦理解释为不大受限于动机，而且充分考虑有德之人对被关怀者的行为的后果，可能更多地涉及关怀伦理学的思虑。但是它还会更注重个人的倾向；而关怀伦理学则注重社会关系和社会实践以及维系它们的价值。传统式的“道德人”也许跟“理性人”一样都被他们父权制的过去所困扰。关怀的工作当然不等同于他充分参与的那些美德行为。

依我看，关怀伦理学是一种独特的伦理世界观，甚至不同于美德伦理学。当然关怀伦理论有其先驱，诸如亚里士多德、休谟这些美德理论家和道德感觉论者对此学说都有重要贡献。作为一种女性主义伦理学，关怀伦理学当然不是仅仅描述或概括妇女在父权制条件下发展的态度和行为。若要能被接受，就必须是女性主义的伦理学，对要采用她的女人和男人开放。但是，作为女性主义的伦理学，关怀伦理学就不同于其先驱们的伦理学，也不同于美德伦理学。

关怀伦理学有时被认为是不适当的，原因是她无力在相互冲突的道德要求的案例中提供明确的解答。美德理论遭到同样的批评，不能拿出比诽谤者所谓的“美德包”更多的理论、不能清楚地指明怎样优先和应用美德，特别当各种美德似乎发生冲突的时候。关怀伦理学的辩护人回答指出：提供明确回答的适当性——例如功利论的和康德式的道德理论——是虚幻的。成本—利润分析是来说明一种形式的功利论计算的一个很好的例子：它的目的在于提供关于我们应该怎样做的明确回答，但是从道德理解的论点看来，它的回答却是众所周知的可疑和不清楚。同样，关于义务论规则的推理也常常是诡辩不定。在关怀伦理学的提倡者看来，由关怀来替换道德认识论似乎更好。她强调的是在具体背景中对多种相关思考的感受性：培育品格特质和维系关怀的关系、并且鼓励对话以便纠正和丰富任何一个个人的视角。[37] 关怀伦理学接纳对话伦理学的方法，但也在其方法中强调实际对话中赋权给关怀伦理学的参与人，使她们表达自己而不是追随对话的理想化，因为理想化会导致实际中观点的差异消失不见。[38]

关怀、文化和宗教

有人或许提出下列问题：关怀伦理学是否与其他非女性主义的伦理理论相似，还有是否能存在非女性主义的关怀伦理学。有
21 人认为，关怀伦理学接近休谟伦理学。[39] 另一些人争论着关怀伦理学是否与儒学伦理学相似。李辰阳论证二者相似。他认为关怀的概念相似于仁这个儒家伦理学的中心概念；尽管儒家传统坚持妇女屈从男人，但这一点不是儒学的必然性特征。[40] 丹尼尔·斯塔认为，儒家伦理学是一种美德伦理，志趣于以社会作用为基础的关系范畴，诸如父子、君臣等，正由于这一点，它不可能将优先权赋予特殊的例如一位家长和一个孩子的关系，而关怀伦理学则不同于此。[41]

苑莉均论证说明儒家伦理学本质上是父权制的，故此不能被女性主义所接受。[42] 而其他解释也在发展之中。[43] 其中一种方式论证关怀伦理学的确与儒家伦理学相似，这种相似在于拒斥公共和私人两个领域的截然分界。关怀伦理学拒斥 17、18 世纪在西方成为主导的、取代封建社会的民主国家的模式：共同存在的由相互间无利益关系的平等个人组成的公共领域和由女性关怀和男性统治组成的私人领域。关怀伦理学提倡关怀是一种既对社会又对家庭有益的价值。在这一点上，关怀伦理学与儒家伦理学有相似观点，认为公共道德是私人道德的延伸。

或许有人提出关怀伦理学和基督教关于爱的伦理学有相似之

处：劝告我们爱邻居并关怀那些需要被关怀的人。[44]但是，当道德思考依靠某一个宗教时，就不会说服那些对此宗教无信仰的人。与此相反，依靠理性的道德思考能够成功地在世界范围和跨文化区域获得支持。人权运动的增强就是有力的证据。占主导地位的唯理论道德理论的优势之一，比如康德的道德论和功利论，与发展的关怀伦理学不同的是：它们对宗教的独立。它们的目的在于只去呼吁普遍的理性（尽管实际上它们也许很糟地做不到这一点）。

有时候美德理论以宗教为基础，但并不必须如此。相比于以理性为基础的基本道德禁令，比如反对谋杀、抢劫和人身攻击这些被认为是建立法律体系之基础的东西，人们所认为的美德具有巨大的文化差异，所以，对美德理论的普遍呼唤一直不如对理性主义伦理学的呼唤。

我们应当注意到关怀伦理学有潜力媲美理性主义道德理论。关怀伦理学呼吁普遍的关怀经验。每个有良知的人在孩提时都受到过关怀，也察觉到了表现在他或她成长中的关怀价值；每个有思想的人都能认识到赋予他或她未来的关怀关系的道德财富。关怀伦理学构筑的经验为所有人共享，虽然这些人经常不会意识到关怀伦理嵌入的价值和影响。

不同的女性主义批判者认为关怀伦理学可能不益于女性主义的真实目标。保守者要求对关怀赋予价值但经常反对妇女的权利 22
和政府的社会项目，从而阻碍了妇女的进步。作为关怀伦理的传统儒家伦理学就是一种不被女性主义者接受的关怀伦理；社群主义的观点也是如此，这些观点虽然赞赏关怀，但认为妇女应该承担关怀而男人去处理“公共”事宜。自由主义的女性主义批评家们指责关怀伦理学再次加强了陈腐的妇女形象，即女人是毫不自私的养育者，从而鼓励了非正义地指定妇女做关怀工作。她们认为，关怀伦理学缺乏的是优先考虑女性主义必须要求的平等。[45]其他女性主义批评者发现：妇女在父权制条件下的母亲经验是不可信的，或者说，担心关怀伦理学会偏离了对自身寓于其中的压迫型社会结构的注意力。[46]奥诺拉·奥尼尔这样写道：“关怀和关系的强调，也许认可了只有在育儿室和厨房、深闺制和贫困中才需要它们。当拒斥‘抽象自由主义’时，这些女性主义者回聚传统，而传统又将妇女驱逐出经济和公共生活。”[47]

另一些女性主义者担忧关怀伦理学不能适当处理反对妇女的暴力问题或者暴力政治冲突。但是，关怀伦理学并不事先假定和平和理想化的家庭生活和谐。关怀伦理学充分认识到即便在关怀关系中也有冲突，并寻求解决暴力，不只是以和善对应暴力（参见第九章）。

关怀伦理学的女性主义捍卫人辩论声明关怀伦理学应当被理解为女性主义的伦理学。对她们来说，关怀伦理学很清楚地阐明为什么男人和女人一样应当看重关怀关系并且平等地共同培育这些关系。关怀伦理学认为在父权制条件下发展的关怀实践并不令人满意，并且在探索被忽略的通过注重和反省而识别出的关怀价值。关怀伦理学在寻求如何使这些价值适当地扩展到社会的各个方面，和正义同在。如果有人想把任何优先关怀的观点看作关怀伦理学的一种解释，此人必须仔细地区分可接受的和不可接受的解释。菲奥纳·鲁宾逊论证支持关怀伦理学对国际关系的相关性。她论述说：“以下的观点仅仅是一种狭义的‘正统’关怀伦理学，即关怀本质上作为妇女的道德性，属于私人的领域。”奥尼尔的批评也针对了这一论点。[48] 我赞同她的观点。关怀伦理学的发展已经超越了其早期的著述，超越了传统宗教的或社群主义的似乎与之相像的陈述，不能由那些论点来判断关怀伦理学。

我自己的观点是，在称作关怀伦理学的道德探索中加入非女性主义的重视关怀的解释就是不合适地轻视关怀伦理学如何在发展的历史和如何成为当代道德理论中认真思考的候选理论，当代关怀伦理学的发展历史就是近来女性主义进步的历史。

女性主义的背景 23

关怀伦理学是女性主义思想以及美国和欧洲从 60 年代后期开始重新思考几乎所有探索领域，从思维构造的骚动中涌现出来的。通过这个阶段，社会上反对妇女的偏见以及视什么为知识成为关注的焦点。

女性主义是一种革命运动。其目标在于推翻许多人认为是防护最牢固的等级制度：性别等级制。女性主义的基本承诺是妇女的平等，虽然对平等的解释有不同方式。女性主义的最重要成就在于确立妇女的经验和男人的经验同样重要，同样相关，也同样在哲学上引人入胜。20 世纪后期的女性主义建立在妇女的经验中。

经验是女性主义思想的中心，但经验的意义不仅为经验的观察，这一点与现代哲学和分析哲学试图解释的很相似。女性主义的经验就像是艺术、文学以及科学所要论述的。它是活生生的感情和思维的经验，展示行为和接受印象的经验，以及对我们与其他人的关系的意识和我们自身感觉的经验。至今来看，女性主义者认为女性主义的经验不是那种可能被认为是妇女的、必定为抽象的经验，而是现实中的妇女在种族、文化和其他差异性方面的全部经验。[49]

女性主义对妇女经验的证实在伦理学界产生了重要后果，导致了对过去起主导作用（现在仍然主导）的道德理论的根本性批判，促成不同的从女性主义方法深入的道德理论。例如，在漫长的人类作为“人”的思维史中，妇女被逐出了视作卓越、有道德、有创造力的人的来源的公共领域。古希腊关于城邦的概念解释了这一观点，后来的社会契约论更强烈地反映了这个观点。工业化之后经济活动领域也加入了政治、艺术和科学来共同撰写什么是人文、改革和进步；而私人领域的家庭事务继续被认为是自然的、人类繁衍的区域，不断重复着生命的生物基础。

当20世纪末女性主义进入讲台时，起主导作用的道德理论是康德道德论和功利论。这些理论和与它们相关的元伦理学问题一起支配着道德哲学的文献和对学生的教授课程。[50]这些道德概观继续对哲学之外的法律界产生重大影响，法律作为少数几个尚未忘却道德问题的领域，而这些道德问题有利于据称是和价值无关的心理学和社会科学。

这些主导性的道德理论可以被视为建立在男人在公共生活和市场上经验的模型。当妇女的经验被认为与男人的经验同样与道德性相关时，否认这一点会成为偏见，这些道德性被看作很不适应妇女在家务中的道德相关的经验。妇女的经验很典型地在于培育家庭和朋友的特殊关系，而不是优先考虑公正地对待陌生人，她们要提供大量的关怀劳动，关怀孩子、病人或家里的老人。挚爱的敏感性和回应需要也许会提供更好的道德指导以决定在这些境况下应该做什么，而不是求助于抽象的规定和合理的个人功利的计算。 24

当女性主义质询主导性道德理论的合理性时，其他声音也在质询，这样就增加了女性主义批评获得听证的力度。阿拉斯代尔·麦金太尔等人的著作开始复活大部分被遮盖起来的美德理论。[51] 劳伦斯·布卢姆论友谊的著作被主导性理论所忽略，而伯纳德·威廉姆斯对这些理论如何可能处理人类面对的某些最重要问题提出怀疑，这二者都对批评的对话作出了贡献。[52] 关于知识如何坐落在历史之中的论证，关于价值多重性的论证，都进一步开放了女性主义重新思考道德理论的方向。[53]

传统道德理论中争论的扩展和深化都是关于义务论或康德道德论的有关功绩的论证，它们与各种功利论或后果论和契约论的功绩相对比，可能采取多一些康德的或者多一些功利论的形式。但是从新近肯定的道德争议中妇女经验的观点看，所有这些争论的最引人注意的是它们的类似。康德的普遍道德性、抽象道德律以及边沁和穆勒的功利论，都在为了相对陌生的人的互动而发展其观点，功利论提倡用公正计算来决定什么将产生最大多数人的最大幸福，而契约论所解决的则是相互之间不关心的个人们的互动。所有这些理论都要求公正概念，对偏爱不留任何根本性质的余地，但正是偏爱把我们关心的人和关心我们的人联系在一起。家庭、朋友、群体成员的关系大部分从这些理论中消失了。近来虽然有学者试图在这些理论内部处理以上关系，在我看来并不成功。

尽管理性的概念相当不同：康德的理论拒斥道德的工具性推理，而功利论包容这一点，二者都是唯理论的。两种理论都依赖一个至上普遍的道德原则：不是康德的范畴命令，就是功利原则，每人都应该依照此原则来行动。两种理论都要求我们完全是公正的，在决定应该怎样做时不带任何情感。虽然康德的伦理学列出执行理性指令时的情感因素，功利主义也允许每人都是众
25 人之一员，其痛苦与欢乐受行动的影响，对这两种理论而言，在思考应该怎样做的认识论过程中我们要无视情感。这些特点与契约论一致。

这些理论概括了国家和市场的理想状况，论及的是道德判断决定、立法者、政策制定者和公民。但由于它们是**道德**理论而不仅仅是政治或法律或经济理论，其理论推荐将延伸到关于道德难题出现的任何情况中这些理论可采取的**所有**道德决定。

玛格丽特·沃克评论道，这些理论是对现实的道德实践理想化“理论判决的”解释，所采用的形象为“独立平等之人运用法律传递有权威的判决”。[54] 菲奥纳·鲁宾逊论及在主导性道德理论

中，给予优先权的是自主、独立、不干涉、自我决定、公平和权利的价值观，还有一种“有系统地贬低相互依赖、关联和积极参与”[55]到其他人的生活。沃克所说明的理论判决体现的是和“我们”应当如何行动的推荐一模一样的、对“某个”道德代理人所适宜的推荐，而这些权威的道德判断形式正好和类似“法官、经济家、官僚者、或者游戏控制人”[56]的判断一样。它们都是那些在社会秩序确立的情况下起支配作用的人们所作的既抽象又理想化的判断形式。它们并不代表大部分妇女的道德经验，她们关怀孩子或老年人；也不代表少数民族服务工的经验，他（她）们挣着最低工资标准的收入而提供关怀服务。总之，它们并不论述这些必须依靠共同团结而生存的群体的道德判断。

女性主义的替代方案

为了取代并不合理的主导性道德理论，女性主义者提供了各种各样的替代方案。这些并不是一个单一的“女性主义道德理论”，而是一些不同的探索方法，这些方法共同享有的基本承诺是减少在道德理论上以及其他方面的性别偏见。[57]

有些女性主义者捍卫康德[58]或功利论[59]的道德学说，或者相关的契约论[60]或自由个体论[61]的道德理论。但是，她们在运用这些理论时所反省的不同的考虑和解释却是领导非女性主义的捍卫者几乎做不到的。以自由契约论方法为例，其关注点在于正义、平等、自由，许多学者认为，正义原则应当论及不仅在公共生活而且在家庭内部的劳动分工和机会适用性。这当然要求结束家庭暴力、婚内强奸、父权制支配和女性在健康、教育、职业发展方面的不利机遇（这些不利因素依然使世界上千百万妇女感到苦恼）；这也要求儿童关怀和家务的负担不再不成比例地落到妇女身上。若能达到上述这些目标就会在全球范围产生根本的变化。

26 目前，主导性道德理论中最有影响的、非女性主义的倡导者还未能关注女性主义的批评，[62]但是当这些理论向女性主义建议的方向延伸时，它们在理论上的改进相当可观。

与此同时，其他女性主义者向更独特的方向发展。她们不局限于将传统理论扩展到非传统的方式，而是去发展独具特色的不同的伦理学，即关怀伦理学。虽然这一探索的大部分内容承诺对妇女的正义和平等的目标，而这些都用传统理论来论及，她们观察到了很不同的价值的潜在性：这些价值会更合理地解决不仅在家庭内部而且在广大的社会方面的道德争议。关怀伦理学对其他伦理理论提出很深刻的挑战。关怀伦理学把妇女在诸如做母亲的关怀活动经验视为重要的经验，解释并强调在关怀实践中内在的价值，说明了其他理论在论及关怀活动的道德关联时的不合理，并且认为关怀的洞察力能够概括其他道德性问题。

我把关怀伦理学的开端定位在哲学家萨拉·鲁迪克在 1980 年发表的“母系经验”这一开拓性的论文上。[63]在此文中，鲁迪克关注于做母亲的关怀实践，由此而产生的特征和独特的思维，以及这一实践中可识别的标准和价值。做母亲的目的在于保持生命和培育特殊儿童的成长并使他们发展成可接受的成人。母亲的真实感情很多是双重的、对所关怀的儿童有敌对情绪的，但对做母亲的实践和目标的承诺提供了依从标准。诸如谦逊、有弹性的幽默感的价值表现是做母亲实践中的价值；可能出现在这些价值的“变质的形式”中的自我消除和毁灭性否定应当加以避免。她的论文说明了做母亲活动中的妇女经验怎样能产生独特的道德展望，由之发生的价值又怎样相关于对实践本身的超越，例如对和平的推动。

在 21 世纪的现在看来，下面这一点似乎是荒谬的，这篇论文出现时，非女性主义的道德理论从未论及母亲的实践：对母亲的**思想**和**推理**没有哲学的认可，或者说无人发现这一实践中的道德价值。[64] 妇女仅仅被想象为在她们冒险迈出家务而加入男人世界时才会思想或者面对道德难题。人类母亲饲养幼儿的代表形象好像动物饲养一样，哲学上思索妇女或母亲时，总把她们合并到自然生物或进化的框架结构里。如果以心理学或心理分析的框架描述妇女时，她们很容易被视为情感反应型的，但再一次被视为与推理和深思毫无关联，当然不可能成为道德思想中独特的、有效的形式，而这些形式是她们从扩充的关怀经验中优先取得的。

其他关怀活动，诸如关怀病人或年老者，同样在道德理论建 27
构中视之为虽存在但不相关而不予考虑，例如康德式的对人的尊敬或许适用于医疗伦理学，比如作为医生是否应当告诉病人他或她将面临死亡，或者罗尔斯的正义观或许适用于评估健康关怀应该如何被分配。

鲁迪克的论文说明了对妇女关怀实践经验的注意可能会改变我们怎样思考道德性，并可能改变我们关于关怀活动的适当的价值观。尽管男人也能从事关怀实践，但如果不去从事的话，他们可能就不会理解嵌入关怀实践中的道德性。

卡罗尔·吉利根的《一种不同的声音》（1982）一书提供了发展关怀伦理学的动力。作为发展心理学家，吉利根的目的在于发现女孩们思索道德性趋向成熟时的心理景观的经验描述。吉利根怀疑与她一起工作的心理学家劳伦斯·科尔伯格获得的测验结果，此结果似乎表明在取得道德性方面女孩们比男孩们的进步要慢很多。她注意到了在显示道德推理的优先取得的各阶段构成时，被研究的所有儿童都是男孩子；她决定去研究女孩和妇女是如何处理道德难题的。令道德哲学家们十分吃惊的是，科尔伯格解释的道德性的“最高阶段”极近似于康德的道德推理，从而预先设定了诸如是否达到伦理的成熟实际上主要为推理事宜、和是否康德的道德性实际上优越于其他理论这类问题。

吉利根从她的探究中考虑到，从许多女孩和妇女所解释、反省、诉说道德难题的方式中有可能识别出一种“不同的声音”：她们更关切人们之间的背景联系和实际关系，而不大依赖抽象的规则和个人的意识。吉利根断言说，虽然只有被研究的妇女采取这一声音，绝大部分男人并不采取它。她在日后的论文里写道，这一点意味着“如果将妇女从研究样本中排除掉了，道德推理中关怀的关注点就会完全消失”。[65]

吉利根的发现，在关于男人和女人所做声明这点上一直受到经验基础的质询。当比较教育和职业时，男人和女人的差异在某些研究者看来是不清楚的：非洲男人就表示出他们对道德难题的解释倾向于吉利根研究中的女人。[66]但吉利根为道德理论所做的重要工作不在于表明了在父权制度下成长的男人和女人实际上怎样思考道德性，社会地位是否和性别一样影响或更多地影响这些思考，或职业上居高位的女人是否学习了像男人那样思考；其重要性在于它建议的另一种视角，通过此视角才能解释道德难题：一种“正义视角”强调普遍的道德原则和如何应用原则到特殊的事例、并且尊重关于它们的合理论证；一种“关怀视角”更注意 28
人们的需要，即人们之间的实际关系怎样能维持和修补，并且尊重当作出道德判断时对所在境况的讲述和敏感性。吉利根本人认为，人要具有合理的道德性即需要两种视角：男人要克服难以依附并且具备关怀，而女人要克服不愿独立并且关心正义。但是她没有明示关怀和正义怎样在道德理论之内整合。

女性主义哲学家们研究吉利根的著作时发现了她们自己对主导道德理论的不满意和她有很多共鸣。[67]无论妇女是否事实上大部分都采取“关怀视角”，哲学史实际上排除了妇女的经验。许多人认为，与“正义伦理”相对比的“关怀伦理”或许会更好地论及她们的思考，即理解作母亲、家庭责任、友谊、社会关怀的背景如何需要道德的评估以及更合适的道德理论的指导而非支配性的理论似乎可能做的那些指导。这些女性主义者认为，为城邦和市场而发展的理论极不适宜应用于上述背景经验，而她们也不再愿意将其作为道德上没有意义的经验。

继吉利根不久，内尔·诺丁斯的《关怀》（1984）对关怀活动包含什么做了诸多现象学的解释。此书检验了对他（她）人情感和需要密切注意的美德，以及对另一人的现实的认同，这是关怀的核心点。由伊娃·基蒂和戴安娜·迈耶斯主编的《妇女和道德理论论文集》(1987)以及由玛莎·哈南和凯·尼尔森主编的《科学、道德和女性主义》(1987)对关怀伦理学的发展做出很重要的贡献。安妮特·贝尔关于信任的重要著作以及她对休谟伦理学作为女性主义伦理学先驱的荐举进一步加强了关怀的新视野。[68]许多论文和书籍对这一对话讨论做出了贡献，而在90年代中期和后期，更多的著述迅速地扩展了对话。[69]目前，关怀伦理学虽不是唯一的、却是女性主义道德理论中的核心部分，这引起其他所有道德哲学家逐渐增长的兴趣。

关怀伦理学建立了针对既是个人的又是广泛社会的需要而作出的关切和回响。在社会关系中我们相互关怀而形成一个社会实体；我们或许同意为了有限的目的每人都是自由的个人并采取自由论的政策以最大化个人利益。但是我们应当识别这类概念的局限性和人为的方面。关怀伦理学提供了一种关于更使人满意的社会能建立的、既紧密又有距离的人与人关系的视野。她提出新的理论来发展新的实践，并且可能提供更大的潜力来推动比传统道德理论观点中包含的有所不同的道德进步。

第二章　作为实践和价值的关怀 29

什么是关怀？我们用“关怀”意指什么？我们可能以任何精确的方式来定义“关怀”吗？在那些讨论关怀的著作中，关于这个词我们应该采取的含义究竟是什么，目前还没有接近一致的意见，但一直存在许多隐约的和偶尔明确的建议。

二十多年来，人们对关怀伦理学中描绘的关怀概念一直在进行假设、探索、制定并应用于理论本身的发展。但这些定义通常是不精确的，或者说，试图达到精确的努力随着论述的增长而拖延下来（例如我自己）。或许，这对于新的探索是完全适当的，但如今已是寻求更加明确的概念的好时机。有些论关怀的著作试图达到精确，但结果良莠不齐，而另一些已经延续了默许的理解：当然在相当程度上我们知道，当谈论关怀子女或关护病人时我们是在谈论什么。但是关怀有许多形式，而随着关怀伦理学的发展，我们对关怀是什么的理解也应当随之增进。

照顾

短暂访问后，我对我哥哥动情地说的最后一句话是："照顾好你自己。"他一直没有好好照顾自己，而我希望他能做得更好一些；没有多少天之后，他去世了，死因很可能与我之前提到的无关。"照顾"不是他和我成长时常用的一种表达。我本人获得它是过去多年生活在纽约市的结果。我们可以从研究"关怀"这一表达方式开始去思考它的含义，这样可能会有启发性。

我们常说"照顾"如同例行的"再见"或其他简短表述一样很少带有情感因素。但即便如此，它确实传递了某种关联的意义。
30 通常，当向他人富有感情地说这个词时，这意味着说"照顾好自己，因为我关心你"。有时我们说此片语，尤其是对儿童、启程访问或努力工作的人，意思是"我关心你的未来，所以请不要冒险或做蠢事"。如果我们知道危险是必然的和不能逃离的，照顾可能更像是一个祝愿：祝当事人留心照顾自己，从而可以避免最坏的结果。而有时候，我们的意思是在恳求：要小心，不要伤害自己或他人，因为我们的联系将使我们感到与你同在。我们可能会受到伤害或者承担一部分的责任，或者如果你做了一些令自己会感到遗憾的事，我们将会与你分享这一遗憾。

无论哪种方式，这种表达（与许多其他表达一样）说明人类的日常关联和对这一关联的重申。我们建造和改建的正是人的这种关联，即正在发展的关怀伦理学一直试图了解、评价和指导的关联。这个表达更多的揭示了表达人和接受表达的人的感情和意识，而不只是实际的任务和工作，即“照顾”一个依赖于我们、或需要照顾的人，但这种态度和共同的意识似乎至少有一个重要的关怀成分。

某些区分

我们要在关怀之间作出看似简单的区分：一种是作为照顾别人的关怀活动，另一种是单纯的“关心”，即我们对某些问题的感想。[1] 实际上“照顾”小孩子或病人完全不同于仅仅在喜欢与否的意义上的关心（或不关心）某种事物，比如“对这样的音乐我不关心”。但是，这些区别可能并不像貌似的那样清楚，因为当我们照顾孩子时，我们通常也关心他或她，虽然我们可能去照顾我们并不喜欢的孩子，但如果我们能从两个意义上照顾孩子，关怀通常会得到更好的质量。如果我们真的关心世界饥饿问题，我们可能会采取一些措施，如至少提供金钱来减轻或改变使饥饿发生的条件，从而在我们自己和我们所说的被关心的饥饿人群之间建立一些联系。如果我们真的关心全球气候变化和它对子孙后代造成的危害，我们就会想象自己和这些后人之间的联系，他们将评判我们的不负责任，而我们就要改变我们的消费行为或用政治活动以减少可能的危害。

许多著述关怀的学者同意，与关怀伦理学相关的关怀必须至少能够涉及诸如照顾别人的活动。大多数（尽管不是全部）的作者的视线都包括关怀如何涉及关怀者的劳动和此人本身的能量消耗。而作者们往往认为关怀远不止这一点。我们很清楚地看到，行动上照顾别人和有温暖爱心的关怀别人是不一样的。但是，有关怀感情的人是否必定要加入与关怀相关的劳动，在这一点上还有更多疑问。

31 当然，人们在思考如何关怀时可以有不同的侧重点。我将澄清下列背景中关怀的意义：照顾孩子或病人、和非常关心怎样去供给那些没有足够粮食充饥的人，在某些方面这些都是范例。但是，我要思考的关怀关系远远超出了这些情况。我们应注意不要从已有的狭隘的模型边界来划定界限，比如只考虑小家庭的母亲工作。我们中间有些论述母亲工作的著作就被（我认为）误解了。我们必须清楚地表明，给予关怀照顾的还包括延伸的大家庭、许多家庭佣工和医务工作者，教师和教育工作者，和许多以其他方式来关怀他人的人。有人可能会认为应通过政府采取行动来减轻饥饿和保证医疗，而不是通过任何“个人”之间的联系，即自己和在这些方式里的被关怀者之间的联系。但是，关怀仍然可以激励人们去支持这些努力，并见证关怀活动可以有效地运行。

在本书中我会试图澄清关怀关系如何远远超出了各种发生在家庭和朋友之间的关怀，甚至是在福利国家中的关怀机构，达到将各群体连成一体的社会纽带、政治和社会体制能够建立的连接、甚至世界公民可以共享的全球关注问题。

某些建议

内尔·诺丁斯特别强调通常伴随着关怀活动的关怀态度。密切关注被照顾者的感情、需要、欲望和思想，并掌握从该人的角度来了解情况的技巧，这些都是照顾别人的关键。[2]关怀者代表他人的利益行事，但她们也需要照顾自己，因为如果没有维护自己的能力，她们将无法继续关怀他人。在诺丁斯看来，认知方面的关怀者的态度是接受直观而不是客观的分析，而理解被照顾人的需要更多地取决于对他们的感觉而不是理性认识。在关怀活动里，抽象规则的用途是有限的。人们可能会有一种天然的冲动去关怀别人，而要保持这一点，人们需要对关怀理想做出道义上的承诺。[3]对诺丁斯来说，关怀是在具体情况中关怀活动的一种态度和理想的体现。在她的近作《从家里开始》中，她探讨了一个爱心的社会将是怎样的。她力求寻找一种广泛的、几乎是普遍的描述：当我们从事关怀互动时“我们像什么”；她还探讨了“什么是这种关系的意识特点”。[4]

琼·特龙托的观点指出，关怀是明确的劳动。她和贝伦斯·费舍尔定义了“关怀”为一种活动，其中包括“维持和修复我们的‘世界’的一切活动，从而使我们尽可能更好地在此世界里生活下去”，而关怀的对象可以是物体、环境以及他人。[5]这个
定义似乎可以肯定过于宽泛：大量的经济活动可以列入其中，如 32
零售业、房屋建筑、商业清洗，而关怀劳动就将失去其特殊性。这一定义既不要求对被关怀人的需要的敏感性（但其他人往往在关怀中认识到这些需要），又不要求诺丁斯称之为与其他人在一起的“专心一意”的需要。特龙托解释说，关怀不包括生产，娱乐和创造性活动，但与此同时大量的关怀活动，例如关怀照顾子女，可以并且应该是快乐和富有创造性的。

如果接受马克思关于生产和再生产劳动的区分，又接受如一些建议所言仅仅视关怀为再生产性的劳动，这样看会丢失关怀的方式，尤其是对儿童的关怀，这一方式是能使儿童转变的关怀，而不仅仅是再生产和重复。虽然这并没有得到传统家务观念的承认，其方式在家庭培育中产生创造性转化的潜在性和在普遍来说的儿童关怀和教育方面的潜在性，都是巨大的。关怀具有能力塑造新的人，这些人能比以往任何时候都更深入地了解文化、社会和道德，具有比任何时候都更强的能力去很好地生活以及与其他人合作。[6]只有带偏见和破坏性的误解才认为关怀只是在对我们的物质和生物现实进行再生产，而什么是新的、富有创造性和特有人性的工作必定发生在其他地方。

迪姆特·布贝克提供了关怀文献中最精确的一个定义。她写道："关怀是一个人达到了另一个人的需求，在这里关怀人和被关怀人进行面对面的互动，这一关系是双方之间整体活动的一个关键因素，而被关怀人的需求具有这样一种性质，它不可能从所需求人自己那里得到满足。"[7]她区分了关怀别人和为别人提供某一种服务；在她的定义里，为一个小孩子做饭是关怀，但妻子为丈夫做饭而丈夫完全可以为自己做时，这就不是专注的关怀，却是在提供服务。布贝克宣称，关怀是"针对特定一部分的人类基本需要作出的反应，比如说那些使我们依赖他人的需要"。[8]

布贝克的观点是，关怀并不需要建立任何特定的、关怀人和被关怀人之间的情感纽带，而她的总体看法中很重要的一点是：关怀可以而且往往应当由公共服务提供，如公共医疗服务。她似乎认为关怀几乎完全是由满足需要这一客观事实构成的，而不是由从事关怀的人的态度或理想组成。她的概念立即面对以下异议：只要欺骗成功，有人会走过场地关怀孩子，同时希望这孩子死亡，这类关怀行径和另一位有好意又有感情地寻求什么对孩子是最好的关怀在道德价值上能一样吗？在我看来，这一异议是致命的。我猜想严格的功利主义可能会说，只要让孩子有温饱和拥抱，至于以什么意图来完成关怀可能没有道德意义。但我很清楚，在更广泛的道德体系下这是非常重要的，但我不可能在这里争论其细节。在这样一个世界里，关怀照顾孩子的动机出自于良好的意愿，而不是恶意（例如也许更多的附加利益才能激励施予关怀者去做工作）才能是一个更美好的世界。即使这孩子一直不知道恶意（虽然这不太可能），即使孩子长大了将有令人钦佩的对他人感情的 33
敏感性，而这将构成一个比孩子不是如此长大的更好的结果，就算是按照功利主义的尺度来衡量，动机仍然很重要。关怀的一个重要方面在于关怀怎样**表达**了我们的态度和关系。

萨拉·鲁迪克认为，关怀是工作但又超越工作本身的范围。她写道："正如关怀是劳动一样，它也是关系……关怀劳动有着内在的关联。这些关怀工作是通过那些给予和接受关怀的人的关系所构成。更重要的是，某些关怀的关系似乎具有'超越'其所能给予劳动的意义。"[9] 她比较了一位父亲和一位日托人员的工作，即父亲把小孩子送到儿童日托中心，而日托人员接受了这个孩子。双方可以执行同样的工作，即安抚孩子，拥抱他，把他从父亲转到工作人员，等等。但是，父亲的关怀从性质和意义上可能超过了工作本身。对父亲来说，工作是对关系的反应，而对日托人员来说，关系很可能是应对工作。因此，我们可能要拒绝这样一种观点，即认为关怀完全等同于劳动参与。

在布贝克和诺丁斯的早期著作和其他一些论述关怀的作者看来，面对面的关怀是其中心所在。这被认为很难想象我们会关注遥远的他人。但布贝克认为她的观点不会导致如诺丁斯建议的那样的结论，即关怀被限定在相对个人的背景之内，因为布贝克认为，关怀的范围包括福利国家的社会项目活动。她认为关怀所从事的，如儿童看护中心和老人中心，将确实是面对面的，但她主张以广泛和充分的公共资金去支持这类活动。

布贝克拒绝接受关怀伦理学的特殊方面论。她主张将满足需要的道德原则普遍化，因此，采取这种方式的关怀伦理学可以提供公正的政治和社会计划就很明显了。但是，我认为，这种看法太接近于使关怀伦理学倾塌到功利主义。除了要满足客观的需要，关怀似乎至少包含一种态度和动机以及一种价值观。布贝克建议的是要求正义的关怀伦理学。但是，这仍可能不允许关怀成为主要的对一个人的道德审议，比如说，一个生活在富有国家的人和某个贫穷国家的人如果从来没有面对面地参与互动，而前者正努力为后者赋权。这是困扰许多作者的难题：她们视关怀为一项基本的价值，正如正义一样具备巨大的道德制定潜力，但她们怀疑正义本身可以完全被定位于关怀之内，或者关怀应局限于相对个人的互动工作。

佩塔·鲍登对于什么是关怀关系与布贝克持有不同的看法。

她从她讲到的直觉开始：即关怀在伦理上至关重要。她说，关怀“以伦理上的显著方式表达了我们彼此间的重要性，将关怀中个人之间的关系转化升华到一种超越本体论的必要性或野蛮生存的境况”。[10]采用维特根斯坦的理解方式并明确放弃为关怀提供定
义的任何企图，她仔细检查关怀实践的各种范例：母爱、友谊、 34
关护和公民权。在论及公民权的问题上，她说明了进行面对面的互动不是所有关怀关系的一个必要特征，尽管它描述了许多关怀特点。

对塞尔马·赛弗尼修森来说，关怀伦理学将道德问题首先视为“专注、责任、响应能力和承诺从不同观点看问题”。[11]这种关怀态度往往会导致关怀工作成为响应需要和照顾弱者。但如果有人不同意那些要求，或如果缺乏满足需求的资源，它也可能并不导致提供实际的关怀。赛弗尼修森视这项关怀活动为“一种能力和意愿去‘看见’和‘倾听’别人的需要，并承担使这些需求得到满足的责任”。[12]她主张听取由实际发生的关怀提供者和接收者所表达的对于关怀的道德审议，还主张反思那些在关怀实践中遇到的“不同风格的实际的道德推理”。[13]

赛弗尼修森提出了能使人更好的关怀中不可缺少的知识和思路。她的书在论述关怀的实践时适当包含了关怀劳动。但是，在她努力定义**关怀**时，她的讨论也许过分倾斜于动机和理解，而不够重视那些必须要判断的关于工作效果以及意图的问题。当她渴望避免由过度围绕母爱建立的然后又误限于母爱的关爱模式，她也许过多依赖为社会工作者制定政策等问题了。但是，她正确地

不断突出而并不忽视关怀涉及关联的方式。她声称，“在各个阶段的关怀过程中，有关系的方面”。[14]即使在一个人刚刚开始了解他人的需求，并决定如何回应这些需求时，共鸣和参与都是被呼吁的，并在提供和接受具体的实际关怀工作中，“直接互动就发生在其中的自我和其他人的感想以及人们之间的联系所表达的一切”。[15]

当详细讨论关怀作为一种美德时，迈克尔·斯洛特认为，我们对遥远他人的仁慈感作为关怀概念这是完全适合的。他认为，“一个关怀活动的伦理，可以采取以全人类的福利为思考范围”。[16]凡是布贝克反对的意见，即关怀为动机这一点，他却拥护它。对他而言，关怀只是一个“动机的态度”，一个美德。[17]劳伦斯·布卢姆也认为，关怀是美德（见第三章），这和《女性主义者应用伦理学》一书的几位作者观点相同。[18]

劳伦斯·布卢姆讨论他所谓的“关怀美德”，即“照顾、同情、关心、爱心、体贴和慷慨的美德”[19]，从这一讨论明显可见，在将关怀作为一种美德对待时还缺少什么。同情在他认为是一种个人的感情态度，并与关怀属于同样范畴，归于传统的美德论。[20]他视同情为一个利他主义的态度，和一种倾向于帮助提示适当善行的性情。[21]

在我看来，关怀伦理学所提倡的关怀照顾行动远远超出同情。虽然关怀者可以执行任务使被关怀人受益，该受益人却不能回报，这些人处在一个关怀的关系中而不是竞争利益的对手，因此关怀
35 关系并不要求利他主义。关怀是这样的一种关系，即双方在相互

依存中共享利益的关系。

在这次讨论之外，布卢姆曾经相当有说服力地批评了显示在利己主义和利他主义的讨论文献中的那种“在自己和他人之间的彻底分离”；他还指出，在社区和友谊中生活，对他人的关心“不可以与对自我的关心分离开”。[22] 他接下来有说服力地解释了这一要点：“关心一个朋友，或一个与自己身份有密切联系的和被称为其中一员的社区，所关心的不是某个完全与自己无关的人或事，他们分享了自己的一部分，而且牵涉了自己的情理和身份。”[23] 无论如何，他依照美德理论的传统，将关怀美德视为个人的利他主义倾向和心理动机。这个观点丢失了关怀实践中的核心，也丢失了最有价值的，即关怀的关系。我建议的是，关怀，如果不是传统美德的关怀，才能使我们摆脱美德传统中的、过度的个人视角，以及当代过度集中于个体心理学而牺牲很多其他价值的损失。

女性主义者应抵制将关怀视为完全或者主要的动机或美德，也是因为这会带来忽视关怀作为工作的这一危险。也不应该鼓励倾向于忽视谁在做大部分这些工作的问题。但是关怀不仅仅是工作这个观点也是有说服力的，所以我们可以得出这样的结论：关怀必须能够涉及工作、动机、价值，也许还远不止这些。

在《爱的劳动》这本很有影响力的书中，伊娃·基蒂审查她所说的“依赖的工作”，这和关怀相重叠，但并不相同。她定义依赖工作为“照顾那些不可避免依赖别人的人”，例如，婴幼儿以及严重残疾人士。[24] 如果没有做好，这类工作可能不带情感投入地去完成了，虽然它通常包括情感。[25] 基蒂懂得依赖工作是关系性的，依赖关系又如何“非常关键地是一种道德上的关系：一方面是依赖人所声称的无助，而另一方面为做依赖工作的人来满足需要的特殊位置而产生的关系”。[26]这是很重要的信任关系。因为依赖工作通常是无报酬的，当作依赖工作的人使用时间提供关怀而不是受雇工作时，她们本身也依赖他人来提供关怀其他依赖人的方法和维持自己。

安·弗格森和南希·福布里的“性情感生产”的概念提出了许多建议来理解关怀概念。她们描述性情感生产的特征是“生育、养育子女，并提供抚育、情感和性满意”。[27]关怀概念不局限于参与照顾依赖人的劳动，而且还包括提供感情和培育关系。弗格森和福布里特别注意地分析了提供这种关怀会如何导致对妇女的压迫。但可以想象，这种关怀在关怀人和被关怀人看来是非压迫
36 性的。布贝克和基蒂特别关注关怀的必要性，即如果没有这些关怀，依赖人就不能生存。但是，当我们还要了解如何逐步提高情感时，相互的关心和情感满意则是宝贵的，我们就可以着眼于提升关怀而远远超出最低必要性的关怀工作。因此，理解关怀为包含而不是排除其中的共享时间、精力和服务，即使受助人并不依赖于所有这些内容，这样的理解似乎是恰当的。

鲁迪克有益地指出，“关怀在近几十年来出现了三个不同的但重叠的含义。‘关怀’是一个相对‘正义’的道德定义：一种劳动；一个特殊的关系”。[28]她本人论证了关怀作为一种劳动，但还不止于此，她还主张“参与稳步的关怀关系”。[29]鲁迪克对我们应该确定一个关怀伦理反对于正义伦理这一点有疑问，因为

我们应该看到良好的关怀和家庭生活都是需要正义的。但后来，她想知道，如果关怀被看作为一种劳动，而不是一个已经与正义对比的规范概念，关怀还能否形成一种伦理学。她的回答如下，这些片段值得引用：

> 关怀的‘伦理学’是由关怀工作的习惯和挑战所发起的，其目标很有意义，鞭策和反思了关怀人的自我理解。这一伦理学还推广了由它而生的活动，产生了对“自然”、人与人之间的关系和社会机构的一种立场（或角度）。首先，关怀与被关怀的记忆激发人的道义感，……（然后）关怀人规范地认同关于自我的概念，即一个进入并尊重关怀关系的人，并且行使人的特别能力。

无论是记忆还是个性，都不会“产生”出一种将两者抛到后面的“伦理学”，相反，它们有一个相互作用，这个相互作用使一方再现了另一方。[30]

作为实践的关怀

关怀确实是一种劳动，但又远远超出了劳动。这种劳动已成为关系，它的大部分劳动不可能由机器来取代，而其他种类的劳动是可能用机器的。鲁迪克赞同说“关怀劳动是内在关系性的”，[31] 但是她认为这种关系是假设的，而不是必然的关注点。在我看来，当我们澄清关怀概念时，我们必须看到它的**关怀关系**。

关怀是一项实践工作，涉及提供关怀和关怀的标准，照此标准可以评价关怀的实践。关怀必须考虑它努力要满足需要的效果，但也要考虑提供关怀的动机。它寻求良好的关怀关系。在正常情况下，接受关怀的人通过回应来维持关怀关系——如儿童满足的面孔、病人的笑容。如果这种反应能力是不可能的——例如严重精神病患者——维持关系可能完全取决于关怀人，但关怀关系仍
37 是适当的考虑：关怀人可能试图形成一个关系或必须想象一个关系。[32] 人与人的关系若变成支配别人、剥削、不信任或敌对时，这些关系要受到批判。关怀关系则受到鼓励和推进。

我怀疑，我们应该接受正义作为规范和关怀作为非规范的对比，如果这样后者似乎只是劳动，即使是有特别动机或情感基调的劳动。我觉得更好地思考两者是对比它们的实践和实践中所体现的、并应遵循的价值观。一种活动必须立意作为工作或劳动，但在这样做时不必把任何价值、甚至效率都考虑进去。以伐树为例，不管多拙劣地倒地，它都是工作。但是，在考虑怎样做才有效率这种价值观时，它就成为伐木的实践。这样我们就能够更好地专注于关怀实践，而不仅仅是其所涉及的工作。

正义实践，如原始的报复和以牙还牙已经从早期起一直被人们从事并逐步改革和完善。现在我们的法律，司法和刑法，只依稀与古代的先驱相似，我们已经有了非常发达的正义理论和不同类型的评价这些实践的正义观。关怀实践——从母爱到照顾病人到教授儿童以培养他们的社会关系——同最早的形式相比也发生

了很大变化，但在很大程度上没有适当的道德理论化。这一点，我建议，正是关怀伦理学应该尝试填写的那一部分。这些关怀实践本身已经包含各种价值观，往往得不到承认，直到最近才被从事道德理论和应该参与对它们的研究的哲学家所关注。如其存在一样，实践本身往往充满了社会中普遍存在的性别的不公正之谜，但最明显的这一不公正的特点就在于关怀的实践。所以，道德理论需要理解和改革这些实践。

例如，我们来考虑照顾儿童意义上的母爱。由于母爱是基于本能，长期以来在建立了公共 / 私人区别之后的现代一直被想象为“道德之外的”。女性主义批判一直需要说明这种看法是深刻错误的。道德争议不断面对母爱和其他关怀实践。人们需要不断培养适合于这些实践的美德，也需要道德来评价实践是如何进行的。要得到深刻的不公正已植根于母爱实践的提示，我们可以比较一下“母性”与“父性”的含义，这里的父性，依照标准而言，仅仅意味着使一个女子怀孕和做一个孩子的遗传父亲。“母性”建议了此活动必须并应该由妇女完成，然而，除了哺乳婴儿之外，其中没有什么活动是男人不能去做的。许多女性主义者认为，道德上可以接受的实际的儿童关怀实践是这样的，它们将不得不从根本上转变为与平等原则相符，但现有的平等观念或许不应当是关怀实践的首要的道德关注焦点。这只是一个它们应受到的道德审查的开始。

这一点也对其他可以被视为关怀的实践成立。我们所需要的， 38
不仅是要审查这些实践和以新的敏感性辨别出已经嵌入其中或从

中丢失的价值，而且还要建造适当的规范性理论来评价、改革并重新塑造这些实践。我认为，涉及关怀价值的理解将无愧于正义已经得到的理论上的深思熟虑。理解关怀价值要涉及理解关怀如何不应仅限于家庭或家族；关怀也应该被认可为一个政治和社会的价值。

作为价值的关怀

我们都同意正义是一种价值。正义的实践在于：执法、审判程序，等等。这些实践包含着价值观，但还需要用其价值提供的规范标准进行自身评估。在某一特定的正义实践中可能很不充分地纳入了它的正义价值，而我们又需要以正义作为价值来评估这种实践。正义的价值选择了整体道德观的某些方面，即那些与公平、平等等等有关的方面；如果只用最普遍的价值，如‘好’和‘对’、‘坏’和‘错’去评价正义实践，这绝不会令人满意。与此类似，实际的关怀实践中，我们需要以关怀作为价值，由此挑选出合适的一组道德考虑，如敏感性、信任和相互关心，来评估这一实践。如果认为关怀只是一种简单工作，可以用经验来描述，用‘好’和‘对’提供的所有规范性来评价实际的关怀实践是远远不够的。这种实践往往是在道德上缺乏具体的关怀方式，也缺乏具体的正义方式。

如果有人说“他是一个关怀人的人”，这句话包括了评价，即他有一个特点，在其他条件相同的情况下，他在道德上是令人钦佩的。将一种美德归于某人，就像我们说她是慷慨的或值得信赖的，既描述了此人的倾向，又提出了规范性的判断。能够用具体和微妙的方式表征人（和社会）是非常有益的，可以认识到在我们的宣称中哪些是经验描述，哪些是规范成分。不仅在描述方面而且在道德评估之内都需要有微妙性。“关怀”是从人和社会的特点中挑选出来的更具体的价值，而不是仅仅就他们整体来说是好是坏，或在道德上令人钦佩。但是，如果我们仅指个人的倾向，我们可能会抵制将关怀还原为一种美德，因为关怀最关心的事项是人与人之间的关系。我们的价值观在于关怀之人处在关怀的关系之中。

戴安娜·迈耶斯审查了根深蒂固的文化图像，它可以帮助解释关怀伦理学倡导者经常遇到的敌视：她们要扩大其适用性而超出家庭并增加公共生活中的关怀。

> 振荡的情感和针对母亲和儿童的蔑视点燃了这一问题……如 39
> 果母亲和儿童就像传统上认为的那样，拥有不完善的人格，那么，没有人会要在和其他人的关系中作为一个母亲或儿童。这个汇聚的有害态度被铭记和传播进入了文化的积累，如熟悉的修辞、故事和画刊形象。[33]

当她探索各种说明性的比喻时，她揭示出“独立的人”的神话如何成为了模式，与此同时，母亲和儿童被视为虽然可爱却有缺陷的人，这些观点在认识关怀的价值上是需要加以克服的。

在我看来，关怀的概念不应该是一个自然化概念，关怀伦理学不应该是自然化的伦理学。[34]关怀不可以还原成一种已经演变了并可以用经验形容的行为，好比形容我们狩猎、采集的祖先怎么去实践关怀儿童和当代的同类所可能考虑的关怀。和关怀伦理学有关的关怀结合了我们决定的、女性主义可接受的价值观。但关怀伦理学不接受在父权制和其他统治的历史条件下所产生的对关怀实践的形容；它评价这些实践并建议它们在道德上应该是怎样的。

我认为关怀是实践也是价值。关怀实践当然是多方面的，有些很有区别。照顾一个三岁的孩子，使他不伤害自己，也不过分的害怕，这不像修补和同事之间的不信任以使他们能够一起工作。包扎伤口预防被感染，这和张贴窗帘使房间更吸引人和隐蔽是不一样的。这些都不像安排粮食援助去交付给需要它的、在地球另一边居住的家庭。然而，所有关怀都涉及关注、感性和对需要作出反应。需要会是无数的：微妙的感情需要、心理和文化类型的需要以及完全基本和简单的需要，比如摄取足够的热量才能生存下去。澄清各种不同形式的关怀的共同点是很有益的，就像澄清各种形式的正义都需要公正，对待人平等并承认人们的权利。这并不是说一个特定的实践必须包括一个单一的价值。相反，澄清了关怀的价值观，我们可以更好地提倡关怀价值观对许多实践的相关性，而这些相关性基本上被排斥了。

我们来考虑警务工作。它是“正义系统”组织的一部分，它必须强制执行正义的要求，并高居正义为优先事项之列。但是，当它更好地理解关怀对其实践的相关性，当它变得更富有爱心，它往往可以通过教育和应对需要而完成更多的任务，建立警察和受管辖人之间的信任，从而防止了违法现象，超过了它可以在预防犯罪失败后通过传统的“执法”所能做到的。有时关怀价值更多的是在理论上而不是在实践上被排斥了。一个理想的市场，对所有交易一概视为非个人的、所有参与者都是可以更换的，这个市场对关怀没有余地。但是，实际的市场往往包括很 40
重要的关怀和关心，雇主对员工、员工对客户，等等。当关怀被更好地理解，在经济活动中关怀关系的适当地位可能会得到更好的欣赏（见第七章）。

同时，关怀实践并不是仅仅致力于关怀的价值观。它们也需要正义。考虑关怀一个孩子意义上的母爱或父爱，或“为人父母”，如果有人喜欢这个词。这也许是关怀实践中最关心的活动，因为关怀者和受关怀者之间的情感联系极特殊地强大。这个实践正如它的核心价值一样是对孩子关怀备至。但是，随着对这项实践涉及了什么的理解变得更加充分，它应该包括规范性指导如何避免父母可能造成不当干扰和控制的倾向，它可以包括鲁迪克很好地描画的一个方面：“尊重‘所具体体现的’意愿。”[35] 此外，做父母的实践必须包括正义，要求公平对待家庭中的众多子女和公平分配养育的负担。

鲁迪克担心，如果我们认为正义和关怀作为分离的伦理学，这将导致问题，例如，作为经济和社会权利要做到响应需求，但这不能为正义的考虑范围。坚持这个观点将是不幸的，正如满足经济和社会权利的基本需求在全球范围越来越被接受为人权（即使在美国之外不承认基本需求得到满足是一种权利的地方）。我相信鲁迪克的担心不应成为问题，此处的区别在于动机。将经济和社会权利纳入以正义为基础的人权，其动机在于不这样做就是不公平和平等的失败，特别是平等自由权利的失败。[36] 另一方面，当满足需要的动机是关怀，这些需要本身得到了回应，而有这些需要的人本身受到了关怀。

这个对比特别有助于评估社会政策，例如社会福利政策。即使正义和平等的要求将由一定的程序和支付款项来完成，让我们假设，我们仍然可以发现该程序的冷酷和漠不关心，如果它不专心投入由该程序发起的实际福利（或缺乏福利）。人们可以想象这种付款的提供非常勉强，接受者们受到纳税人的鄙视。可以想象这些款项接受者将感受到的耻辱和对其自尊的破坏。除了支付数量和领取人范围之外，正义所要求的几乎都没有达到，剩下的描述和在美国常常看到的福利项目就相差不远了。人们可以拿这个和一个关怀的福利项目做比较。除了满足最低要求的正义，它将促进关心款项接受者的实际需要，提供所需的服务或工作以满足他们，并抒发道德上建议的关怀和社会对那些不幸的、更依赖他人的社会成员的关心。

41 在我看来，正义和关怀作为价值分别呼吁与其相关群体的道德因素，而这些因素是不同的。实践通常应该结合关怀和正义，但各自具有不同的适当优先事项。例如，员工在托儿所实践幼儿关怀应当最优先保护儿童和适当的儿童发展，包括满足他（她）

们的情感以及身体和教育的需要。正义不应缺席：儿童应得到公平对待和尊重，不应该容忍违反正义的现象，诸如对一些儿童有种族或民族歧视。但是，提供关怀而不是示范正义应当作为首要的活动目标。与此相反，在立法的实践中决定提供资金给各个地区，使他们努力改善执法，应该以正义作为其首要目标。地方犯罪较严重的地区应该得到更多的这类资金，因此而实现更平等的人身安全。关怀不应缺席：关注犯罪活动的受害者和警察暴行的受害者，应是这种努力所考虑的一部分。但是，提供更广泛的正义和平等而非仅仅关怀受害者，将是立法裁定的主要目的。

如果我们说某些人应该被"绳之以法"，我们的意思是应对他们实行法律的制裁，如果被裁定有罪，他们应该受到惩罚。说到儿童，我们不说他们应该被绳之以法，但我们很可能会认为他们应该受到惩罚，并确保惩罚应当公平。但是，正义的含义是和相关的规则、法律和公平相捆绑的，而关怀的含义不是以这种方式。

有时我们用接近"应对"的方式来使用"照顾"而且远离一般含义的关怀。举例说，黑帮老大可以对一个下属说，他应"照顾"某人：意思是说消除某人这个威胁。或者，一个经理可能会告诉员工要照顾一个业务问题。但关怀照顾的含义在这种情况下也不会接近正义，并不比在说儿童看护、教育或医疗时更接近正义。

鲁迪克并不认为正义内在地与关系的贬值有所联系。但是，正义和其相关的价值可能会比她似乎认为的更致力于个人主义。在我看来，我们是以关怀、而不是正义为基础才可能足以认同其他人从而组成一个政治实体，并发展公民社会（见第八章）。在我看来，关怀关系比正义关系更为广泛、也更深刻。在关怀关系中，我们可以正义地对待别人，就像我们是自由的个人并赞成相互尊敬。这一点可以出现在更多的个人情况中，比如当朋友在比赛中通过公平竞争而获胜，或者父母公平地对待自己的孩子们。或这一点也可以发生在公共、政治和社会背景下，当人们认识到对方为小组的成员，该小组正在组建一个接受法律制度的政治实体。当正义作为指导价值时，它要求个人权利得到尊重。但是，当我们考虑的是构成了一个社会群体和将它保持在一起的关联
42 时，我认为，我们应该注重关怀。

关爱的关系

我个人的观点是，关怀既是实践也是一种价值。作为一种实践，它表明了我们应该如何应对需要和为什么应该应对需要。关怀建立了信任和人与人之间的相互关心和连接。这不是一系列的个人行动，而这种实践和对其适当的态度正在发展。关怀的属性和标准可以被描述，但更重要的是，关怀可以建议和不断改进，从而使足够的关怀提升到良好的关怀。关怀实践应当表达使人团结起来的关怀关系，这些表达方式应当逐步令人从道德上感到满意。关怀实践应逐步改变儿童等人成为在道德上值得钦佩的人。

考虑如何建立信任，一点一滴，很大程度上是由关怀实践来完成的。信任是脆弱的，它可以被一个单一事件打破；重建可能需要一段很长的时间和许多关怀的表达，或重建是不可能的。信

任关系是最重要的个人和社会的资产。要得到良好发展和成功，孩子们需要信任那些照顾他们的人，而提供这些关怀的人也需要信任他们社区的其他成员，这样他们的子女的信任才不会落空。为了尽可能实现和平，敌对的群体需要学习能够互相信任，如此相处而使得错置的信任不会比不信任的代价更昂贵。为了良好的运作，社会需要培养公民之间和公民与政府之间的信任；在社会能力允许的范围内实现任何的改进，这种信任的合作是必要的。关怀并不等同于信任，但关怀的关系应该是以信任为其特点，关怀和信任应相互维系。

除了作为实践，关怀也是一种价值。关怀的人和关爱的态度应该受到尊重，我们可以组织许多对于人们是如何相互关联的评估，这些关联总在围绕着一种与关怀或缺乏关怀相关的道德思考的总观而进行。举例来说，我们可以问一个关系是否是信任的和相互体谅的、或是否是敌对的和怀恨的。我们可以问人们是不是关注和响应对方的需要，或是漠不关心和自我专注。在我看来，关怀和善举是不一样的，因为它更是社会关系的描述而不是个人的道德倾向，而且社会关系并不能还原成为个人的状况。关怀关系应该是在个人生活中人与人之间和关爱社会成员中培养的。这种关系往往不在于一时，而是随着时间的推移而互惠。关怀的价值尤其体现在关怀的关系，而不是体现在个人。

关怀伦理学的倡导者认为，关怀涉及道德上的思考，至少和正义是同样重要的。当充分理解了关怀伦理学，我们看到它对男人像对女人同样适合。男人和女人都应该承认被社会依靠的关怀 43

活动的巨大价值，也应当公平分担这些活动。他们应该认识到关怀价值，就如同认识正义价值一样。

关爱关系形成家庭和友谊的小社会，而更大的社会依赖着这些小社会。较弱的、但显然是更远距离的人之间的关怀关系使他们能够相互信任以致和平生活并相互尊重的权利。为了取得进展，人们需要共同关怀其成员和其环境的福祉。

劳伦斯·布卢姆探讨了社区能够塑造道德的现实和维持（或没有维持）个人美德的方式。例如，根据社区的考虑，某一层次的关注他人将被解释为“过重的负担”[37]。我们可以了解一个充满爱心的社区将如何保持和验证关怀人的努力，以及这些人在以下信息中培养关怀关系时将难上加难，如“社区”提倡极端个人主义、竞争和适者胜利的价值观。对后者的一个反应是，人们在如何看待“他们自己”时有明显的不一致之处，比如自己的家庭或小团体成员，以及他们如何看待超越了在传统形象中的、作为一个“无情世界中的避难所”的家庭外的其他人。另一反应是，即使在家庭和朋友之间，一贯的力图自我利益只能由契约的限制来调和。这两种反应在道德上都不令人满意。

关怀伦理学既在个人也在更广泛的社会层面上建立关怀和关注的关系，并需要作出相互的反应。在社会关系中，我们关心彼此而形成一个社会实体，我们可以商定各种方式来应对彼此的需要。例如，为了一些有限的目的，我们可以想象双方为市场上的自由个体，独立、自主和理性的个体，而我们可能会采取宽松的法律、管理和政策的体制以最大限度地发挥个人的利益。但是，我们不应当忽视更深入的现实，即人类的相互依存和对关爱关系的需要，以便支持或围绕着这些社会机构。自由的个体这一人为的抽象模型至多适用于被限制和很有限的人的生命的一部分，而不是生命的全部。关怀伦理学提供了对直接的和遥远的人与人之间关系的一种思考和评价，以这些关系来发展道德上可以接受的社会。

第三章　关怀人的人

44

当我们试图回忆前两章谈到的一系列美德时，关怀不是我们立刻想到的美德。但我们之中多数人会认为关怀是令人钦佩的，我们希望我们的孩子成为关怀人的人。

埃德蒙·平科夫斯在他的《困惑和美德》一书中，列出了人具有的221种品质或特性，从这些品质中可选择一些来思考美德或邪恶，诸如美德的品质是仁慈、慈善、勇敢、公正和廉洁，而另一方面是残忍、自私和报复性。[1] 虽然在这一长串的品质中包括了友好、温和、冷淡和懒惰，但不包括关怀。其他的品质，诸如同情心、体贴、懦弱、欺骗、卑躬屈膝和值得信赖，也不在此名单里，这一点提醒了我们此名单可能会很长。但名单中缺乏关怀则是很明显的：现在有这么多人认为关怀是一个非常重要的价值——等同于正义的价值——也有许多人认为关怀是一个重要的美德。

关怀和关怀举止，在下列几本书的目录中也没有提到：阿拉斯代尔·麦金太尔的《美德之后》[2]、詹姆斯·华莱士的《美德和恶习》[3]以及被称之为献给引领学科的美德理论家菲莉帕·福特的巨著《美德和理性》[4]。关怀和关怀举止，在麦金太尔的最近一本书《依赖的理性动物：为什么人类需要美德》的目录中甚至也没有提到，尽管他在书中承认人类彼此之间存在巨大的依赖性。[5]有些人认为，爱心是接近基督教美德中的明爱，但明爱相等于慈善。然而关怀和慈善是不一样的——当我们照顾我们的孩子时，我们不是在做慈善——关怀和做慈善不是一回事。重视关怀与任何宗教的基本信仰完全无关，但对关怀的重视因此而更有力度，因为那些不信奉某个宗教传统的学者没有什么理由来参与以这一宗教传统为基准的论证。对关怀价值的理解，可以基于一种接受关怀和有能力从事关怀的普遍的经验。

45 我认为，一个关怀人的人和一个我们称为具有关怀美德的人是不一样的，但还有什么其他的可能呢？

让我们从关于人的问题开始：人是谁和人是什么？我开始用一个规范性框架，询问我们应如何思考那些有能力对他们应该如何生活产生疑惑的人。然后我继续问他们是否应该是关怀之人，以及此问题应该意味什么。

因此，我要抵制的是目前谈论人这一题目时的趋势，即只考虑科学的概念、前提和框架，由此而认为我们说的人必须符合从第三人称的视角来规范。这是一种视角，肯定对某些目的是有用的，但我认为这不是对规范的问题有帮助的视角。相反，我认为人们作为道德主体，能够随着时间的推移来行动和塑造他们的生活、机构和社会，至少在一定程度上，所有这些是通过培养自己和他人的某些特征、实践和价值观得到的。

一个道德主体之人是什么？近年来关于新休谟观已经取得了大量的书面讨论，根据其观点，没有统一的人，却仅有一个心理事件的集合。悉尼·苏梅克说明了德里克·帕菲特的论点："他认为经验……是一种其本身的性质不要求主体的实体。"如同新休谟的知觉观，帕菲特的经验存在"是独立于主体的，并在某种意义上比那些具有这些经验的主体更根本"。[6]

我不可能在这里论证以上的观点，但可以从下面的立场开始，从一个试图为了她认为可以接受的生活负责任的道德主体的视角来看，上述看法是不攻自破的，并且说明了我们不应该从这一假设开始。相反，我认为要从我们已经背负着道德责任的自我意识作为开始。为人父母的经验是最好的例子切中这个要点：当无助的婴儿被一个人照顾，如果得不到此人的喂养和保护，婴儿就将死亡，所以，不管可能有多少诱惑，这个人必须不能崩溃到无助的时刻。一个人从道德上被迫凝聚成一个有能力的主体。有人可能不这样做，但如果不做，这个人则不再是一个在道德上负责任之人。

在我看来，我们的经验告诉自己，我们是有道德的、作为人的主体。从规范的角度考虑我们应该如何生活，我们必须设定，有这样一个我，我能对别人提出的可接受或可拒绝的建议作出回应（孩子们都可以理解这一点），并且能对我们的许多选择负责。

道德的人格也是一种由道德、法律以及各种实践赋予人类这一生物实体的身份状态。没有人从本质上概念化地独立于人类的这种状态经历。但是，在人类历史中和创造了历史的各个社会领域中，许多实践承认我们是作为道德的人。

儿童（如果不是实际的）就是潜在的道德主体。当他们没有做到他们应该做的，我们在不赞成他们的同时又试图逐步指导他们对自己的行为在道德上负责任。在某一阶段，我们可能并不期
46 望他们能够理解行为的道德意义，但我们可以尝试在年龄早期培养他们具有适当的品性，使他们参与道德实践。

希尔德·尼尔森以及各类不同的作者说明了“身份是由叙事建构的”，虽然这未必是他们的全部理论。[7]她还说明了我们如何可能通过“反面故事”而改变身份。戴安娜·迈耶斯说：“叙事澄清人们可以很深刻地被他们的社会背景所影响，但保留自己的能力而塑造自主的道德生活——以便转化价值观，再创自己的途径，并重新形成自己的社会理想。”[8]这可能是一种有益的思维方式来了解我们如何塑造自我，甚至我们如何能够进入新的方向。这种方式启发了我们的问题，即我们应该如何继续我们的故事：我们应该变得更为关怀吗？更关心什么是非正义，更少自信地追求我们的利益，更加苛刻地要求尊重？所有这些都是为什么？

我以规范性的观点开始。但不是我可能已经说过的某些康德的规范性视角，我将从关怀伦理学的规范性开始。不同于有些论述关怀伦理学的作者，我认为它不应该被看成是一种自然化的伦理学。[9]当然以关怀为起点，我们应该从经验来审查并澄清植根于关怀的价值观。我们应该考虑，一直用来给关怀打折扣的认识论工具现在可以用来实现其重要性和价值。但是，我理解关怀伦

理学是从一种像其他任何伦理学一样的完全的规范角度来理解的。她解决的问题是关于如何以及为何我们应该从事关怀活动，这些活动应该如何进行和建构，以及关怀和关怀活动的意义。她尤其是对关怀关系的评价。

关怀伦理学中的人

关怀伦理学的特征在于将人视作相互关系的和互相依赖的。义务论和后果论的道德理论即康德道德理论和功利主义是领先的例子，将注意力集中在道德代理人的理性决定，而这些人被假定为独立、自主的个体。美德理论也将重点放在个体的人以及个人的倾向性。与此对比，关怀伦理学从概念上认为人受到和其他人关系的深刻影响，并参与这些关系；许多关怀理论家认为人的至少一部分是由他们的社会关系构成的。在评价这种关系和重视关怀的关系时，关怀伦理学特别注意人与人之间的关系。她并不认为有关的道德关系是由自由和平等的个体自愿组成的，那只是主导道德理论的假定。她同时赞赏人们之间那种无选择的、拥有不平等权力的关系中的关怀价值，如父母与子女之间以及各种社会群体的成员之间的关系。在关怀伦理学看来，我们在家庭、社会和历史这些背景中的嵌入是道德的基础。

琼·凯勒认为，这种人的概念是女性主义伦理学的核心。她说："无论女性主义伦理学最终形态如何，她将包括一个以关系为模型的道德代理。也就是说，该代理人敏锐的洞察力是一种'背负 47
重担的自我'，已经植根于与血肉他人的关系中并且部分是由这些关系所构成，并将继续存在下去。”[10]我要稍微修改一下这一立场，因为在我看来，女性主义伦理学比关怀伦理学更广泛，但我认为这一点对关怀伦理学基本上是正确的。

以下是玛丽琳·弗里德曼对关系的人的表述，是由当代女性主义者发展的观点：

> 根据关系的探索，人基本上是发展了自主能力的社会生物……在一个价值、意义、模式和自我反省的背景中发展，所有这些只能在社会实践的构成中存在……。迄今已经认清的是，我们的反思能力和我们的身份都是部分由社区的传统和规范构成的，以致我们不可能完全投入对规范的提问而同时不取消我们反思的能力。

我们每个人都在某种社会背景中成长，通常但并不总是一个家庭的背景，家庭本身就是坐落在更广泛的社会网络之内，如社区和国家。几乎所有人都通过我们的全部生活来参与社会关系和社区的活动，至少其中的一部分关系和活动确定了我们的身份并奠基了我们的最高价值。[11]

有些人批评弗里德曼的已发展的人的概念，认为她解释社会关系的方式只是因果的，而不是构成要素的。[12]但是，我们可以说，在大多数女性主义者认为，和传统自由派神话中的“自制男人”相比，个人被视为至少更多因果地受社会关系的影响，并往往被视作部分地但更重要地由社会关系所构成。

戴安娜·迈耶斯描述了她看到的各种近期有影响的自我概念。她说，“女性主义的关系自我”是：

> 人际之间束缚的自我……作为关系的自我……人们分享彼此的欢乐和悲伤，给予和接受关怀，通常从中获得许多奖励而取得利益并且应付许多恶化事件，比如友谊、家庭成员、宗教或族群联系等等。这些关系是道德认同的来源，因为人们对亲密的家人和他们所关心的其他人有承诺，这些承诺成为核心的道德思虑。[13]

关系人的概念或许能解决一些当前的难题，即我们如何对其他人产生感情的共鸣。[14] 在幼小儿童试图减轻其他孩子的痛苦的例子中，我们看到的似乎是直接的和自发的对他人的同情感，想要帮助他们克服不悦的情绪。[15] 由学步的儿童以霍布斯式任性排除一切障碍以得到其想要的，这形象所显示的“人性”概念，展现出了另一面。如果小孩子还没有感觉自己是独立的人，也许他们只是感觉到其他孩子的痛苦是自己的痛苦。但是，如果他们明白自己是个体人，又会为何？劳伦斯·布卢姆显示了 48
“推理”模式和“投影”模式不能适用于许多观察的实例。[16]

如果我们将人视作一个具体体现的关系的联接，构成一个孩子的关系不同于构成另一个孩子的关系，甚至一个小孩子也能知道，他与其他人不同。但是，当其他孩子有危难时，他们之间的关系可能会被扰乱，他可能希望关系会变得更好。这并不是不符合他在另一个场合中为其他孩子的痛苦而感到高兴，如果他认为，那个孩子，比如说，对他自己拥有一个玩具是一种威胁。这种解释可能与其他问题一块探讨。

自我作为关系的概念允许了道德上与其他个人和团体的显著关系，但这种自我，随着它的发展，也是一个形成自己的身份、生活和行动的道德问题。如何从理论上说明相互作用的内外方面一直是很多女性主义者的讨论话题。

关怀和自主

关怀之人是否可以自主？《关系的自主》这本选集中的所有论文都在重新构思关系的人的自主。自主仍然是寻求的目标，但这将是一个完全和自我自足不同类型的自主，从传统的自由主义理论看，自足和原子的自我可能是精华的提炼，不是慈悲的自我。该书编者认为一系列关系的自主之观点的前提是“相信人是嵌入社会的、而代理人的身份是在社会关系的背景下形成的”。人是所形成的一个复杂的社会因素的交叉，包括种族、阶级、性别、族群、家庭联系和社区。该书编者还认为：“关系探索方法的核心在于，分析这一主体相关交叉的含义和关于自我与身份的社会层面。”[17]

戴安娜·迈耶斯对自主作为一系列能力的描述是有说服力的。她说，自主的人已经开发出一种“通过自我发现、自我定义和自我导向而实现的技能汇合”。关系人可以发展这些技能，虽然对某些人而言要比对其他人更难做到。她注意到，“关于其他能力方面，人通过实践来学习，而实践会增强能力”。[18]

通常情况下，我们通过我们与他人的互动学会自主，但我们不是教育背景和境况中的囚犯。我们的个性化、家庭、社会、政治和与他人的经济关系，使我们能够或抑制去获得重要的选择。[19] 我们既陷入、又能形成这种关系。

我们应小心这一观点，认为那些其他社会的人获得比我们在自己社会中所认识到的选择要少。乌玛·纳拉扬很有帮助地争论西方女性主义者的方式有时会视其他文化的妇女为父权制的囚犯，无力抵制或愿意被欺骗而不想抵制。使用穆斯林社会的面纱为例，她认为，许多妇女戴面纱是在社会施加的压力下既现实又 49
自主地选择这一行动方针。她比较这些压力对那些西方社会妇女符合依从一些广告、文化理想和企业所期望的强力所推出的修饰和服装标准。如果她们不依从，就会得不到或者失去工作；她们将受到嘲笑或蔑视。在所有情况下都有社会制约因素，但自主在此范围内是可能的。正如迈耶斯这样写道，“一个社会和经济环境，提供给所有个人广泛的、有吸引力的选择，这样的社会有利于自主，但并不必定是自主的”。[20]

这一点，对关系人来说，其论点在于，我们修改而且往往远离现有的关系，这是为了更好和更关怀的关系，而不是为了辉煌的独立、自给自足和易于分离的传统自由理想的自主理性代理人。

有些人仅仅因为他们的养育背景和朋友，也许是在他们的基因的帮助下，将成为关怀和体贴、敏感和尊重他人的感情、并善于从事关怀实践的人，而另一些人的成长过程导致了他们永远无法实现这些能力？成为一个充满爱心的人，其目标肯定能够而且应该是自主选择的事项。一个人只是不假思索和不加鉴别地跟随关怀实践，即她已经如此长大，她可以在外表看来是关怀人，但缺乏适当的动机和自觉认识关怀的价值。学习和培养相关的能力以便成为一个有爱心的人，这将取决于许多努力，由一个道德主体和与该人有关系的其他人所做的努力。这些实践应该受到鉴别慎思和改进。有些人在任何特定时间内都未能成为关怀人的人，但我怀疑任何人会永久丧失成为关怀人的能力。

关系人和过多承诺

在一些关怀伦理学的批评者看来，人作为关系的概念与其实行被视作很危险地淹没在无选择的社会关系之中。例如达瑞尔·凯恩，严厉批评关怀伦理学看到自我为“只不过是”关系，并将关怀提升到超过任何其他价值。她接着说，我们不会放弃自己让施虐者来支配，或过于同情杀人犯，或过分关心受压迫的群体导致我们永远也找不到时间来逗我们的宠物。[21] 她确实提供了一些有益的见解，如何避免自以为是以及她所担心的由关怀者来操纵的倾向。但她的批评，结果在很大程度上侧重于少数几个最早表述的关怀伦理学和人的关系。这些著作中的许多人正参与发展关怀伦理学理论，她们已经提供了进一步的解释、阐述和评价，避免了她声称为可识别的过分陈述。许多人一直在强调，关怀伦理学必须要考虑不只是关怀接受人，而且是关怀提供人的经验：关怀
50 如何不能超过负荷；她们也一直在探索关怀可能出错的许多方式

以及关怀应该得到提倡的许多方式。过去，关怀一直遭受主导道德理论的严重贬损。而现在澄清其价值的那些著述目的在于纠正对它的贬损，但是这并不表明，关怀是我们需要注意的唯一价值。

迈耶斯一直是最近讨论关怀和其价值观的重要性的参与者。但她也一直在关注女性主义的关系人概念。她说，在总结了一些关于自我的概念之后，作为关系的自我概念可能被视作不够脱离他人，“过于纠缠在其关系网络而不能实现独特的道德认同”。她写道，被重视的关系“可以变身”而成为玛格丽特·沃克所称谓的“承诺的瘟疫”。[22]

这种考虑可以得到论述。它忽略了许多女性主义者所建立的一个论点——由于缺乏社会援助而致使关系中的人有过多的负担而很难实现的承诺。例如，照顾年迈父母的过多负担在他们的女儿身上就是社会的失败，即社会不承担照顾老人的责任。做母亲也有这种问题，缠绕在她们的关系网中的麻烦，都和缺乏足够的托儿安排非常相关。[23]充分的关怀和照顾老人可由偶尔与繁忙的女儿通电话得到满足，申明亲密关系的联接，其中包括相互的理解——父母不希望成年子女花费大量的时间和精力来重申这种关系，他们并不需要这种重申。得到关怀并乐意上公共日托的儿童不需要不间断地与他们的父母互动才会明白，他们是被爱和重视的，以及他们与其父母的关系是强大和密切的。

当然，有时其他人对关系人所作的实际的要求似乎压倒一切，而这些要求不是那种能由社会来承担责任的，即使社会上有心理健康服务以及其他健康关怀的规定。但是，当关系纠缠到妨碍人的自由，他们往往是需要修订的一种关系。

这里人之间的差别往往是这样的，有人觉得自己必须不断地与同伴交流以保持密切的关系，如果同伴感觉相同，这是没有问题的。但是，可能也有密切的关系，双方相互理解并允许长时间的缺席或沉默，当然都是完全独立的道德代理人。许多与我们纠缠已久的关系并不是我们的选择，比如父母和兄妹。即使这些关系也可能是我们想努力改变的关系。在我们选择的关系中，我们可以指导我们的生活朝向达到这些关系的需要和纠缠程度上的和谐。朋友可以相互承认为高度关怀却没有不间断的关怀明示。

51 **关怀作为人的美德**

假定关怀是美德很容易，这是一种人可以拥有和解释的美德，就像美德理论的标准解释，美德作为*个人的意向*。一些人认为关怀的另一个名称为善，一个熟悉的美德。我要说明为什么我不同意这些解释。

迈克尔·斯洛特认为，关怀的人近似仁慈之人，但善的目的特征是福祉全人类，而关怀，虽然它可以扩展到包括“对所有的人的实质关切”，却可以允许人喜欢那些更接近的和较亲密的。[24]他提供了一个最全面的说明，说明一个建立在关怀之人的概念上的伦理学是可行的。他论证一个基于代理人的、关怀的美德伦理学。他认为，正义、正确的行动和其余所有伦理学应当关注的，都可以根据关怀之人的动机而定。在处理良好的意图但坏的结果方面，他认为，关怀之人会在意他的努力的影响和是否实现其目标，比如说，维护一个孩子的健康。如果打算做一个好家长，关怀之人会告知自己孩子会需要什么，等等。因此，他认为，对整个道德而言需要的就是美德，适当地理解和阐述关怀人的、仁慈之人。

我欢迎他对关怀价值的明确赞赏和他将关怀统一到伦理学的努力。但我认为斯洛特错过了关怀伦理中的关怀关系这一核心。在我看来，关怀的人不仅将有关怀的意图和倾向于有效地关怀，但还将参与关怀关系。人们如果缺乏这些能力，他们可能只试图去关怀了，但还不能是关怀人。关怀人的要求高于正确的动机或意向。还需要有能力从事关怀实践以及行使这种能力。我们看到，关怀是工作也是感情或动机或意图。关怀人以各种方式参加了这项工作才大致符合其标准。但是关怀不仅仅是工作。所以，在没有适当的关怀动机下有人完成了工作而且喂养了儿童，这是不够的。但是，我也认为，光有爱心的动机还是不够使一个人成为充满爱心的人。

在一篇有趣的文章中，霍华德·柯泽尔认为，正义和关怀的伦理学只是对正义和关怀价值的描述。[25]他的观点认为，正义和关怀二者适用于人的生活中几乎所有的情况，而且是实际的而不是理想的美德。有时正义和关怀两种美德相冲突；这种冲突可能会导致不道德却令人钦佩的行为或者肮脏交易，但他认为，这一点并不威胁道德。这样做只是表明，道德节操不是一个完整的道德行为指南，却必须辅之以实际的智慧。

以上说明呼吁更多的相关讨论。柯泽尔明确拒绝——我认为他的拒绝是正确的——那些试图将正义伦理作为特权的意见，这些意见还将关怀视为不是道德价值的价值或把它看作是一个欠发达形式的道德推理，或作为一个不错的额外考虑而将其纳入一个
52 更重要的正义伦理，或正义伦理始终保留对关怀的特权。柯泽尔适当地承认了关怀和正义的差异，和各自相对的高度重要性。

但是，把关怀看作只是一种美德，我认为他错过了关怀的一个中心特点：即评估和建议人之间的关系。他说："如果他或她倾向于建立和保持适当的关系，以正确的方式，与合适的人，在合适的时间，有正确的动机，等等，此人就是一个关怀之人。关怀之人还必须对与他或她具有不同关系的人，感觉到适当层次的喜爱以及责任。"[26] 他承认此定义和亚里士多德关于友谊的定义之间的密切关系。

这在很大程度上描述了一个充满爱心的人，但只是有局限地评估了一个人的意向和行为，包括与他人的互动，而不是人们本身之间的关系。对美德的说明集中在人作为个体的人的特性方面，像柯泽尔所说的那样，这些个人应当"建立和维护"各种关系。但是，这忽略了我们已经陷入的、从我们诞生那一刻开始的巨大的关系现实。多年来，在我们的关系之中，我们逐步发现和认识到这些关系，而不是"建立"关系。许多这样的关系将是令人极不满意的，肯定不是我们选择的，我们可能还要为废除它们而斗争。但往往在它们不能令人满意时，我们可以尝试修饰、改善和转变它们。在所有这些情况下，我们需要对关系的道德评价，而不只是人的意向。我们需要道德上的建议，是否能保持或改变或

试图打破这些关系，但在某种程度上，因为它们通常会保留着我们是谁，能否打破它们甚至有可能是一个严重问题。例如，我们绝不会不再是某个父母的孩子，或在一定的群体认同中长大的人，即使我们拒绝这些认同。我认为，关怀伦理学和我们关于关怀人的概念应当能够提供这些评价和建议。

有些女性主义者找到一种亚里士多德式的解决这些道德问题的方法，比康德或功利的方法更为适宜她们的道德考虑。有些女性主义者感到其道德取向更接近休谟。然而，包括亚里士多德和休谟的美德理论，一直很有特征地视美德作为附属于个体的人。相反，关怀伦理学更关心的是人之间的关系。关怀关系被看作宝贵的或错误的，远远超过了个人的意向而从这一点分离出来。当然，人与人之间有价值的关系在很大程度上取决于人的品格，但品格可贵的人可能仍然不能和别人具有良好的关系。

出于所有这些原因，在我看来，关怀不应当被视作只是一个组成部分——迄今为止被忽略的——出现在较长或较短的美德汇编名单中。关怀伦理学是一种植于自身的可选择的道德探究。

我试图从关怀伦理学的观点来理解关怀人的人。关怀伦理学重视关怀的关系，而不仅仅是斯洛特意指的具有爱心或善良意向的关爱之人。关于关系的判断常常需要完全不同于关于个人的判 53
断。两个人可以是具有美德倾向性意义上的个人的高尚品德，但两人的关系却是敌对、冲突和互相无助的。关怀关系要求相互性，而培养相互性的方式是在人类生活相互依存的各种背景之中。认识到相互依存、而不是唯一想到的或主要想到的独立的个体和他们的个人情况，是关怀伦理学的一个核心方面。关心之人将在相互依赖的个人、政治、经济和全球的背景中培养相互依存性。关怀之人将适当重视关怀的关系，将设法修改现有的关系，使它们成为更加关怀的人。是的，关心之人这样做是通过正确的途径，以正确的动机，如此等等。但在关心之人看来，重点将继续为他或她的关系，而不是他或她自己的意向，并且还有关怀的实践（见第二章进一步讨论）。

敏感性和知识

关怀关系似乎需要大量的对他人的感情保持敏感的能力。家长必须了解他们的孩子，知道孩子是真的受了伤害还是惧怕或只是在假装，孩子们似乎也有很敏锐的能力去辨别父母是不赞成还是鼓励。错误的解释通常频繁地发生在双方，但在良好的关系中，相互的敏感和认识会有稳步进展，致使成员们可了解如何避免无意中挑起的愤怒或者受伤的感情。

一个长大了并且步入成年的人，总是缺乏对他人感情的敏感，但他很亲善和仁爱，这样的人能够成为一个关怀之人吗？我想不会。如果有人完全无能力骑自行车或游泳，我们不会称呼这个人为骑车人或游泳者。出于慷慨我们可能将这个称呼延伸到一个虽然只处于学习骑自行车或游泳的过程中而具有很高志愿的孩子身上，但我们认识到这不是一个准确描述。我们也许不责怪彻底麻木不仁者，如果他们的外壳或其麻木是由他们童年的损失所致，而他们还没有成功地克服麻木。如果他们正在努力学习变为敏感的人，我们可以说他们正试图成为关怀者。如果他们甚至没有设法克服他们的麻木不仁，我们可以批评他们的做法，因为关怀是一项价值，而变为一个充满关爱的人在道德上很重要。但是，如果人完全不知道别人的感情和思想，严重到不能看到别人的情绪和意图，他们不会有能力去维持关怀关系或从事关怀实践。我想他们不会是真正的关怀人的人。

敏感性是可以学到的吗？是的，虽然在这点上有些人可能比其他人有更多的天分。但这不是一个我们与生俱有的简单特性，比如左撇子。但做一个关怀之人是非常重要的。这一特性是必要的或者是可以用其他能力来弥补的目前还不清楚。我猜想，无论 54
什么作为一个可能的代偿能力，它都是以另一种方式促进敏感性，而不是一个敏感者通常会怎么理解另一人的感情。一个人可能会直觉地知道另一人何时处于困境，而另一人可能必须征求对方的口头答复来了解其困境。但双方都试图使用敏感性。

敏感性当然并不总是令人钦佩的能力：它可以被用来更有效地造成痛苦。但是，对关怀人而言敏感性几乎是必要的。可以想象，一个人理解并接受另一个人的缺乏敏感性，尽管如此，他还是保持一个关爱的关系，但这样做是在回避关爱第一个人时的缺陷，而不是否认这一缺陷。

从事关怀实践时，当事人不必知道某一特定的做法中的确切要求，例如，喂养婴儿时应加多少配方奶粉或加热到何种温度。但是，仅仅是仁慈的意图将不足以让一个人成为一个关怀的人。另一方面，只是走过场地进行关怀的活动和完成工作——比如喂养婴儿，但没有任何适当的感情或意图来寻求婴儿的福祉——这也不会是关怀。

如果一个关怀之人参加了关怀实践，而此实践通过认识和理解可以不断获取改进，如同更好地理解如何帮助儿童成为负责任的和合作的，简单地通过提高人们的知识就能使他们成为关怀之人吗？这种说法似乎有一些问题。如果知识实际上是实践的一部分，那么就不应该被认为是有问题的，如果就像前面讨论的此人有必不可少的动机，在更好的关怀实践中一个人会成为更好的参与者，越在实践中采用最丰富的知识见解，参与者就越能更好地理解这些见解。

关怀作为意向的问题

如果我们认为关怀之人只是具有美德的意向而不是（我提倡的）致力于关怀关系的实践，我们从很多方面可考虑关怀作为意向的错误。对某人持续具有强烈的爱，而那人却不接受这种感情而希望单身独处，这可能是在不能构成一个关怀关系的意义上一种失败的关怀。当然不能简单地关闭一个人的挚爱感情，但是可以培养感情的距离，停止赠予礼物或不想要的称赞，如此等等。另一方面，有人似乎要孤身独处，比如一个年轻人试图远离过分关注自己的父母，实际上这个年轻人可能欢迎与父母感情的继续，尽管在外表上藐视它。父母和孩子双方都可以承认，关怀关系是非常重要和坚实的，这种关系只需要重新解释，以便增进相互的自主性。

相互的自主性完全区别于传统的自主性观念，如果曾有这样 55
的现实。传统上，自主一直被理解为自给自足、不干涉、自我导向、合理的控制等等。女性主义者和其他批评人士指出，这些类型的自主性是人为的和误导的理想观念。事实上，作为儿童和病人，我们都彻底依赖别人，作为现代社会的居民，我们都要深刻地相互依存。高举自由的、自给自足的理想会掩盖这些事实上的依赖和相互依存的关系，并歪曲了在其他许多事物之中的关怀劳动这一现实。人们当然可以拥有不同的能力生活，在生活中作出选择，避免不必要的外部制约因素。选择可以受到以下的干扰：教育不足、经济压力、政治和法律的强制力和胁迫者。选择还可以受到心理压力的限制，即对有些人我们很容易触发感情。过我们所选择的生活需要资源和能力。[27] 因此，在我们周围的相互依存关系中，可以有或多或少的自我方向，而关怀的关系往往有助于这种自主性。但更多的自给自足不见得总是件好事：合作活动包括了相互的依赖。在关怀伦理学看来，对支配基础的批判能够有助于促进适当的自主性。

理性控制的理想要求我们排除情感影响以便实现自主。但因此排除的情感将包括共鸣、敏感、相互审议以及对道德性形成威胁的情绪。我们可以就此质疑作为理性控制的自主性这一理想。通过与关怀人的适当的关系、并通过教育和实践，我们可以学习反思自我、抵制来自别人的不正当的压力等能力。这种自主性是完全符合于关怀伦理学的，应该加以培养，但是这一自主性并不要求压制情感。

相互的自主不同于个人的自主性。这包括相互理解和接受多少共享时间、空间、每天的决定等等，以及活动中将出现多少独立取得的部分。关怀关系可以包括许多相互的自主性。将关怀等同于一种咄咄逼人的关注、善良但使人窒息的倾向是一种扭曲的、但广泛传播的关怀观。关怀作为意向往往误导人们认为他们在关怀，而此时他们只有良好的动机，想关怀、帮助他人，是仁慈的，如此等等，但是很多意图曲解了受援人的意愿和看法，而且，无论这种愿望多么良好却可能无法对关怀的关系作出贡献。看到了令人钦佩的关怀的关系，而不是仅仅作为意向，这一点更好地完善我们来了解关怀如何可能出错，正像关怀往往在相互的自主性方面会出错一样。

当我们问我们应该如何关怀时，视关怀为一种美德的另一个局限变得很明显。有人试图要关怀到无私的地步就会缺乏自尊，可能被批评为不具备必要的美德。家庭主妇的奴役性服务、
56 做母亲的牺牲都渴望但错过了美德。我们可以看出她们的意向中的缺陷，当审查她们在展示的关系时，我们可以看得更加清楚。家庭主妇的服务有助于大男子主义的丈夫和严格的父亲，而他们却蔑视她。牺牲自己的母亲生育了孩子，而孩子们不是逃离对她的债务，就是面对一个他们认为应该顺从他们的世界。参与令人钦佩的关怀实践的人不仅要尊重自己，而且要促进相互的尊重和敏感性。

还应考虑，当关怀被视为一个动机问题而不是关系时，作为公共美德时的关怀或仁慈如何轻易地可能出错。慈善往往不是那

些需要它们的人所想望、需要或值得的东西。相反，当关注分配问题时，人们应该得到公平分享的资源和奖励，而这些是由相互依存的社区成员努力争取来的。通常情况下，这种问题的关注（或应该这样做）是共享公共物品，而不是分配股份。人们共同享用的公园表示了人们的相互尊重，远胜于许多私人拥有的草坪。那些想要提供慈善的善良动机应明示通过适当的社会方案和政策促进社区成员应彼此具有的共同关注。就像一个全面的针对所有人的公共教育系统或医疗系统，相比于富人们为慈善事业赋予给贫困个人的支出，它们会做得更令人满意。

在政治和经济背景下，作为仁慈和动机的关怀不能理解权力关系，如此可以轻易破坏关怀的价值。在公共以及个人背景下，实际权力的差异是不可避免的，我们很深刻地认识到这一点，而不是掩盖这些差异背后的自由的平等虚构。但是，当我们把重点放在关系方面，我们可以来看看如何塑造良好的关系，以便使权力的差异不会有害，并使弱势群体得到赋权。良好的关怀关系不仅涉及相互承认的道德平等，并且涉及实践，避免微妙以及公然胁迫情况下的不尊重和不体谅。我们可以培育信任和相互性以取代仁慈的支配。关怀者往往需要去执行权力，但他们也将理解怎样做得最好，特别是如何避免执行权力成为暴力和破坏的方式。

关爱关系和信任

安妮特·贝尔论证说，信任应被视作道德的中心概念，并从细节上探索了这一概念。[28] 因为良好的关爱关系要求信任并以它为特点，信任是关怀伦理学中内在价值的一个很好的榜样。信任是人们之间的一个关系，而不是一个孤立人的价值实现。信任的价值不能被划分为关系中人的意向的价值，或关系对所涉及个人所具有的价值。

贝尔审查人的美德，并认为美德是“[面向]我们共同的脆弱性的心理态度”。[29] 她认为，这种态度的价值“在于它们在人
57 的生活内部对信任气氛的贡献”。[30] 她指出，如何“尊重生命和其他人的财产，作为美德，这对信任的气氛作出了重大贡献”，在她看来，这一点与所有的美德一样。而且，“在他们相信自己的人文环境之前，[人]不能期望他们自己是可信任的”，而美德又取决于信任的气氛。[31] 那么，一个可信任的社会应该是道德的最终目的？

信任对关怀、对朝向关怀的社会是非常重要的。但我认为这是不够的。信托是一种对意图的相互理解。去信任不只是预测有人将要做什么，当不确定别人将要做什么的时候，信任是最需要的。信任也是一种理解，理解他人将有值得信赖的意图，而不是从其获利的意图。为了人之间能形成信任，这样的理解必须是相互的。[32]

信任不是个人美德，因为它可以很容易地被放错位置。信任一个靠不住的人可能不如信任愚人：它可能会鼓励人们利用天真和轻信。信任需要合作，而不是个人意向的利他主义。两个利他主义者正如两个利己主义者，会发生争执。我一直认为的一个规范性的立场，即人缺乏不信任的理由，应该给信任一个机会，这

与霍布斯的立场相反，即人们不应该做没有理由相信的事。我认为，一个信任和关怀的社会需要我们克服霍布斯的立场。[33]

但是，信任对一个繁荣的社会是不够的。信任很少意味着实际上去做需要做的或做得很好的关怀工作。贝尔认为，信任总是在某些特殊方面出现，比如当我们相信某些人可以保障我们的财产或修理车辆。[34] 为建立一个繁荣的社会，我们将需要指定的方式，在这些方式中哪些人应相互信任，以及他们应该相互信任去做的事情。比如说“我相信我生病时他能照顾我”，或“我们相信，在迫切需要的时候，我们的邻居会支持增加教育经费”，这两例绝不是重复的。信任本身并不意味着繁荣取决于关怀这一点即将实现。要有一个关怀的社会，人需要相互信任来回应他们的需求，并创造和保持可钦佩的关爱关系。

关爱关系实际上维持人际，针对人们的弱点需要而作回应需要这样的工作。信任的氛围可确保人们具有正确的、值得信赖的意图，但它并不能保证人们会做什么是需要做的。它并不保证人们能有效地满足弱势群体的需要。相反，关怀人的人要参与关怀的实践。虽然每个人不能参加所有的各种不同的包含关怀价值的关怀活动，关怀人通过他们的活动来体现这些价值观念。他们正设法不断改善这些实践。

良好的关怀关系应当在个人和公共环境中流行。关怀人的人将熟练地参与关怀实践而维持这些关怀关系。

第四章　正义、功利和关怀 58

生活在20世纪最后三十多年的一个学习伦理学的学生，或一个关切地咨询道德哲学家的公民，他们可能总会遇到，在看来是能够解决道德问题的规范性理论中，一两个理论在这一时期占主导地位。他们开始熟悉义务论，尤其是康德的理论，和后果论，特别是功利理论。这两种类型的理论是关于正确行动的理论。二者都依靠普遍的准则和所建议的简单抽象原则，这些原则被假定可适用于所有的个案，我们在个案中做出的决定都是关于我们在道德方面应该怎么做。康德和功利的理论在道德认识论上都是唯理性论。对康德来说，我们要依靠理性来理解范畴的绝对命令的含义，并且要按照理性的意志而不是我们的感情来指导行动。在道德上真正相关的是我们的行为动机，而不是所发生的结果。在功利论看来，我们要为所有有关人士实现最大的幸福或功利或者满足其偏好。行为的道德性完全取决于其后果，取决于它是否在实际上减轻人类的痛苦或增加福利。在决定道德要求我们做什么时，我们要运用理性的计算方法，并依靠理性做出合理的选择。

长时间一直被探求的论证都是关于哪一个理论更优越或哪一个理论可能把严重到不可接受的影响减少到最小。康德理论和功利理论内部的论证已经得到广泛探讨。例如，在康德的方法中，关于普遍性和形式主义的争论，关于原因和动机之间的联系，关于主体代理人的责任，关于理想的契约的争论，都变得更加复杂——有些人会说更学究了。而在功利方法里，关于功利的人与
59 人之间相比较的争论，关于合理的选择和在不确定或冲突情况下的契约，关于社会选择、个人功利和讨便宜者，这些争论也变得越来越复杂——有些人会说更脱离了现实。

在20世纪最后的二十五年兴起了对美德理论的新的兴趣。对某些人来说，美德理论是对义务论和后果论的另一种选择，并且应当取代后二者。有人认为，如果我们要培养良好性格的人，实现一个充满品德高尚的人的社会，我们将不再需要额外的理论：具有美德的人将会做最好的或者道德上需要的事情。美德理论认识到人的性格的微妙性和道德情况的复杂性。

也是在20世纪最后的二十五年里女性主义理论得到了发展，引导了女性主义哲学和女性主义的伦理观。人们日益认识到女性主义道德理论是一个独特的和有趣的关于道德问题的可选择方法。许多人（不都是妇女）已看到这一方法对规范伦理学和元伦理学作出了重要贡献。现在，女性主义道德领域已有大量的图书，[1]而现在的一些一般性教材文本在其理论和涵盖主题中也包括论述女性主义伦理学的段落。[2]

女性主义道德探究

在有女性主义哲学之前，就有关于妇女的哲学思考，其中大部分是令人震惊的。

亚里士多德认为，妇女是有缺陷的男人，是缺乏在男人本性中根本的推理能力的人类。他认为妇女或许有能力推理，但认为，当男人的本性或功能是以特有的人类方式进行推理时，妇女的本性和功能却是像其他动物一样进行生育。[3]

13 世纪，阿奎那分享上述这些关于妇女和男人的本性的概念。而在 18 世纪，卢梭认为社会将会崩溃：除非妇女从童年开始就被灌输她们是屈从于男性的。康德，由于他完全将道德基于理性并赞同妇女缺乏理性的观点，因此得出结论认为，妇女不能成为充分道德的人。20 世纪，弗洛伊德将这些比较看法延伸到新的、不断增长的关注人类行为之学科所研究的各个方向，从概念上把妇女归类为心理劣势群体，原因是她们在解剖学方面的不足：缺乏阳具。

在漫长的哲学史和受哲学影响的思维中，如同几乎所有的思想一样，人们一直都认为是理性在其悠久历史和人类发展中建立了荣誉，理性必须克服和抛弃那些被认为是女性的东西和非理性、热情、情感和身体的需要等黑暗力量。虽然这些黑暗力量的概念在历史的不同时期和不同地方具有变化，确定它们是女性身份则几乎不变。长期一致的关于妇女的想法就此而视她们是有缺陷的、不足的和危险的。[4]

60 关于妇女的这些观念既是在其时代的哲学之内占主导地位的误解之反省，反过来又是对男性主导地位的继续巩固所作的重大贡献。关于妇女的哲学观，强力反对妇女分享随着民主的政府形式的出现男人们所获得的政治权利，反对这些权利扩大到妇女，使她们没有获得工业化所带来的经济进步以及工业化所产生的更广泛的财产所有权等，将妇女排除在20世纪蓬勃发展的大多数职业之外。

关于妇女为劣势的哲学思想，既影响又造成了妇女的从属地位。同样，女性主义哲学在我们的时代既影响又造成妇女在更广泛的社会中日益平等。她提供了一个对于哲学非常明确的、几乎全新的、对妇女声音的贡献，这不仅涉及妇女，而且涉及哲学中其他一切思考。既然哲学关注最根本的问题，关于我们对所有一切的思考，女性主义哲学就要反思生活、社会和全面的知识。挑战男性占主导地位的思考是要挑战我们如何安排我们的生活和世界，追求什么是我们认为的知识、理解、进步和价值。

女性主义者不是看人类为大写的**男人**，而女人为**他者**或缺乏男人所具有的本质能力，女性主义思想认为人类是妇女、男人和儿童。女性主义思想指出，虽然妇女**能够**和男人一样推理，但值得怀疑的是：理性**应该**将所有属于情感和身体的抛后不计。女性主义的道德理论，譬如说，一直都强调情感的重要和有益的作用，如关怀和共鸣在道德生活中的重要性以及对人类的道德理解。

关于身体的看法，女性主义思想认为妇女不是作为所谓的缺乏阳具的人，相反，妇女拥有许多能力而其中一种是男子所缺乏的：分娩新的人类的能力。当心理学家寻找这一能力时，他们确实可以找到小男孩羡慕子宫的证据。人们往往无法找到一个他们不在寻找的东西，而一直在寻找女性的弱点和消极被动的科学研究，当然往往不注意妇女的优势力量。女性主义思想正在改变着什么是寻找和什么又是发现。这就使在已经被采取为“知识”的大量偏见成为显而易见的，尤其是在社会科学、心理学、历史，当然还有哲学中的偏见。[5]我们要对被视为人和创造性领域的“公共”而被视为仅仅生育地点的“私人”这样的基本概念进行重新概念化（也见第一和第二章）。这是正在重新塑造关于妇女的观念，即以她们在种族、性取向以及经济、族群和历史定位中的所有差别来塑造，并要求视妇女的经验与那些享有特权的男子的经验具有同等的重要性。[6]这又引领我们重新构思我们关于人格、身份、自我和社会的观念。女性主义思想正给道德理论带来的最重要变化在于，使妇女的经验——包括做家务、养育子女和关怀依赖人的经验——和儿童以及其他不能独立的人的经验都与道德理论是相关的，而且使得道德探究采取了前所未见的方式。主导 61
的道德理论似乎一直模仿男人在国家的公共生活和市场的经验。女性主义的观点阐述了这些道德论中的偏见。

各种女性主义道德理论由以下这些核心承诺联合在一起：男子对妇女的统治应该结束；妇女享有平等权利；妇女的道德经验与男性的一样重要。当然，所有这些立场的意义和隐含需要更多的解释。

正在发掘妇女的道德经验的女性主义探究，已经使我们认识到此领域为何一直被其他道德理论忽略了，而那些主导理论在处理此领域的道德问题时又往往这般笨拙。当然，“妇女的经验”潜在地比过去更像男人的经验，但是历史上妇女已拥有大量的、标示为“私人”和“无关紧要的”经验。这些经验一旦被认为是相关的经验，道德理论则需要相应地重新思考。

由于妇女关怀子女和其他需要关怀的人，这方面的道德问题始终存在，但这种经历很难进入道德理论家的思想，那些思想只发展占主导地位的看法。传统上妇女的关怀活动已经吸收成为自然和本能的，而不是道德上有意义的和涉及道德选择的。最近在1982年，大卫·海德以完全典型的方式驳回了母亲为她的孩子牺牲作为一个例子来说明分外之事，他说，因为这属于“自然关系的领域和本能的感觉（位于道德外面）”。[7]

女性主义道德理论家采取的最明显的一个立场是，上述对妇女道德经验的驳斥是不能接受的。在认真采取这些经验时，很多女性主义道德探究开发出已被称为是最好的关怀伦理学。从萨拉·鲁迪克研究的母性中所包括的思维，卡罗尔·吉利根对女童和妇女似乎怎样解释道德问题的实证研究，以及内尔·诺丁斯的关怀涉及什么以及我们如何评价关怀的现象学调查，女性主义者的道德探究显明了人的生活中关怀活动和关系的重要性，并且建立了关怀的道德意义（见第一章为进一步讨论）。良好的关怀应该作为道德上的目标，基本的关怀关系是一种道德上的必要性。关怀实践中体现的价值观念需要得到理解和培育，而反映这些价值观念的许多实践的失败也需要被理解。关怀作为一种实践应不断进行评估和改进。为了实现这种改进，在有关怀参与的社会和政治背景中可能需要激进的变革。

许多人对关怀伦理学提出了警告。在一定范围内，妇女已被封闭在关怀的工作之内，而反映这一点的伦理学可能会产生延长不平等的效果。它可能会错误地用仅仅是一个历史事实——妇女一直在做大部分关怀劳动——来声明关于妇女对道德问题的看法。在某种程度上，关怀是针对与我们有实际关系的特殊 62
他人，一些批评人士担心她可能将注意力脱离压迫性的社会结构，而关怀就发生在这样的社会之中。要将关怀活动（这应该是与男子共同承担，而不是自动分配给妇女）提升到一个与妇女的经验相结合的关怀伦理学，由此人们会认为这很有问题。

关怀伦理学应如何表述仍然是女性主义道德探究的一个中心主题，这一探究所应包括的远远超过了关怀伦理学。我认为，对她的反对可以作出回答，那些反对意见主要由于过分注重少数关于她的早期叙述。应该如何理解和捍卫作为一个独特的道德理论或方法的关怀伦理学可见于第一章，这是本书的主要论题。

关怀与正义

在思考已经过发展的关怀价值时，关怀与正义通常被视为非此即彼的价值。"关怀"和"正义"用来命名完全不同的方法以对待道德问题，对这些问题也有性质不同的有关建议。关怀重视人和人之间的关系和善解人意；正义则重视符合抽象原则的理性行动。卡罗尔·吉利根视这些为非此即彼的说明，可以适用于特定的道德问题，以不同的方法来解释什么是道德问题以及应该如何处理。举例来说，慎重的堕胎问题应被解释为对现有儿童与其母亲的关系构成威胁的一种避免，还是解释为对胎儿和孕妇之间的权利冲突？吉利根认为这两种探索都是有效的，但由于从关怀角度的解释在主导性道德理论的建设和研究中被严重忽视，而现在她应被视作有效的，缺陷才能得到纠正。吉利根论证说，如果人们将一个道德问题视作应当通过关怀来处理的问题，那么就不能在同一时间将此问题视为通过正义来处理的问题，因为这两个观点组织问题的视角是不同的。某个特定的人能够认识到两种解释，并将它们逐次审查。她认为，道德应包括关怀和正义两方面的考虑。但对某一特定问题，她的这一建议使我们只能有非此即彼的解释，但她对二者之间如何选择没有提供意见。我们为**什么**应当将一个问题视作正义优先的问题，或将另一个问题视作关怀优先的问题？

如果妇女在职业教育的机会方面受到歧视，比方说，在世界许多地方她们仍然受到歧视，我们应当将这一问题看作是个正义问题还是关怀问题？如果父亲由于他的麻木不仁伤害了他的孩子，这是一个关怀问题还是正义问题？人们可以看到两种观点都将明示不同方面的问题。但在它们的建议发生冲突时我们应该支持哪一个？将正义和关怀视作为非此即彼的两种方法并没有帮助我们做出决定。

63 其他理论家，例如内尔·诺丁斯，认为应谨慎取代正义为中心概念的道德。按照这种观点，关怀可提供我们所面临的问题所需要的道德指导，而正义应当退居旁边观望。有关怀伦理学就足够了。但这种观点启发了许多反对意见。关怀怎么能独自处理结构性不平等和性别、种族、阶级和性取向方面的歧视。敏感、对依赖人需要的反应和培植关怀关系如何才能足以防止家庭暴力、犯罪控制以及国家之间的暴力冲突？道德上的决定和后果似乎需要正义。

在这些辩论中，占主导地位的正义伦理学被认为既包括康德的方法也包括功利论的方法。约翰·罗尔斯的《正义论》被视为象征性的康德方法。[8] 这一理论要求抽象的、普遍的原则，而所有人（作为自由、平等和自主的、可以公正选择的个人）都可以同意这些原则。此理论认为正义是最重要的基础，以此基础来判断政治和社会安排的可接受性。此理论坚持尊重人，通过承认人们的权利，并提供道德上的限制，使个人可以在限制之内追求自己的利益。此理论要求公平分配有权力差别的地位和经济活动的利益。

功利主义是不太明显的正义道德论。它建议最大限度地发挥功利，或者所有人的偏好满意，所有人作为个人追求自己的利益。因为它可以计算偏好的满意度来称重衡量需要，这个方法在认识到满足需要的重要性这方面优胜于康德和其他义务论。但它仍依赖于一个抽象的普遍原则，呼吁理性的个人。在其要求的功利中每一个人都被视为对其他任何人是同样重要的，它试图以正义建立其基础。它证明了政治方面对个人权利的认可，但以正义为重点，非常有利于一般的功利。像康德道德理论的绝对命令一样，功利主义有一个非常笼统的普遍原则，即它依赖功利这一原则。

在那些将重点放在区别康德理论和功利论理论的学者看来，似乎没有道理将他们归类在一起作为正义理论，捍卫康德和功利论方法的学者们一直否认他们不能很好地处理关怀问题。双方都试图同化关怀使其归入自己喜欢的思维框架。

然而，那些发展中的关怀伦理学着眼于人们敏感地响应他人的需要，那些与他们分享利益的特殊人的需要。从这个角度看，康德和功利理论中的相似之处比差异有更多的意义：两者在他们的道德认识论方面都是理性主义的；都依赖于简单、抽象、普遍的规则；都是关于正确行动的理论，旨在建议理性的选择；都可以解释为更适合指导在“公共”生活中作决定，而不是处理家庭生活、友谊或集体的团结这些道德问题。最后，双方所关注的问题，
64 如正义——通过权利和公共政策——尽管康德式的基础可能是更好和更有力的权利论，而功利论是解决公共政策的许多纠结的理论。[9]在这些方面关怀伦理学可与二者对比。而那些侧重于关怀的价值观的人认为，很明显，如果妇女要以牺牲关怀为代价才能合理合法地追求平等和正义，那么，道德就会受到损害。那些以前从事关怀的人会成为越来越像正义理论中的自由、平等、理性和无负担的个体人，没有人再去培养家庭和友谊的关系，培养关怀的纽带。假如对待朋友和家庭成员之间的关系，犹如以自我利益为基础的他们之间的合同交易一般，那样做就会损害和削弱他们之间的相互信任。[10]

在一段时间里，关于关怀伦理学的辩论成为关怀与正义的对比叙述。辩论中要求参与者考虑什么是更适合于女性主义者及其盟友关注的问题。那些问题中特别是对压迫的社会结构、不公正的经济和政治机构的考虑，其聚焦点是否在家庭和个人的关系方面很值得怀疑。他们继续看到平等的要求应当优先，虽然自由平等的解释往往被重新概念化，而他们看到的这些问题最好通过正义伦理学来处理。有人论证说，正义要求社会主义的机构和经济民主。[11] 许多人主张将正义延伸到妇女所在的工作场所以及家务负担。[12] 其他人则认为，在保护妇女免受暴力和虐待方面，正义伦理学优越于关怀伦理学。[13]

还有人为关怀伦理学辩护，反对关怀伦理学使妇女回归传统角色并和传统同谋的指责，明确指出关怀伦理学所建议的关怀实践不是在父权制的压迫下进行而是必须在后父权制社会里寻求。他们展示了关怀如何可以延伸而超越家庭和友谊的背景去呼吁从深层重新建构社会；重新建构经济、政治和法律体制；重新建构学科专业实践；重新建构国际关系。[14] 一个充满关怀的社会将重新安排人们的社会角色和改变其实践。如果使用私人和公共这两个不令人满意的概念，关怀可以被看作不仅是私人的、而且是公共的价值。莫尼克·德沃克斯在介绍关怀和正义的专题讨论会时写道："关怀视角结构性地依赖人类为善的概念，并且由此推出关于改革政治的深刻承诺。"关怀思考人不仅提问"不同背景中的道德推理可能使政治上有何不同，但更根本的，他们想知道，从根本上调整我们的社会和政治的优先次序，以反映关怀在我们所有人的生活中的核心作用，这将意味着什么”。[15]

关怀伦理学，不是看到法律和政府或经济作为社会中心的和适当的决定因素，而是可能会看到养育子女并促进成员之间的相互信任的社会，是所有问题中最重要的考虑。其他社会安排就可以根据其如何真正有助于儿童的繁荣和健康的社会关系而进行评估。这将肯定需要从根本上改组社会！试着想象一下，如果我们扭转企业高管人和儿童保育员的工资，整个社会的前景会怎样。

65 许多问题在女性主义理论中成为开放的而不是已经根深蒂固的思维方式中封闭的东西。从一个女性主义的观点来重新考虑，不仅在不同的社会领域内部如何安排要重新思考——例如，谁做家务和为什么，或者为什么当前的反强奸法对保护男子免受诬告比保护少数民族妇女免受强迫的性交做得更好？社会各领域之间的关系也需要从女性主义的观点重新考虑。以尽可能最好的方式确保养育子女的实践也许应该是最优先考虑，教育也是如此。近年来可能发生了这样一种变化：在美国大多数父母被迫竭尽所能去追求少数几个昂贵的场所，只有这几个地方能提供合理的儿童关怀；而许多孩子在成长中被深深地剥夺了对他们有益的各类社会资助项目，而这些项目在全球经济和军事支配的竞赛中被牺牲掉了。

不要让贪婪的和变幻莫测的市场占领阵地来创造和传播文化形象及其影响，女性主义的社会观建议，我们的社会责任是尽可能提供最好的文化。目前的媒体文化强力塑造了儿童、青少年和成年人的愿望和行为。要承认，在此基础上的文化安排的结构将等同于商业获利，从许多道德的观点，尤其是从关怀伦理学的观点看，这在道德上是不负责任的。这并不是说，商业化生产应被禁止或对其审查的程度要超过对私立学校的审查。但是，现代化国家提供了为其绝大多数成员服务的公共教育系统，包括以业绩而不是财富为依据的高等教育。他们应该支持可比较的相对于商业文化的公共文化，这些选择要受到艺术自由标准的保护，其标准应符合现在被确认为至少是大学的一种理想的学术自由。这些选择将可能促使出现最好的艺术家和作家，以便提供最好的文化产品，既流行又有选择性的作品，通过他们的文化从道德和美学上来改良社会。他们将文化从商业利益的统治下解放出来。

当然，女性主义者对具体人的关注会遇到人们作为高度优先性的真正的经济需要。但是，关怀伦理学会建议，组织经济活动应由实际需要进行，而不是优先满足那些自我利益者对财富的欲望，那些人操纵社会并通过文化、广告和对政府的影响力来控制社会安排。关怀伦理学会建议指出：大量的活动应当在市场之外而不是之内（见第七章）。

这些例子表明关怀伦理学可能要求的各种社会变革。指责女性主义的关怀伦理学是特殊性的，仅局限于家人和朋友的背景，或者仅仅是对各种有限制的关怀他人生活的描述，而妇女历来是封闭在这种生活中，我认为这一指责是基于对关怀伦理学的误解。当有人想到认真采取关怀伦理学就会要求社会进行重新建构时，认为关怀伦理学是一个保守的、与妇女的传统角色捆绑在一起的伦理学的想法似乎非常难以置信。

66　女性主义是一个革命性的纲领，因为此纲领承诺去推翻所有等级制中最深刻和最根深蒂固的那种——性别等级制。此纲领不是寻求让女子代替男子的等级统治，而是寻求克服统治本身。关怀伦理学重视的关怀价值可以——并且是可证实地必须——包括在一个相互依赖的世界里关怀遥远的其他人，而且关怀所有人的权利都得到尊重并满足人们的需求，必须包括关怀具体的人类成员居住的这一环境受到很好的照顾。关怀伦理学将以非暴力和民主的方式在社会和世界上努力实现这些变革，但要持续努力去改变。女性主义的关怀伦理学——我认为，任何不属于女性主义的关怀伦理学都无权这样称呼自身——是以我们都是从人类的儿童来开始的一种伦理学。

同时，正义所关注的问题不容忽视，尽管它们可能会比原先认为的更有局限。如何整合正义和关怀的价值观一直是女性主义道德探究的核心关注。

女性主义和关于权利的对话

关怀伦理学并不等同于女性主义道德论。正如我们已经看到，一些女性主义的道德理论家不接受它。在我看来，女性主义道德理论随着时间的推移将肯定包括关怀伦理学。有些意见认为，正义伦理学本身依照女性主义的关注内容来加以修改就可以胜任了，我相信，这些意见即将被视为错误的看法。但是，认为一个关怀伦理学就足够了的看法也同样是错误的。那些认为美德伦理学本身可以代替正义或者美德可以将关怀适当合并的意见，也缺乏说服力。

在最近的辩论中，女性主义道德理论家一般都超越了正义与关怀相对比的陈述。目前提出的问题往往是关于这些核心价值应该如何被认为是相关的或者是合并的。构成正义、平等、权利和自由的组织结构应当如何与叙述关怀、关系和信任的网络互相协调一致？

女性主义的道德论无疑是关注妇女的平等和妇女的权利。如果我们看一下女性主义的法律理论著述，我们可以看到既对正义方法有所批评，又决心不失去此方法可以提供的正义。例如，凯瑟琳·麦金农已经指出："在自由的国家，法治——中立的、抽象的、升华的、普遍的——既制度化了男子对女子的权力，又将男性形式的权力制度化。压制妇女的男性形式的权力，一直被肯定地体现在法律上的个人权利。……抽象的权利授权于男性在世界中的经验。"[16] 许多重要的法学研究和女性主义法律学者一直在批评甚至聚焦在权利方面的法律论证（更不用说通常的道德论证）。他们看到了要求促进个人主义的、自我与他人之间的冲突的权利，并认为，通过权利声明而引起的概念问题"限制了法律思维并抑制了必要的社会变革"。[17] 卡罗尔·斯马特说明了人们如何可以看 67
到法律和"男性文化"之间的"一致"，她考察了法律如何取消了"妇女经验"和妇女知识的资格。[18] 她敦促，女性主义为实现寻求的变化不要将努力重点放在法律和权利问题上。然而，女性主义的法律理论家还表明，权利如何不能被一种关怀伦理学本身所提供的来代替。当权利被认为发生在社会实践的背景里，而不是抽象的，它们可以有效地表达社会运动的愿望，并且“阐明新的价值观念和政治远见”。[19]例如，帕特里夏·威廉斯就认为“虽然权利本身不是目的，权利的言论已经是并将继续是一种有效的为黑人服务的对话形式”，与此同时所描述的需要还没有得到政治上的奏效。[20]弗朗西斯·奥尔森也清楚地认识到依靠法律来减少妇女的从属地位所存在的缺陷，但又详细说明了关于法定强奸罪方面的权利分析如何能导致改革发生以及在赋予妇女权力方面人民生活正在发生的变化。[21]

性骚扰的领域显示了合法权利在实现社会变革从而降低妇女的从属地位方面的潜在性。女性主义的法学把妇女长期经验的性骚扰的危害转变成为一种形式的歧视，就此她们的寻求解脱将受到法律保护。麦金农指出，性骚扰受害者“被赋予了一个论坛，合法性发言，有权提出索赔，并要求可能的救济途径。对性骚扰的法律声明使性骚扰事件在社会上成为非法的，这在法律上也是第一次”。[22]现在，妇女有了这个名称来指在工作场所或机构里有人对下属施加性压力时发生的伤害。这很可能提供了一个强有力的论证，说明法律在促使妇女的社会地位发生变革方面的潜力。

妇女生育权利的重要性已经变得更清楚，而这种权利受到威胁，受到不断挑战，在世界各地的广大妇女中这一权利继续被剥夺。大多数女性主义者认为，生育自由是其他自由和男女平等的一个先决条件。帕特里夏·史密斯认为：“不可想象任何有类似影响的男性的基本个人自由问题，在一个自由的社会内，个人自由会不由他自己所掌控。”[23]当妇女努力克服她们在社会其他领域的从属地位时，她们掌控自己的性行为和生育的权利，避免被商品化，这些都极端重要。[24]

在女性主义道德理论家（有别于法律理论家）之中，随着关怀伦理学的发展，也有很多对正义和权利对话之理解的欣赏。并不是所有的理论家兼有这两方面的兴趣，而是他们在某一方面的探索的主要兴趣中一直存在持续和相互启发的对话。我解读对正义和权利的许多点评在于批评这一方法的主导地位。对一些领域很适用的权利论证不应该用来说明它们可以很好地服务于全部道德或政治问题，或者说法律对话应享有特权或成为解释道德或社会的范式对话。正义和权利的框架应该是许多概念中的一员，而 68
不应是主导。

权利和正义的道德能够很好地被解释为对道德整体的概括和对在法律和公共政策背景下发展的对思维方式的社会评价。这种对符合法律的方法的延伸，已经并应当受到女性主义者的抵制。这些思维方式不适合许多情况，最好通过正义和权利来解决的许多情况现在认为应该得到转变，以便可以采用关怀方法，而关怀方法被视作是更为合适的方法。

即使在法律内正义和权利通常应当具有优先地位时，家庭法的各种问题可以说明它们的局限，以及其他道德上的考虑应该如何发挥更大的作用。例如，塞尔马·赛弗恩修森说明了如何决定子女的监护权，以相互冲突的权利为思考的方法是一种糟糕的指南。[25] 关怀伦理学在提出建议（见第九章）方面会做得更好。

在论证正义和权利不应该是占主导地位的道德思想时，并不意味着它们是可有可无的。虽然法律把人看作在概念上自成一体的个人——关怀伦理学认识到这是人为的概念而且是误导的抽象——我们也可以断言，只要不把它想象成为关于人的整体道德的适当概念，对某些法律和政治目的而言，这个概念可能是一种有用的抽象。

女性主义理论家也清楚地认识到，妇女必须有足够的自主权和个人的主体性，以便抵制和重新定义传统的社区和家庭的关系。这里可能需要权利的保证。女性主义的自我不是吸收自己进入传统的社会关系。[26] 女性主义对社群主义论的批评清楚地说明了这一点。

关怀和正义的和谐

女性主义关于关怀和正义的理解使我们看到了许多不同的价值，反映着以不同的方法来解释道德难题和表达道德思虑。我认为，女性主义的讨论还表明，无论正义还是关怀都不可以免除：两者都是极其重要的道德准则。并非所有女性主义者都完全同意这一点，但这是我看到的、过去一二十年里在这些问题上的辩论。

我们还未能制定出怎样把正义、关怀及其有关问题结合在一起。如何把建构正义、平等、权利和自由的理论框架与描述关怀、关系和信任的网络协调起来呢？或者，它们是我们必须（至少在一定时间和一个特定的境况内）在它们之间进行选择的相抵触的观点？

一个显然不能令人满意的可能性是认为，正义对政治的公共领域是适当的价值，而关怀则属于家人、朋友和慈善组织的私人领域。女性主义的分析表明，公共的和私人的、政治的和个人的之间的传统分界是错误的，但即使我们使用清理过的对这些概念 69
的解释，将正义指给公共生活而将关怀指给私人生活，还是差强人意，尽管我早期的著作未能足够说明这些纲要路线。[27]我一直认为，我们需要对不同的领域有不同的道德方法，而我已经勾勒了哪些方法适合哪些领域。当然，这里存在一个最初的合理性，即认为正义作为法律领域中的一个主要价值，而关怀作为家庭领域中的一个主要价值，但还需要作更多的说明。

在家庭中以及在国家中，正义是迫切需要的：一个更公平的女人和男人的家务劳动分工，保护脆弱的家庭成员免受家庭暴力和虐待，认识到家庭成员的权利以尊重他们的个性方面，这些都要求正义。而在关怀实践中照顾儿童或老人，正义也要求我们避免父系家长式和母系家长式统治。

同时，我们可以看到，在公共领域中关怀也是迫切需要的。福利计划是有能力提供资源的当代国家中的一个固有部分，任何女性主义者都应承认这些计划所反映的社会责任，不管它们有多糟糕。有守夜监护人的国家不是一个女性主义者的目标。几乎所有的女性主义者认识到，在美国，应该有更多的社会和公众的关注以提供比目前更多的关怀，尽管我们应该以截然不同于现有的、适当的和赋权的方式来提供关怀。我们应该大大增加公众对儿童保育、教育和医疗的关注，使这些方面充满关怀的价值。

作为儿童、病人或老人，每个人都需要关怀，而有些人几乎终生需要关怀。确保给那些需要的人提供关怀应该是一个核心的政治问题，不是一个可想象为家庭和慈善机构的完全私人的责任。提供关怀一直不成比例地落到妇女和少数民族肩上，这些人做了大量的无偿或报酬极低的实际工作，照顾那些需要关怀的人。但是，除了一个更加公平的、关怀的责任分工之外，在福利国家的各个机构中已具有的关怀还需要加强以及得到改革。所以，关怀和正义，不能分配给分离的公共和私人的领域。但两者又是不同的，并非总能兼容。

考虑到国家为其寻求保障的公民福祉；围绕这个考虑和建议的行动的一个思维方式总是通过正义、平等和权利的视角。然后我们可以确认，基本福祉或福利是每个人都有权授予的，但要通过需要的条件和社会提供的能力来得到。福利权利会被确认为人的基本权利，保障人们的生存所需要的资源。[28] 与传统自由主义认为自由仅仅是消极的观点相反，我们要认识到，人们需要什么才能自由地行动这是积极的人的权利。需要这种权利的人将被视为有权用此手段去生活，而不是向私人或公共慈善机构恳求来的受之有愧者。在正义框架内对这种权利的一个解释很可能是发放
70 货币支付，譬如社会安全保险支票和由其他类似为需要者的付款来补足的失业保险。许多有能力的人，他们唯一的难题是缺乏资金或暂时缺乏就业机会，这样的安排似乎是可推荐的，并且，这对一系列盼望实践关怀的社会工作者会是更好的选择，但他们，无论是因为家长式倾向还是因为官僚机构的限制，往往威胁到需要这些补助金的人的自主性。

然而，许多人没有能力和自主性，或只是暂时失业了。通常情况下，由于在生活早期阶段或在其他各方面缺乏关怀，他们的需求是复杂和持久的。不能合理地在家庭、学校和其他地方关怀儿童，或不能合理地提供给他们工作和赚钱的经验，他们长大了就有比没有钱更严重的问题，或者他们受难于疾病或残疾。在这种情况下，关怀本身是必要的。应针对具体人员和他们的特定需求来谈论关怀。处理这些需求，需要其他具体的人来提供实际的照顾和关怀的劳动，并没有一台机器给某一领域中的所有人平等支付。关怀应该是敏感和灵活的，要允许关怀提供人和关怀接受人以下面的方式互动：关怀接受人逐步被赋权而向减少自身需要的关怀的方向发展，而这样减少对关怀的需要则是成长、培训或康复过程的一部分。当所需要的关怀将持久时，关怀实践应当如此发展：既杜绝关怀提供人成为支配者，也杜绝关怀接受人成为被羞辱者。近来许多为残疾人的工作显明了关怀实践的价值，不仅是对残疾人，而且也是对其他人。[29]

我们是否使用正义和关怀的视角将影响到我们应如何解释道德问题，以及对机构政策或个人的行动提出怎样的建议。我们可以尝试结合关怀和正义来推荐有关的一项福利，即每个人都有权受到所需要的关怀以求适当的发展，但这种建议将仍然是一个抽象的、空洞的提法，直到我们能处理那些种类非常不同的、我尝试过进行概括论述的政策和实践。

如果我们看到正义和关怀在适用于同一道德问题时可作为非此即彼的解释，就像卡罗尔·吉利根所建议的一样，我们可以尝试将关怀和正义视为不同、但同样有效。但我们仍然留下的问题是，当我们采取行动时，哪一个解释适用，或当我们制定建议时，应依据哪一个解释。如果我们仅仅是说明问题和其可能的解释，好像二者择其一的文字说明，我们可以保持这两种替代性的道德框架，而不用拒绝任何一个说明。但是，如果必须做出关于难题的决定，有时我们必须在这些解释中做出选择。道德理论应该为行动和政策的选择提供指导，并教育我们对可能出现的态度的敏感性。如果因为父母离异后生活地点相距甚远而孩子必须随父母的一方生活，做出决定的理由应是下列哪一个：亲生父母的权利？或收入较高、最能“提供”给孩子的父母？或者是谁一直在实际
71 照顾孩子，孩子与父亲还是母亲具有更信任和牢固的关系？在我们澄清了正义和关怀两个框架及其各自的建议后，在这两个可解释的框架之间进行选择的难题往往还存在。

当正义和关怀的思考相冲突时，我们应该如何努力协调这些价值观？在二者之中是否有一个能优先成为普遍规则？许多哲学家都以为正义是政治机构的首要价值，而其他价值可以吸收并入，但福利和子女监护这类事例，是现代国家的重要职能，甚至在政治和法律的领域中它们也不会将正义的明晰能力让与道德难题的处理，当然更不会让与更深的道德争议。假设法院和执法的“正义系统”是现代国家唯一真正重要的功能，肯定是无益的：它在多大程度上应该或不应该是唯一的重要功能则是一个合理整合的伦理学要论及的许多问题之一。

我过去认为的一种可能性是，正义处理道德的最低限，我们

不应该下降到最低的道德要求之下，比如避免不公正的攻击和无礼。相比之下，关怀涉及什么是在底线之上和超出基本的责任。例如，照顾好儿童就要处理远远超过尊重他们不被虐待或被剥夺充足食物的权利；良好的关怀会带来欢乐和笑声。但是，作为对我们问题的解决，我逐渐认识到这是不明确的。也许人们可以在更加了解权利、平等和尊重的意义上获得更多的正义。但当然有最低的关怀，甚至是那种无法由权利来处理的关怀，比如人有权得到充分的营养和医疗关怀，但必须有人提供这些关怀来保证人的正常发展，虽然良好的关怀远远超过这些最低的关怀。

另一个可能的比喻是，正义和权利或多或少是绝对界限，或者说是道德的限制，使我们有限制地追求各种设想的幸福生活，这对几乎所有人包括关怀关系的发展都适用。但是，就像正义喻为道德的最低限一样，这个比喻因为许多同样的原因而倒塌。例如，如果有一样事情要求对我们追求的一切，包括正义，设置接近绝对的制约，那就是对我们的孩子的需要做出反应，包括提供基础的和情感上的关爱。

我现在认为，关系应该成为更广泛的道德框架，而正义应与其适应。关怀似乎是最基本的道德价值。我们从实践中知道，没有关怀我们不可能有其他任何一切，因为生命需要关怀。所有人在其生命的最初几年都需要大量的关怀，我们中大多数人在整个一生中都需要也希望有关怀的关系。作为一种价值，关怀表明许多实践都应该涉及关怀活动。例如，当为孩子提供生活必需品时缺少关系人来关怀孩子的需要，孩子就是长大了也不能发展良好。当个人在社会中彼此相待时，只有正义要求的尊重但没有进一步的关心，组成社会结构的信任和关注就可能遗散或消失。

虽然正义无疑是最重要的一个道德价值观念，但没有它大部分生命已经在延续，生命中许多好的方面已经形成。例如，在几乎所有社会中的家庭内部都没有什么正义，但有许多关怀，所以
72 我们知道，我们可以有关怀而没有正义。然而，没有关怀就没有人去尊重，也没有家庭去改善。没有关怀，就不会有公共的权利制度——即使此制度可能是公正的。但关怀不仅在因果关系上重要，它是更具包容性的价值。在关怀关系的网络内，我们可以而且应该要求正义，但正义则不应当把关怀推向边缘，想象一下已经发生的、以正义作为道德模范的政治体现。

从一个关怀的视角看，人是彼此相关和相互依存的，而不像从正义和权利的视角所认为的，人是个人主义的自主的理性代理人。这种关系的看法是对人类更好的理解，也是对人们致力于发展人类道德的更好的认识。为了构成公正的政治、法律和其他机构，我们可以决定将这些人作为个人，成为个人权利的承担者。但是，我们不应忘记现实和这一观点掩盖的道德性。人是关系和相互依存的。我们可以而且应该重视自主权，但它必须在信任关系的框架内进行发展和延续。

在全球各级社会和我们自己的社区，我们应当发展关怀的框架模式，作为人类，彼此都是家庭和群体的成员。我们应该关怀彼此，人人都需要有一个几乎没有暴力、适合人类居住的环境，要有足够的关怀使人的生活繁荣发展。我们要承认这种实践的道

德价值和家庭关系，这些关系支撑了人类生命一直依赖的基本关怀劳动，我们需要考虑这些最好的价值应如何得到更好的实现。在一个公认的关怀框架内，我们应该看到，最应确保人们拥有权利和得到正义。我们甚至可能会在有限的领域里优先考虑正义。但是，我认为，我们应该把更广泛的人性关怀嵌入这幅图画中。

女性主义道德论和还原论

我自己的观点认为，关怀和其相关的思考应被视为更广泛的网络，而正义、功利和美德这些概念应适于此网络之中。这并不意味着它们可能本质地还原成为关怀的各个方面，或者说关怀伦理学可以代替正义伦理学。还原论的模式是错误的。

戴安娜·迈耶斯讨论了各种有影响力的自我概念，她的结论是，没有一个自我概念本身是令人满意的。她建议，我们应该“放弃综合命令式”，并认为五个观念为“五个方面的主观经验，五个方面的价值，五个了解自己和他人的体系和五个方面的道德思考”。[30] 诚然，这可能是混乱的，但“简约和完整性或许不能同时兼得”。[31] 她发现在叙事中有承诺，因为“自我叙述时，人们毫不费力地编织在一起的不同的主题统一了自我，社会的自我，分裂的自我，关系的自我和突出体现的自我”。[32] 她还发现在叙事中也
有缺陷。但是让我们来考虑这个隐喻，即我们可以尝试不同的理 73
论之间对关系的概念分析。我们可以看到有关问题的这些不同的“层面”以及关于这些问题的重要的不同“焦点”，等等。我们要能抗拒将它们综合起来的压力，特别是将它们还原到只有一个思

维方式的压力。

关怀对我来说似乎是最基本的道德价值观。若没有关怀作为实证描述的实践，我们不可能有任何生活，因为没有她人类就不能延续。如果没有一定程度的对其他人的关怀考虑，我们就不可能有任何道德性。这些需要不仅仅是经验所给予的。对每一个方面的关怀，道德评价都是必要的。因而，若没有一定程度的对所有其他人的关怀的道德思考，我们就不可能有一个令人满意的道德理论。

在关爱关系的网络中，我们可以要求比任何时候都更好、道德上也更令人钦佩的关怀。我们还可以要求正义、公平和权利。出于关怀的考虑，我们可以判断，有时候为了正义的缘故，想象人们作为抽象的个人是为最好。但是，我们必须记住，这些思维方式仅适用于有限的领域，如公共法律、税收政策、商业交易、确保基本人权和基本水平的同等待遇——包括家务范围。虽然保证基本权利是一个极其重要的任务，但这不是道德应该关心的全部内容。照顾好我们的孩子则需要大大超出对待他们公平和不侵犯他们的基本权利。正义和权利的话语不应压倒其他话语，就像已经发生的，正义所思考的问题似乎足以应对道德的一般整体问题。

我们需要正义和关怀之间的新的关系图像，拒绝走向简化还原的冲动。一种价值可以减少到另一个价值或一种道德建议减少到另一个道德建议的想法，可能是一个遗留下来的认为演绎或科学方法最适合于道德之理解的设想。道德理解并非如此。科学的目标是描述或解释和预测从第三人称视角所看到的自然世界的情况。道德目标有根本的区别：我们寻求道德的建议，即从第一人称视角出发的自觉道德代理人选择如何生活和如何行动时，我们应该怎么生活和应该做什么。[33]

虽然我们可以承认，如果道德的混乱思考可以减少到范畴绝对命令或功利原则，我们的道德观念可能沿着整齐和干净的线条来安排，而大多数道德问题的实际经验，特别是那些在关怀背景下的经验——在狭窄意义上去理解而并不包括所有其他方面——则会说明这是一个误解的目标。一个普遍的康德方法似乎适合各种不同的法律背景，但在其他许多情况下这不是最好的处理办法，如友谊和家庭等。而功利的思维方式可能是那些常常能最好地指导政府的政策选择，却不适合坚持权利和确保公平性，也不适合如家庭关系和朋友之间的情况；这些情况下，人的特殊性（而不是他们的普遍特点）才是最重要的。

如果关于正确行动的道德思考可能会减少对美德的培养，那 74
么，可以简化我们在道德教育和以合理的方式建构社会的努力。但我认为这显然行不通。[34] 虽然美德理论（在我看来）并不还原成为正确行动论——若按照正确行动的原则，美德仅仅等同于行动——正义或者功利都不会还原成为具有美德之人的任何态度或意向性。我们对儿童的照顾、公民的安全和医疗等等都需要客观的标准。美德的意向性不解释这些是什么，更不用说确保我们满足这些需求。

我一直认为，关怀伦理学不能被还原为正义或美德伦理学的一个方面。但是，如果我主张关怀作为更广泛的道德的网络，道德思考将在其中建立，这是不是主张将正义、功利和美德伦理学还原到关怀伦理学？

答案是否定的。我们需要新的类比、比喻和想象来讨论这些问题。我们可以赞赏一些作家自由地制订新的比喻来表达自己的想法。[35] 在关怀伦理学的讨论中，不是通过逻辑关系或概念分析以减少比喻，或许我们应该想到油画、挂毯或玻璃雕塑。有一个整体设计，其中有显著的和不太突出的组成部分。我相信，整体设计的女性主义的道德理论，将是一个关爱关系的理论。但在这一总的设计中会有一些突出的组成部分围绕正义和功利的价值而设立。还会有许多有趣的和详细的内容涉及美德。整体应该是和谐的，但是，这并不意味着各个组成部分不能有很大不同。我觉得要有较少的叙事和更多的视觉比喻。但是，如果我们想叙事，其要点可能是，我们应当不去试图把一个类型化约为另一个类型、或把各类型减少到一个基本的原类型。

这种关怀的道德论可能不比那些旨在简化还原程序但又无法实现的方法更有魅力。然而，这可能提供了一个我们可以接受的设计。有人提出异议，认为如果没有明确的和相当简单的原则，我们将无法向儿童传授道德，但我们应当记住，孩子们从未学过功利原则或者范畴绝对命令。儿童已经并且应该学习各方面的道德整体设计，比如，我们应该关心其他人的福利，我们应该公平地对待他们，我们不应该伤害他们。我们应该想象、或努力取得以下的经验，如果我们受到像我们对待其他人时那样的同等对待会感觉如何，并且对其他人在不同情况下的真实心情有敏感性。我们应该做那种让别人可以信任的人，我们应该珍惜关怀关系，这种关系连接我们与那些与我们同在的人，和那些远离我们、但与我们共享全球环境的人。

但理论如何才能像一个艺术作品？科学理论是科学调查实践的一部分，而科学哲学理论是关于这个实践的理论。它可以认为，生物理论在某种意义上还原到那些物理学理论部分、或者它不还原。

我认为，道德实践应该包含许多建议，可以认为道德理论是 75
针对特殊生活领域的：如经济活动、医疗实践、抚育子女，等等。但是，道德哲学应该考虑是否可以让其他理论还原到一个基本理论。在这个层次上，根植于不同实践的各种理论，可能更适合被认为是在与他人的关爱关系中美好生活的总体设计的众多特点，而不是抽象的、在逻辑上还原为简单的模式。道德实践当然可以被认为是一种艺术。为发展我们通常认为的艺术，也许有可能提出一些普遍性建议：谋求建立什么是美的和“真的”，它们要独立于来自专制政府或商业利益的种种压力，争取艺术的完整性，等等。但是，我们不能想象，绘画实践可以被还原为针线活儿或吹玻璃。道德也许在其所有不同的形式上更像是艺术实践，而不是科学。

第五章　自由主义和关怀伦理学 76

尽管一些女性主义者是自由主义女性主义者，自由主义政治理论的基本前提经常被视作与很多女性主义理论互相冲突。这一点在致力于发展关怀伦理学的理论探究方面特别明显，即认为人是作为关系的人、并从关怀价值和关爱活动的观点对社会及其各机构作概念化分析。在这一章，我要反对各种自由主义关于女性主义这些探究项目的批评，并支持这些探究所涉及的女性主义思想的进一步发展。

关怀和公民

我们捍卫女性主义关怀伦理学和女性主义关于人是关系的、而社会应具有关怀潜力的观点，不断面对的批评则认为这样的观点不能、也不该应用到超出个人的层面。据说，关怀伦理学不将人作为成人对待。我们的批评家声称，成年公民通常不关心陌生人，不想被期望去关怀他们，也不想被他们所关注。有人说，自由主义理论的目的是论证标准成人的情况。这种理论要求尊重和保证个人的自主权，并指定在独立的个人之间正义要求什么。批评者认为，成年的个人不愿被视作为了道德目的而陷入他们没有选择的关系中，比如作为父母的孩子，或一个在某些宗教文化传统中被养育长大的人；他们宁愿视自己为个人，合理的道德代理人，他们期望为了道德目的人们也同样看待他们。自由理论中的人认识到尊重他人权利的义务。但是，他们认为关怀限于家庭、恋人或朋友的特定关系，在很大程度上和政治体制、甚至道德理
77 论毫不相干。他们担心，如果我们将公民在个人关系上概念化，我们将威胁到他们的自主权以及陷入以家长制对待他们的危险。因此，安·卡写道："关怀不是大多数正常成人所需要的、或从社会中大多数他人那里得到的。"[1]

对关怀伦理学的这些批评未能注意到女性主义对这些问题的看法往往是作为纠正，即质询将自由个人主义从政治领域扩大到整个道德领域，而不是否认政治自由主义的价值。为发展一种不同于被延伸了的自由个人主义的道德观，对关怀伦理学感兴趣的女性主义考虑，从关怀的角度而不是仅仅从熟悉的自由主义角度来思考政治领域是否可能有价值。这只是关怀伦理学探索的开端、而不是终点。

例如，当我建议，在试图了解人们之间的社会关系时，我们应该考虑，如果我们用为人之母和儿童的关系之模式，而不使用比较通常的、只对自我感兴趣的陌生人之间的契约模型，这样的关系将是怎样的。我的论点已提出另一种模式来行使想象力。批评人士忽略了我的这一论点，认为公民作为子女或父母而不是作

为独立自主、不负有特别的义务去关怀其他公民的成年人是冒犯性的。[2]

我并没有声明对标准自由主义的个人主义不留任何余地，但自由主义的思想意识已越来越对其他理论不留任何余地。我的论点是，必须有空间留给自由个人主义之外的理论，个人或社会才会繁荣。

安·卡拒绝被认为是儿童，她说，因为“我不是一个孩子”。[3]但这是不得要领的。当我们认为自己非常年轻或非常年老时，当我们高度依赖于其他人、患重病或大量服药、或不了解与决定政策相关的因素时，可能有时更合适的是想象我们希望那些视我们为儿童来关怀的人会如何对待我们，而不是想象我们和其他人会从更加遥远和不适当的立场去选择，即以完全独立、自给自足、平等和理性的代理人的立场去选择。[4]我们希望我们的父母如何对待我们？他们怎么能够避免造成我们经历过的一些羞辱和伤害，即使那时我们不能是同样自主和理性的代理人？在这样的背景下是否有一些适当的价值观，我们也可用这些价值来促进福利国家的官僚机构与其“受益者”之间的关系？

类似的思想实验适用于我们这些成人和目前相对能够独立的人，正像我们考虑如何对待社会的其他成员或人性。如果我们关心他人的方式不太像父母照顾的包揽一切、但又不是完全有别于自由主义理论所假定的、趋向情感的冷漠，我们就可以借鉴正在从事的、可能相关的关怀实践？萨拉·鲁迪克强调母爱，或“父爱”（如果我们的理解不是其传统意义的、而是类似母爱的）经

78 验如何与促进世界和平高度相关。其他著述说明，那些很有思想地参与养育子女或照顾依赖者工作的人才可能设计更好的公共机构，比如儿童日托所、教育、健康关怀、福利等——这样的设计不仅在于达到更好的效率，还在于体现有关的价值观。关怀的价值与管理活动的任务具有明显的关联，而具有这些任务的政治机构只要从母亲 / 子女关系、而不是只从自由理性契约的视角来考虑其设计，就可能得到很大的改善。

对关怀伦理学的批评

就像苏珊·奥金所说明的，[5] 通过 20 世纪 80 年代，最有影响力的自由主义理论家和引领社群主义的批评家们几乎没有注意女性主义的论点。著名的自由主义理论家布赖恩·巴里则对关怀伦理学足够重视乃至展开批评。他的著作《作为公正的正义》第十章大部分内容探讨女性主义对公正性的批判，他把女性主义的批判归属于误解。不幸的是，他自己没有理解女性主义伦理学和关怀伦理学所阐述的主要特点。

通过彻底诋毁劳伦斯·科尔伯格这个受到卡罗尔·吉利根批评的道德发展心理学家，巴里否认科尔伯格作为一个哲学家的能力并指责他的困惑，他认为这个困惑要为女性主义对公正性的批判负责。但是，巴里曲解了科尔伯格：与巴里的解释相反，科尔伯格并没有具体说明他在实验题目中所提出难题的“正确答案”，然后根据答案来为道德推理者评分。得分取决于实验研究中道德推理人为获得答案而提出的各种原因——不论其原因是一般的、普遍的原则，或者是否特殊的忠诚。更重要的在于：女性主义道德哲学家所著述的关于女性主义道德和关怀伦理学的很多观点没有什么与科尔伯格相关，但确实有很多工作与巴里捍卫的那种正义的公正性相关。

巴里主张他所谓的二阶公正，这一公正要求社会的道德和法律规则，“有能力取得……所有人的同意”，从所有作为自由和平等的个人那里得来。[6]他坚持，这并不需要普遍的一阶公正，根据一阶公正，我们不能偏袒自己的子女和配偶。他指出，只要我们大家都能接受一套公正的规则，这些规则可以允许我们特殊考虑我们的家人和朋友。

巴里承认，大多数二阶公正理论，如罗尔斯的正义理论，目的是判断那些接近公正的社会的机构，并很少用来规定在现有条件下的行动，特别是当这些行动会在严重不公正机构的背景下去执行。他忽略了关怀伦理学的优越正是它不带有这种限制。巴里 *79*
允许可以有二阶公正理论来赞同打破某些糟糕法律的道德体系而不是等待改变这些法律。他关于公正性的论点在很多方面是对其他人提供的论点的改进。但他站在公正论者一边，普遍认为正义[他的案例是正义作为二阶公正性]总是优先于关怀的考虑。对于巴里，只有正义的要求已得到满足，关怀才应该是选择的基础。他认为，这种正义和关怀之间不可能有真正的冲突：它们处理不同的问题。

这种解释并没有触及关怀伦理学维护者的论点，她们质询而不是接受正义作为公正（甚至二阶）的优先权，但不完全反对公正。这些关怀倡导人否认我们只是在谈论不同的问题：我们都在谈论道德性质，而对此我们有不同意见。这个争议往往是，在特定情况下正义方法或关怀方法哪个更好？这个问题可能出现在公众和个人的情况下，而我们可能不知道我们是否应该如此对待人们，仿佛公正的正义所适用的自由假设一样。我不同意巴里，即我们应始终优先考虑正义的公正性并贬谪关怀的地位只作为个人背景的额外候选。[7]有时候关怀观和正义观对同样的问题提供不同的道德评价和建议。在这样的情况中，我们必须在两种观点之间进行选择。无论怎样，我们也许不能同时追随双方。

马西娅·巴伦，一位康德道德哲学家，也依赖以下这一观点，"'层面'在公正性里可能被视为必要的"。[8]她指出"一位功利主义者可能因此认为，功利的原则不适用于个别行动的层面，而是高一阶层：指导我们行为的原则或规则层面。同一方法可以由公正论者所采纳"，包括康德公正论者，他可以争辩说，从公正的角度来看，有很好的理由"尊重你的父母"。[9]和巴伦一样，巴里认为，任何不能接受不同层次这一概念的人都犯了"错误"。但是，规则功利主义的论点试图达到的处理问题的方式，由于规则功利主义会还原至行动功利主义的论证而被致命地破坏了。

因为我们一次只采取一项行动，最后，我们必须处理道德难题。我们始终面临的问题是，是否遵循一个较低水平的规则，或是否打破规则，如果它会产生一个不符合更高层次的、和功利一样的原则。只有当较低层次的规则和较高水平的基本原则是一致的，才可以建议它们是有用的速记计算。这些论点也适用于康德的规则和原则，在较低的水平规则可速记推导，但如果不符合范畴绝对命令，在康德看来，我们应该追随它们这一点是不可能的。因此，公正论者认为，如巴伦所建议，公正总是要胜过偏袒，而不是真的允许其存在。这个问题可能会推导出为什么要尊重一个人的父亲这方面的问题。公正论者的答案是多种形式的：因为在其他条件不变的情况下，所有人应该永远尊重他们的父亲。但偏袒论者认为可以是这样的：你可能应该尊重一个是你父亲的具体的人，因为他多年来帮助养育你。这就是特殊的参与人和他们 80
之间的关系，而不是一般原则，这就是尊重的渊源。当然，关怀伦理学并不否认，正如我们可以使用一般条款的语言一样，我们可以对关怀价值作一些概括。这些问题涉及什么构成和带来什么价值。

当然，某些女性主义者捍卫自由契约论。她们的论据是，契约的观点应该超越政治领域而扩展到可以确保妇女在家庭中的平等。[10]这些自由女性主义者批评而且往往拒绝关怀伦理学。捍卫关怀伦理学的女性主义者当然同意妇女要得到平等对待，但否认正义和平等是唯一的、甚至是我们应该在家庭里遵循且不仅在家庭、往往在其他领域也要遵循的主要的道德因素。她们否认建立在自由个人主义之上的道德观可以合理地适用于所有这些情况。

其他一些女性主义者拒绝对关怀和正义进行比较，反驳关怀的概念化会呈现独特不同的观点。[11]但是，自由主义对关怀伦理学的批判确实假定了有关二者的对比和正义始终优先。这一章主要论及这一立场，即正义的优先权。

对自由主义的批判

对社会关系的自由主义契约论模式的批评至少采取了两个形式：指责其不精确和评估性的批评。不精确的指责声明契约论模式扭曲现实的情况，即脱离了广泛大量的人的经验，虽然声称可以适用于这些经验，但在现实中无法涵盖。契约论者可能回答，他们打算只包括陌生人之间的互动关系，而不是爱与感情的关系。然而，这种回应并没有考虑到占主导地位的功利主义和康德伦理学道德论方法是建立在陌生人之间的自由的社会关系模式，但按标准，道德理论要求涵盖所有人的情况。

理性选择理论和由其建立的道德论更加明确地接受自由主义关于社会关系契约论的假设，[12] 同时要求一般理性以及在任何情况下理性决定应该是什么。即使自由个人主义的结论局限于政治领域，以上回应无法处理相关的一群陌生人的概念分析中作出的假设。比如，假定社会关系发生在独立、自主、只关心自我利益的个人之间，以上回应不能论及这类社会关系的适当性、影响和效果。

第二类批评是关于契约模型的评估。批评表明，即使在先进
81 的资本主义社会，人们之间的关系确实越来越像自利的陌生人之间的合同关系，但这不是一个旨在促成人们之间理想关系的良好道德模型。此外，契约模式应用在越来越多的情况下，其中理性选择理论的方法则促进了一种错误的社会发展——例如，与社会隔绝和高筑墙围的富裕人家。为了鼓励在道德上形成更好的社会

关系，这种批评认为，无论是在我们的机构和实践中，还是在我们思考社会问题的方式中，我们应该限制而不是扩大使用自由主义的契约模式。

首先，考虑自由主义形象中的个体公民，有关自由主义契约模式的批评是不准确的指责。自由论者建议，我们应该选择，我们这些自由、平等、理性并完全公正的人能够接受的原则来设计我们的政治体制。由此推荐的原则和机构将是我们以契约模式同意、为促进合理追求我们个人利益的原则和机构。在这些原则和机构中，我们将追求我们的经济利益。这样做将产生我们可以选择就业的行业，而且将产生我们可以选择消费的产品。在我们的政治原则所建议而又通过我们的政治体制来制定和执行的法律的制约下，我们可以发展任何社会关系和我们期望的情感。在这熟悉的方式中分析公民的概念因而也是人的概念，这是多么的合理？

一个显然不足的个体公民的自由形象，是自由观从相互关联的社会关系现实中抽象出来的，采取了理想的成年人条件，独立的作为范式的家庭之主，不计其他所有人。它忽略了经济体系中所有社会关系使得其成员（包括家庭之主）相互高度依存。任何国家的经济成员都彼此依赖，也越来越依赖于遍布世界各地的其他人。自由主义观点忽略了一个事实，即公民都曾经是无助的婴儿，多年来完全依赖于他人的亲切关怀，而且这些关心他们的人在劳动中往往依赖于别人给予的支持。自由主义观点忽略了在任何特定时间、任何社会的人口中，占很大比例的是儿童，而比例越来越大的是体弱年长者。几乎所有人在其生命周期中都患过重病。很多时候，人需要什么、想要什么，不是由自主、只关心自我利益的个人可以购买或保险自身提供的服务；他们需要和想要的那种关怀避开了在自由和平等的个人之间同意社会契约条件的模式。

在一定的范围内，我们在经济上是相互依存的，我们需要和希望公共政策和安排使我们能够对那些我们关心的人（不必局限于我们眼前的“亲人”）提供关怀并使我们能够在需要时得到关怀。这些都是在制定政策和安排时同样重要的目标，以便推动我们独立决定的经济自我利益。如果契约模式直接用于经济相互依存的情况，它看待在经济上无能力和在经济上强有力的为平等自主的个人，这样做就模糊了造成剥削和剥夺的条件。

82 把契约模式应用于以关怀作为首要价值的经验领域是贬低人的。如果现在父母照顾儿童只为了让子女为他们养老，如果孩子和家长都以如此讨价还价来理解对方，家长和儿童的关系就被剥夺了关系自身的价值以及他们之间的关爱关系。如果显而易见的朋友只因为彼此相信这么做将有利于自我利益才保持双方的会面、交谈、交换礼物、访问或接近，我们将判断这种“友谊”充其量是肤浅的。虽然某些方面的友谊可能有益于每个个人。如果自身的利益是激励他们的全部动力，他们之间的信任将不存在，他们也不会成为长期朋友。一个人生病或依赖他人的照顾时，如果照顾人只是走过场地挣其工资，我们知道，这种照顾不是最好的照顾。

许多自由论者坚信，契约模式的目的仅适用于政治，而不适用于个人领域。[13]但是，照此而论，健康关怀和儿童日托产业属于哪方面？它们肯定不会属于像当代自由主义祖先做概念分析的私人或家族领域。工业经济从来没有令人满意地、恰当地归入传统的公共和私人的自由主义框架内，公共决策造成的其结构和能力反过来又形成了政治效果。例如，罗伯特·达尔在1970年写道，认为当代私营企业属于私人领域的想法是"荒谬的"，在21世纪初，这种说法是更具吸引力的。[14]

不过，看到人与人之间的关系在市场中是契约关系，并以合理的自我利益为根据，这与我们的经验并不严重冲突。然而，健康和儿童关怀却有更多的问题。应当将它们视为提供给那些自由、平等、合理、自主的人的按合同安排和服务吗？承认这一点似乎值得怀疑，因为在我们任何人都能够真正成为自由主义想象的那种人时，我们已经受到了许多年的幼儿期的关怀，这些关怀超过了只是按合同服务所提供的一切。不被关怀和不重视关怀本身的价值，儿童就不会成为自主和理性的代理人。残疾人或病人可能永远也不会成为自由理论中理性的契约承包人。人们生病或依赖他人的照顾时，他们可能过于远离假设为适用于他们的契约模式。此外，所有照顾他人而没有相应得到工资的关怀者，她们可能放弃了使用她们的劳动能力可以获得的工资、因此往往被剥夺了她们所需要和想要的资源。然而，若认为儿童、残疾人、病人以及所有照顾他们的人都脱离或超出了排序公共生活的道德准则和实践，这一想法显然是错误的。一种含义是，自

由主义的对话术语不太适合思考全社会和大部分社会的问题，不像那些排除关怀伦理学的政治意义的自由论者所相信的。如果自
83 由主义的话语太过于局限，或许富有成效的则是，尝试进行思想实验，识别最明显的家人和朋友领域中的价值，并考虑把这些价值观扩大到其他领域。

例如，当健康关怀管理越来越受市场因素逼迫，当然可以质询并同时提出关于自由契约模式在此领域的适当性。在家庭和朋友的背景下得到最好理解的关怀价值可以在该领域的社会活动中得到追求，即为那些政治社区的成员在其身体脆弱时提供给他们所需要的东西。无论我们是家庭中关怀的提供者或接受者，对我们有最大价值的关怀在很大程度上被自由主义契约模式忽略了。或许我们应该寻求由公共安排和机构以及家庭提供的服务中所体现的关怀相类似的价值。

自由主义假设的效果

让我们进一步来考虑自由主义的假设对人与人关系进行合理概括的效果，同时我们承认这些假设与实际现实的距离。自由论者认为其自由方法将促进由假设的契约关系中的理性代理人赞同的那些原则所要求的正义。但批评自由个人主义者得出了不同的结论。由于自由主义模式假设了对他人福利的冷漠态度，采用这种模式拉近了模式与现实的差距和更广泛地接受冷漠的假设为标准和适当的假设——不仅是假设，也是描述和指南。它提倡只计算自己的利益和用道德冷漠取代关怀和关注，即往往对公民同胞

的（尽管不像对家人和朋友那么极端）关怀、在较小的社区成员中更经常地对彼此具有的关怀和大多数人可能会对其他人的关怀，即使是对外国和遥远地方的人们。

自由主义对关怀伦理学的批评可能更偏好这种漠不关心而非家长式的干扰，这里涉及的关于争议的讨论将表明，自由主义错误地假设这些争议只能是二者择一的。关怀伦理学的捍卫者能够证明家长制当然不是代替计算自身利益的唯一选择。母爱和其他关怀可以而且通常应当包括促进被关怀的儿童或其他人的自主能力，而不是断开这一能力。应当认识到必须避免家长式统治的重要性，了解对关怀的道德评价将包括微妙的理解，即应该如何制定不涉及统治的关爱关系。从儿童和关怀接受者的角度来审查这些问题，这是关怀伦理学正在进行调查的项目。

采用自由主义假设有助于使实际上对他人的冷漠更普遍。这并不意指我们必须在关怀伦理学和适当考虑的自主之间作出选择。许多对关怀伦理学感兴趣的女性主义道德学者已经显示出作为自我管理的自主是符合于（不对立）关怀伦理学的（见第三章 84
进一步讨论）。

认为人是关系的人，这并不意指我们不能作出自主的选择来抵制我们在其中成长起来的各种社会关系，或者发现自己就在其中并重新塑造我们所保持的任何关系。相反，她往往要求我们这样做选择。关怀伦理学提出，我们可以对作为社会关系中发生的、部分构成我们身份的这些选择进行概念分析。我们保持某些关系、修改其他关系并创建新的关系，但我们认为，这些不是作为在世界上活动的独立个人的选择，虽然社会关系在我们创造它们之前并不存在，正像契约模式所言。[15]遵循关怀伦理学的道德代理人与实际中的其他人具有“担保”和“嵌入”的关系，但他们仍然可以是自由的道德代理人。

关怀伦理学的目的是，促进负责任的、适当情况下的自主性。比之自由论的契约概念的个人自主权，关怀内的自主概念则可以更令人满意地思考大型领域的活动，包括公共活动。关怀伦理学要求我们必须注意，而不是忽视，关于自主性的物质、心理和社会的先决条件。人没有足够的资源不能充分行使自主选择。自主性是在社会关系范围内，而不是由抽象的、独立自由和平等的个人来行使。

大卫·高蒂尔提供了一个很好的理论家的例子，他愿意将传统自由主义的假设作为道德基础。他认为，道德可以完全基于人之间的理性的协议，这些人寻求自身的优势，而不关心别人的利益。在人们看来，一种选择，如果将尽量满足他或她的利益，就是理性的。由于代理人将受到其他人的行为的影响，他们同意某些适用于所有人的讨价还价的限制，这是理性的。那么，道德，在追求个人的利益方面，提供了公正理性的制约。高蒂尔论证说：“道德可以从理性选择的非道德前提生成一个理性的制约。”[16]因此，这是对道德性的要求，而不仅仅是关于传统的自由主义的社会契约，推定为我们的政治体制的支柱。它采用的是一系列自由主义的假设：关于个人对社会关系的概念和规范方面的优先权、关于个人的基本特征以及他们的选择的假设。

彼得·瓦伦丁在关于高蒂尔著作的书评中写道："高蒂尔的方案是将道德建立于理性的协议，而他坚持，理性的协议需要相互获利。"[17] 一个结果会是这样的，儿童、未来一代的成员、重残人士和动物，因为它们不能成为协议当事人，就只能是"在那些协议的当事人关心他们的限定上才涉及道德范围"。[18] 这意味着，如果我们关心他们，他们的福祉将被列入我们的偏好选择，但我们是否选择去关心，只是一个道德将对此保持沉默的、偶然的经验事实。高蒂尔的道德不能告诉我们应该去关心诸如协议的非当 85
事人或告诉我们应如何改进与他们的关系。

瓦伦丁指出："像罗尔斯一样，高蒂尔假定各方［协议］是相互漠不关心（不在乎别人怎么生活）。"[19] 瓦伦丁承认这可能是理论的一个局限，因为它是反事实的。实际上人们确实关心他人，已知高蒂尔关于理性的工具概念和他努力将其论点立足于实际者的理性，而不是如罗尔斯所说的不了解自己实际喜好的人，所以这说明，对相互漠不关心的人而言协议是理性的这一点，并不表明它对于不是如此的人会是理性的。

我们可以更进一步发展这种批判。在高蒂尔看来，这是他的理论的有利之处，它不要求任何人都关心别人。他的理论是一个与关怀无关的道德论。但是，这是荒谬的方式。没有关怀，就没有社会，也就没有任何人。不论高蒂尔对这种理论的解释是否成功地达到其目标，我们为什么要寻找一个无视关怀的道德基础？

高蒂尔声称，没有在别人认为仅局限于政治领域的契约论的执法机构，就已经解决了法规遵从性的问题（签订协议可能是理性的，但实际遵守协议是理性的吗？）。但是，即使有些人认为道德性可能立足于理性的、相互漠不关心的个人之间的约定，这会是我们应该寻求的道德性吗？

自由女性主义者，琼·汉普顿毫无争议地指出：“大部分的……西方政治哲学一直有高度个体化的特征。”[20]在《第二人权法案》一书里，法律理论家卡斯·桑斯坦像在他前面的许多著者一样认为，对于确保了粮食、住房、教育、就业和医疗保险的人来说，如果没有这些，一个民主制度下的公民身份几乎没有意义。[21]桑斯坦将美国不承认在大多数其他西方社会里通用的社会福利保障归咎于在美国很有影响的“有害形式的个人主义”。历史学家大卫·肯尼迪审查桑斯坦的书时指出，这种个人主义“在美国文化中根深蒂固”，而且没有迹象显示其消退。[22]

这些都是自由个人主义假设的影响。它们已经变成了提供薄弱的辩护来反对保守派以及最近的共和党总统竞选中自由主义者攻击反对政府的社会项目。与其他大多数西方社会相比，随着这些假设在美国的调和，社会主义的传统一直没有成功。和以往的各种道德理论相比，关怀伦理学有可能提供一个新的、更有力的基础，在这一基础上来认识社会有责任对弱势群体的需求作出反应。

自由主义道德论之困境

想象社会的成员仿佛是完全独立的、自由和平等的理性代理人，这样至少会掩盖和歪曲广大成员的生长条件，其效果会使我们更难以触及社会和政治问题，而如果这些条件能更准确地被描述和保持可视，这些问题才会被看作是相关和适当的。自由主义所描绘的自给自足的个人促使有特权的人错误地想象依赖关系几乎不存在，当依赖关系显而易见时，又被假设作为私人偏好关系，如同父母为婴儿提供的一切。社会是由自由、平等和独立的个人所组成的，而个人可以选择是否和别人联合这个幻想掩盖了这样的现实，即作为自主性的一个先决条件需要社会合作。 86

有很多文献论及：如果不假设社会契约在理论或实践中赖以寄生的社会凝聚力、信任或民间友谊，是否可以开始执行契约（更不用说维持契约）。[23] 如果这一意见是正确的，契约关系就需要有一些更深层次的社会凝聚力、信任或关切，关怀伦理学可能是一个很好的资源以深入了解这类凝聚力或信任中相关的因素。注视这些亲密的关系，如何发展关系，而在这些关系内又是如何培育信任，这可能对人们很有启发。关于这种社会凝聚力的薄弱解释可以提供一个框架，在其中，公民同胞可以为某些目的而互相信任，例如他们同意为了政治目的视对方为一个独立的理性契约方，对一套有限的政治原则和机构做出承诺；或者说，在组织市场上的相互作用时，他们可以看到，双方作为自我利益的经济合同代理人可以同意契约上的各种规则。但是，他们和我们都不应该忽视社会领域之广泛大大超过其政治制度和经济发展。我们需要道德上的实践和评价来指导我们在这一更广泛或更深刻的领域中生活，同时也指导我们在有限的市场和政治领域里活动。

与之相反，在过去几百年的传统伦理学影响下，政治自由主义的假设和概念已经向外推到其他领域，造成的结果是：即使是意图在于适用于最包容层面的整个社会和最微妙的家人和朋友的道德也已经由源于政治自由主义的假设和概念所建造。合理的契约方的形象变得无所不在，而以它为基础的建议被认为是在任何情况下都合适的对道德决定的指导。

但是，这一道德运行在许多领域都有明显的困难。将母亲和儿童的关系概念化作为一个合理基础上的契约是很奇怪的。当我们超越每个人应受尊重这个最低限度的问题时，假设康德的道德论可以很好地服务于家庭背景，这一点存在很大问题。例如，我们并不是出于对道德法则的尊重才和孩子们玩耍，但是给我们的孩子以良好的道德教养会涉及花费大量的时间与他们玩耍。或者来考虑一个非常不同的国际问题背景：如依据自由理论的个人理由试图说明“国家身份”几乎没有意义，或者说，无论“国家身份”是什么，它都能使一个政治实体成为一个自由主义规范在其
87 中可以被接受的实体。社会关系使人们的身份作为成员、并认识到一个社区或国家的其他成员的社会关系都是政治实体的规范所预先设定的，虽然我们并不假设这些社会关系必然是国家一级的关系。[24]我们更需要超越仅仅是地方或国家的规范而致力于全球规范，诸如关怀和关注、或与全球其他居民的团结。

由于自由个人主义道德在家庭和群体的背景中有缺陷，捍卫它的理论家们往往是从两个方向的其中一个来探询。自由个人主义道德不是被迫朝向非正式的、个人的和集体领域的，无视它在其中多么困难，或者就是将家人、朋友、团体、企业和国家的人

类捆绑关系都归类到以下状态,“仅仅为感性的”或“本能”、“自然”、“情感”和“非理性的”,而不是理性和道德的。[25]然后所有这些被留下来的视为位居“道德之外”的东西,从道德观点上来看都未经审查,归于一个可以从经验描述的区域,但关于它们的道德性已经无话可说。

因此,不是自由主义道德被迫面对它所在之外的其他领域,在这种情况下它是一个不能令人满意的道德,或者它不适用于所有这类领域,而道德——已经被等同于自由主义的道德——被设想为针对这些领域的思考或行动时没有贡献,这一结果显然也不能令人满意。父母养育子女时经常面对的问题很多是道德问题,而且我们可以理解,我们应该研讨各国如何划分边界的道德方面,研讨如何决定其成员身份的道德,以及如何对待彼此的道德。

我们需要比传统更好的道德理论。如果在建立更好的理论时,关怀伦理学似乎对许多有所经验的区域都是合理的,我们就能进行有益的思考而将其应用到其他区域。

接受有限的自由主义和更宽泛的关怀

认为关怀伦理学具有重要性的人们通常都承认自由主义在适当领域的许多成就:例如民主制度构成的政治体制和由独立司法维护的基本权利体系。他们并不是那些喜欢传统社区的保守派。

这方面的一个例子可以从女性主义怎样讨论权利来理解。起初,许多思考权利的女性主义者在看到权利如何充分体现男性利益和“权利”概念本身似乎与关爱的方法相冲突时备感惊讶。内尔·诺丁斯从关怀伦理学的视角（她为此的发展作出了巨大贡献）警告说，对权利要反思的是“规则和原则的破坏性作用”。她说，如果我们“渐渐完全依赖于外部规则”，我们“就会脱离了道德的核心：召唤关怀的敏感性”。[26]安妮特·贝尔写道：“权利往往是‘特权者的’，而‘正义的视角’和与其相伴随的法律意义，
88 都在父权制过去的阴影笼罩之下。”[27]

然而，尽管有自由主义对核心权利的明显拒绝，大多数女性主义者——即使受关怀伦理学的影响——为了女性主义的目标也已经接受权利的必要性。权利要求实现社会变革的潜在性是显而易见的。重新解释平等权利概念，妇女就能成功地论证说明妊娠假、托儿的规定和更公平的养老金安排。免受性骚扰的权利使许多工作场所的气氛减少了对妇女的敌视。权利对降低种族歧视和实现全球范围的对妇女的最基本保护一直极为重要。妇女的人权迫切需要加以推进。玛莎·米诺即使当她痛惜权利以各种方式忽视关系时，也已经向“一个关系中的权利概念”移动，这一概念可以反抗公共和私人领域都存在的权力的压迫形式。她希望“抢救”权利，而不是抛弃权利。[28]

当自由概念只限于所适用的领域，即法律与政治的社会体制和其中有争议的问题时，女性主义者一般都愿意使用这些概念。但是，正在发展关怀伦理学的学者们认为，自由个人主义的假设和概念不能很好地在以下方面为我们服务：我们作为人在大量的各种关系中的其他经验，而其他经验视点也应该传达我们关于法律和政治的意见。

探究关怀伦理学的女性主义者的更多兴趣一直在于建立关怀在道德方面至少和自由主义的正义论同等重要的地位。[29] 对于那些相信正义和关怀相比同样重要，而哪一方都不可还原到另一方的人们看来，所辩论的当然就是关怀和正义之间的关系。是以正义为首要而关怀则是一个重要的补充？在它们的替代解释框架之内，任何道德问题都可以被考虑吗？是视关怀为更根本的价值领域而正义应从其内发展？根据女性主义的理解应该如何对一方或双方加以重新概念化？

我在本书中建议，关怀及相关思考是更广泛的构思或网络，在这个网络中应对自由个人主义留有余地，它对于我们理解正义和福祉作出了极大贡献。从这个角度看问题并不意味着所有其他价值观念、观点或它们所建议的实践或机构可以还原到关怀的各方面，因为还原似乎不是正确的方法（见第四章的进一步讨论）。

在关系网络中，我们可以要求正义和平等以及由自由主义政治理论所强调的公平和权利。为了解它们的含义，以下做法可能是适当的，我们想象，在政治和法律领域里人作为抽象、独立的理性代理人而彼此平等订约，然后我们会看到他们将有什么样的权利。我们应该牢记，这些思维方式仅适用于有限的领域，而不适用于道德的整体论。

有时候听到声明：在没有感情关系或特殊关系时，我们需要 89
的正是自由的政治原则。但是，如果我们没有足够强大的动机来关心我们的人类同胞和重视这个爱心价值，我们则不会理会他们的权利是否得到尊重，特别是在人弱得不能给我们找任何麻烦的情况下。作为统治、剥削和冷漠态度的历史事实使这一点很明显。

有些主张关怀伦理学的人们，特别是最早的倡导者，想要明确区分关怀和较模糊的关心，他们担心，如果不坚持区分，比如像照顾小孩子的这类活动中的本质特点就将丢失。因此诺丁斯写道，我们给予饥荒救济资金所参与的关心不是真正的关爱，因为关爱是一种互动关系，其中每一方承认对方为一个特殊人，关爱涉及个人的参与。[30]

正如我在本书里一直论证的，其他人则认为在母爱这些活动中最明显看到的关怀价值是必须加强推广的，以不那么激烈但又不是完全不同的形式，向社会和世界各地的成员们扩展。许多女性主义者认为，以关爱方式来思考社会是完全适当的，尽管和自由个人主义方式相比关爱是一种完全不同的思考世界的方式。

第六章　关爱的关系和正义的原则 90

公正、普遍、理性的道德原则是否必须始终优先于其他可能的道德动机理由，这个问题继续引发广泛的辩论。大卫·威尔曼加入了其他人已经提供的各种对康德道德论的捍卫，迎击近来对公正规则优先权的挑战。所面临的挑战来自伯纳德·威廉斯等人，尤其是一些女性主义关怀伦理学的倡导者。

一个例子是1997年12月在费城召开的美国哲学学会上的争论，在会上，威尔曼宣读了一篇“爱与责任”的论文，捍卫康德伦理学而反对伯纳德·威廉斯提出的一类挑战。[1]像大多数这类对普遍道德规则优先权的捍卫一样，威尔曼的观点没有触及关怀伦理学所提出的挑战，但其他康德和普遍性原则优先的维护者已开始这样做。他们提供了各种各样的回答来应对女性主义对如下声明的批评：关于建立在理性公正的普遍原则基础上的道德合理性的声明。在这一章里我将讨论女性主义者的挑战，我将捍卫这一挑战并反对以上应对挑战的回答。

威尔曼的文章后来以“道德情感之爱”为题发表。[2]他讨论的情况是伯纳德·威廉斯所论及、最初由查尔斯·弗莱德提出而随后引出许多讨论的，关于一个人如果在一场灾难里只能救一人的话他能否有理由拯救他的妻子而不是另一个陌生人。威廉斯认为，如果该名男子停下来考虑普遍原则是否可以使他特别考虑到他的妻子而不是公正地对待这两个人，这名男子是在"一思多人"。[3]威尔曼不同意，他论证说："一旦我们从喜欢和憧憬中区分与它们相伴随的爱……我们就会放弃感情是在与道德精神相冲突的一
91 种意义上的偏袒这一假设。"[4]

威尔曼说，这个问题不是简单的、是否允许在进行我们的行动准则能否普遍化所要求的理性演绎之前或根本不进行这样的演绎就采取行动，威尔曼将这一观点归属亨利·艾利森、芭芭拉·赫尔曼和马西娅·巴伦。按照这种观点，如果确实做了演绎并发现冲突，人们就会制止行动。对威尔曼而言，这是过多地让步于康德的批评者，因为照他的观点，**那里没有任何冲突**。

康德式对人的尊重要求的是，我们视每个人作为具有无与伦比的价值之人。"一个人无与伦比的价值，是他拥有的、纯粹凭借他作为一个人的价值——价值……康德称之为他的理性本质。"[5]更有争议的是，威尔曼坚持认为爱也是类似的。"在爱一个人时我们对那种价值作出的反应，像我们在尊重他时作出的反应，即对他的理性本质或人格的价值所作出的反应是一样的"。[6]威尔曼认为，"尊重和热爱［是］对同一价值作出反应时的最低要求和最高选择"。[7]在威尔曼看来，这并不损害我们将所爱的人作为特别之人：珍爱之人"具有无可比拟的价值"。[8]威尔曼

认为，爱能解除我们的感情防御并使我们“易受到他人的伤害”。[9]这在他看来完全符合康德的要求。

威尔曼认为，在威廉斯的例子中，男子应该救护他的妻子，不是因为她的价值超过陌生人，而是因为他们的价值观是无与伦比的，他和他的妻子已相互承诺。但是，批评者可能会反对威尔曼，救他的妻子还是救一个不能比较的陌生人的不同选择只是回避以下问题：如果我们的爱建议一系列行动而普遍原则对此提出另一个与之不相符合的建议，我们应该怎样做？威尔曼说，他在文章中并不涉及以下问题，即在爱和责任之间是否存在实际的冲突，但涉及的是假定的心理冲突。[10]但是，如果关怀心爱之人这个动机和服从普遍法则的动机确实冲突，我们可以问我们应该遵循哪一个。关怀伦理学提供的答案与康德伦理学提供的答案可能很不同。

威尔曼对爱的解释有很大的推荐性，他认为爱不是像一系列哲学家过于致力的信念与欲望的分析。他断定，爱是“对所爱之人本身的态度，并非针对任何行为结果”。[11]我不同意他的这一解释，“对所爱之人本身的态度”。他认为这是一个朝向普遍的态度——即一个理性的本质或每一个无与伦比的人所拥有的地位——寓于被爱的人本身。相反，关怀伦理学将被爱的人视为一个独特和特殊的自身有价值的人，而不是一个普遍性的例证，它重视的是此人和所爱之人之间的特殊关系。

威尔曼的一个注释是具有指示性的。在谈论康德关于尊敬的一段文字中，威尔曼说，“我认为，此处的意义是排除人作为被

92 尊敬的适当对象，但凡他们是经验世界的居民”。[12] 相反，我认为，关怀伦理学不会有任何困难来描述父母对新生儿的感情，在她所有经验的体现里，尊敬的是孩子。父母对新生儿的感觉可能是，这孩子是宇宙的中心，在这世界上没有什么更重要的了，它不仅是一种临时的情感扭曲，很快将被修改。它也表达了深深的道德责任感，对一个正需要人照顾的柔弱生命负责。而如果照顾此人的责任将与康德道德要求的普遍准则相冲突，对关怀伦理学而言，人是否应该遵守道德法律将是一个开放的问题。

在美国哲学学会会议上，评论家托马斯·黑尔改变了威廉斯的事例，以避免任何性别定型观念，但他同意捍卫康德的公正观以反对威尔曼所考虑的类似攻击。[13] 另一位评论家哈里·法兰克福更多地支持威廉斯的批判。[14] 三位发言人中无一人谈到女性主义关怀伦理学所提供的对康德原则的挑战。这些考虑在某些方面与威廉斯的观点类似，但在其他方面却又不同。

威廉斯的论证是从一个具有一组计划的男人的角度提出的，对他来说，这些计划让他的生活变得有价值。这一形象就像其康德式的替代，仍然是一个深思者的形象。威廉斯将个人的具体目标——与他的妻子过日子，或在另一例中，成为一名画家——置于反对个人的理性和公正的道德原则，他怀疑后者应该始终享有优先权。威廉斯驳斥那种认为我们的具体项目必须始终受到普遍原则限制的观点，以至于我们应该只追求普遍性原则所许可的范围。[15] 比如有人提出，他的艺术要优先于他对他的家人普遍化的道德义务，如果此人的生命将只能如此才有意义，那么，威廉斯就不愿意将优先权给予道德义务。在那个两个人溺水的例子中，此人的妻子可能是他的拯救对象，但这一困境是由个人的具体目标与他的普遍道德义务造成的。在形式层面上仍然是传统的自我主义与普遍性的范式。威廉斯不愿把对自我的要求让步于对普遍性的要求，尤其是那些能够用它继续保持自我的人。但他并不反对传统的不同选择的概念化。像《利他主义可能性》的作者托马斯·内格尔[16]以及他之前的其他大多数哲学家看来，被威廉斯抓住的问题是，个体自我的声明与那些公正规则的声明相对抗。

关怀伦理学所提供的对康德道德论的挑战确实需要改变上述模式。所挑战的不是针对个体自我与普遍原则的竞争，而是思考人与人之间某一特定关系，一个充满关爱的关系以及关于关怀伦理学是否应始终让步于普遍的正义原则的问题。关怀伦理学认为，这种关系并不还原到其成员的个人项目。当普遍原则危害到关系时，女性主义的挑战驳斥普遍原则应该始终享有优先权的论点。女性主义关于自由主义道德论和康德道德论的批判使我们有理由怀疑下面这一点：辩论已经确定，正义就应该始终优先于关怀。 93

斯蒂芬·达沃尔是一位试图解决女性主义伦理学所提出的挑战的哲学家。他认为，关怀伦理学有益于呼吁对我们生活中这样一个重要组成部分的实际关系的注意。但他否认关怀伦理学确实提出了用以反对康德和功利论的公正普遍原则道德论的另一种选择。他认为，通过思考我们为什么重视一个引起注意的实际特殊的儿童，我们就得出了功利主义的基本思想，“即每个人的福利都重要并且同等重要”。[17] 我们认识到，正因为所关心的这个实际特殊的儿童是“某个可能受到好或坏的影响、有意识的人的生命”，我们对某一特定的儿童之同情是某种我们可以对其他任何人感受到的同情。同样，根据达沃尔的说法，康德式的对人的尊重“涉及承认个人的尊严和自身价值，但它植根于一个人同任何其他道德代理人共有的特征”。[18]因此，我们可以将对我们熟悉的人的尊重扩大到对所有人。那么，在达沃尔看来，关怀伦理学是对“作为现代人所设想的道德”的一种“补充”，[19]但两者的目的旨在对同样想法的同等关注和尊重。

这种解释像此前布赖恩·巴里（见第五章）和威尔曼的解释一样，都不承认所面临的挑战，即由关怀伦理学或伯纳德·威廉斯提出的对普遍性、公正原则的道德论的挑战。关怀伦理学的提倡者认为，达沃尔关于我们的孩子拿什么让我们看重或尊重他的解释，在描述的说服力方面是相当值得怀疑的。父母为什么可能重视她或他的孩子，很可能不会是因为这个孩子像其他所有孩子，却可能是这个孩子的唯一特殊性和他们之间存在的关系，例如，她是这个孩子的母亲和这个特定的人是她的孩子。如果我们设想我们将如何应对以下问题：“你为什么要关心这个孩子？”提问的也许是一个假设的政府官员，威胁要把儿童送给更令他们喜欢的父母领养，或送给此政权授权的科学实验，我们可能更乐于想象我们的反应会是“因为她是我的孩子”而不是“因为她和所有儿童一样是具有意识的生命”。

这并不意指我们将我们的孩子与我们的财产相关联而认为孩子是属于我们的，或认为我们作为个人应拥有我们的孩子以及我们的东西。这也不意指我们认为政府应该或不应该带走我们的孩子的理由，如同它应该或不应该挪用我们的财产的理由一样：我们与我们孩子的关系和我们与我们财产的关系是非常不同的。我们可能会支持一些政策，它们允许政府以公平的方式挪用相当数量和种类的财产，但坚决反对某些会切断我们和孩子的绑缚的政策，即使它们是公平的政策。

在详细阐明两种情况是不同的原因时，我们可以参考我们的孩子和其他所有儿童的意识生命或康德的反对将人视作手段的原则。但一个具体儿童和一个具体家长之间的关系是双方珍视彼此的一个更合理的来源，而非他们同其他所有儿童和家长共享的特 94
征。因此，如果基于这种关系的道德建议与以往的来自普遍道德原则的道德建议相冲突，哪一个具有优先性的问题仍然存在，尽管达沃尔试图解除这一问题。

女性主义者之间的分歧

玛撒·努斯鲍姆是另一位主张自由主义普遍论而反对关怀伦理学的哲学家，她认为，这种自由主义，相比于关怀伦理学，将能更好地为妇女服务并应被女性主义者所接受。她承认，一些女性主义对自由主义的批判可以与她认为的“由自由主义首选的反思关怀规范”[20]相冲突。后者的规范要求爱或依附关系要以一个平等地位的、不受胁迫的选择为根据，而关怀伦理学认识到我们的许多依附关系不能或不必基于这种选择；一个最明显的例子是，没有任何儿童可以选择自己的父母，而多年来父母要比孩子更强大。虽然努斯鲍姆不承认这一点，许多关怀伦理学的维护者选择反思的而不是盲目的关怀，但她们与努斯鲍姆不同的是不认为关怀主要在个人利益或选择方面。努斯鲍姆列举诺丁斯对母性关怀范式的描述并写道："自由主义说，让他们将自己给予他人——只要他们完全自由地选择如此。诺丁斯则说，这是一个顾虑太多的想法——即基于反思的爱缺乏自发性和真实母爱的道德价值。"[21] 对努斯鲍姆来说，这种看法并没有对她所辩护的康德自由主义提出挑战。但她认为关怀伦理学的立场应予以拒绝；她认为这对妇女会有坏的影响。在我看来，她的理由是根据非常有限的早期关怀伦理学的观点，这种观点过分认同了其最初的理论构建。

许多批评自由个人主义关于人的观点的女性主义者如同努斯鲍姆所建议的，并不否认执行妇女权利的重要性（见第四章和第九章）。当妇女在世界各地被剥夺了平等分享家庭食物或教育，当妇女受到婚内强奸和家庭暴力时，将自由权利扩大至妇女当然是巨大进步。所以，权利扩展也是适当的，就像在美国，妇女获得平等分配的基本必需品之后却仍然被期待和施压要为她们的孩子比男子作出更大的牺牲。女性主义者往往强调指出，所取得的进展不应停止在享有平等权利一个方面，而自由个人主义的方式制定的道德目标是片面和不完整的。努斯鲍姆声称，"由［许多自由派］赞同的那些家庭观的错误不是其观点过于个人主义，而是没有足够的个人主义"，[22] 因为那些观点没有将自由个人主义扩展至她认为应该如此的家庭内的性别关系。

与努斯鲍姆的表述相反，大多数女性主义者，包括那些维护 95
关怀伦理学的人，同意她说过的各种个人权利应扩展到家庭中的性别关系：权利不允许侵犯，例如，应该在家庭中保护妇女儿童，妇女应该得到更公平的家务分工的权利。但是，这些主张关怀伦理学的人与自由个人主义者对下述问题具有非常不同的观点：什么是性别关系、儿童和家长的关系、友谊关系以及人与人之间的关系一般应当是怎样，即使上述权利扩展到这些以前不予保护的范围。

女性主义对自由主义的批判，如同努斯鲍姆未看到的那个要点，是更根本的一个转折，把人视为自由的个人这一观点，没有充分关注人与人之间的关系，无论他们是在家庭内的照顾关系，还是社会的将社区团结在一起的关系。两个陌生人有一个所谓平等的关系这是可能的，其中没有任何东西把他们绑定为友谊或社群关系。自由平等本身不提供或关心人与人关系的更主要成分。在为后者进行评价和提出建议方面，关怀伦理学是最合适的。正如许多女性主义者认为，如果我们警惕传统理论对关怀的贬低和边缘化，这些道德理论的问题不再是正义与关怀哪个重要，而是如何适当地整合正义与关怀，或关怀和正义。而认为关怀如同自由个人主义对她的概念化是一个单纯的个人喜好，个人可以选择或不选择，这是不能令人满意的。认为关怀关系只是理性的个人优先考虑了普遍、公正、道德原则时可以选择来关心的那种关系，这也不能令人满意。

玛里琳·弗里德曼呼吁注意偏袒是否为道德价值这一问题。

她写道："人的关系在其道德价值上有很大差异。在确定对维持这种关系是必要的偏袒的道德价值时，这个特殊关系的质量具有深刻的重要性。"[23] 例如，一个白人优越论者针对其他白人优越论者的偏袒是没有道德价值的。当关系造成伤害或基于主人和奴隶这种错误关系时我们不应该对他们偏袒。但是，当这种关系如家长和儿童的关爱关系、朋友和恋人之间的信任关系有道德价值时，优先或不公正的问题才可能出现。而作为公正规则的道德很容易会忘记，正如弗里德曼明确指出的，"亲密关系要求人的关注、忠诚、兴趣、热情和对亲人的独特性，他们的具体需要、利益、历史等都作出响应。一句话，人际关系呼吁偏袒的态度，而不是公正"。[24]

对关系的价值评估并不意指普遍规范总是具有优先性。而是指从正义的角度看，对某些关系的判断是不合理的，这往往使人认为，在可能的范围内应该结束这些关系，虽然这经常发生在有
96 限的范围内。（举例来说，我们将永远不会停止我们的同胞兄弟姐妹关系，或与我们已中断关系的朋友或配偶的前任朋友或前任配偶的关系。）但是，一旦这种关系可被视为有价值的，道德问题在此可能出现：这些关系的声明是否应该服从正义的视角。这才是我正在研究的问题。此外，如关系的各个方面使其成为一种有害的关系，这往往可以解释为不能适当地照顾特殊的他人，而不是仅作为违反公正的道德规则。当然，采取避免严重的道德失误应优先于避免琐碎的错误，而且追求非常重要的道德应该优先于追求微不足道的东西。但是，这并不解决关怀与公正的道德关

系的规则，现在我们都知道，要拒绝视男子在公共生活中的作为在道德上是重要的而视女性在家庭中的作为在道德上是微不足道的传统观点。某些关怀关系是极为重要的，从道德上看也是：因果关系——若没有它们，人类就无法生存发展。而公正道德规则的一些要求，相对来说是微不足道的。有时候则相反。

如同弗里德曼所认为的，偏袒的实践是不能无限制的。“当许多家庭陷入极度贫困时，这时候［各种］偏袒实践通过密切的关系进一步减少能达到好日子、尊严和自我实现的人的数目……如果所有人实行偏袒，没有财富或资源的重新分配的节制，很有可能导致只有某些人能得到尊严和自我实现。”[25] 但是，这只能说明，正如关怀伦理学捍卫者通常同意的，偏袒和关爱关系的价值观在道德上不是唯一的关于道德性的价值。偏袒得以实行的社会公约需要加以评估和证实，而公正的道德原则可以适用于这些评估。但是，如果公正原则的道德停止公正地评估什么是禁止或允许个人去做的事情，这样的公正原则道德将是不完整和不令人满意的。道德理论需要评估关怀关系自身，例如要说明如何增强共享的思考、敏感性和可信任值并提高其价值，也显示它们如何堕落成仅仅为个人寻求自己利益的机会，或不情愿地履行公正规则对个人施行的职责。当关系是有价值的，以此为基础的道德建议可能与从公正角度作出的道德建议相冲突。

劳伦斯·布卢姆聚焦在关爱关系中需要的人的素质，并说明某些“主导道德理论的标准特征如何冷淡地对待——甚或可能无能力表达——那些成年人的美德，其中的响应是发展的前兆。这些美德就是关怀、同情、关心、善良、体贴和慷慨”。[26]我一直认为关爱关系而不是单纯的关心人是关怀伦理学的核心，但当然关爱关系中需要关心人。公正论的道德理论不能论及这些关系的
97 发展。正如布罗姆指出的，关爱涉及“关于道德动机的一种连贯和可知的形式，而道德理解不是从道德原则或公正性的基础上来发现的”。[27]关怀伦理学关注的是关于人的道德理解，而这种道德理解伴随着对社会关系的解释和评估。

观看实际例子

现在我来尝试更详细地审查可以被认为关怀伦理学和以公正性为基础的道德论之间的问题，以及令人满意的女性主义道德为什么不应该接受以下观点，即关于正义和权利的普遍、公正、自由论的道德原则应当总是优先于关爱关系的思考，关爱关系包括对信任、友谊与忠诚的考虑。这个论证需要审查两个层面的问题，“个人”关系层面和社会层面。关怀伦理学的倡导者成功反对了以下观点，即关怀——在普遍原则允许她的范围内——在个人关系中是令人钦佩的，但关怀的核心价值在非个人关系如陌生人和公民中是不恰当的。我将探讨这两种情况。

首先来考虑亚伯拉罕的故事。关怀伦理学的一些维护者不同意宗教和道德的教育认为亚伯拉罕的决定是正确的选择，即必须服从上帝的命令，杀害他的襁褓中的儿子。[28]（上帝干预后阻止了杀害，这与评价亚伯拉罕的决定是不相关的，如果这种立场可被认为是连贯一致的，任何一个非宗教后果论者都会同意这一看

法。）从关怀伦理学的视角看，子女和父母之间的关系不应该始终服从上帝的命令或普遍的道德规则。但是让我们考虑一个世俗的案例，公正规则和父母 / 子女的关系之间具有真正的冲突。巴里、达沃尔和威尔曼这些人试图重塑威廉斯和女性主义问题，以便不存在冲突，而这些努力仅仅处理了另一种不同的情况，却未能论及当冲突发生时哪些原则优先这一问题。

假设一个幼儿的父亲是一名职业教师，具有特殊技能帮助陷入困境的儿童取得学业上的成功。假设现在用功利计算多少总体利益可以得以实现，他决定，从普遍功利规则的角度来看，他应该把更多的时间用于他的工作，下班后留在他的学校继续工作，并让他的妻子和其他人照顾自己的幼儿。但他也认为，从关怀的角度来看他应该建立与孩子的关系，发展信任和相互具有能力的关切。即使普遍规则允许他给家庭生活一些时间，即使他将适当的功利价值放置在与他的孩子关系发展方面上——这对孩子有益，也将给他愉快，将使孩子的未来更好，等等——计算结果仍然同先前一样，就是说：他应该把更多的时间用于他的 *98*
学生。但是，关怀的道德要求给他的建议会是，他应该用更多时间陪伴孩子。

我建构的实例之方式，不是巴里在公正的道德规则里表明的例子，即在大家都可以接受公正规则确定的范围内，我们能够青睐自己的儿童。相反，我考虑的例子中，所有人可以接受的公正的规则指导父亲将更多的时间践行他的职业，但关怀的考虑则敦促他将更多时间给予他的孩子。这是一个公正和关怀的视角相互冲突的实例。

毫无疑问，可能存在一些解释问题的方式将避开公正的道德准则和拉开父母孩子之间的关系这二者的冲突，但我不会考虑这个问题。我考察的实例中，道德代言人究竟选择公正还是关怀更具有优先性。道德哲学家必须考虑这样一个代理人在这种情况下作出的决定能否得到规范的证实。

如果有人反对，认为这不是这种计算方法实际将得出的结果，我的回答是，在评价不同的道德理论时，我们可以对想象的情况有兴趣，在此，计算将以某种方式进行。义务论反对功利主义的力量可以适当依赖的论证是，如果在功利计算中，酷刑对欣赏它的人产生的乐趣超过了它对受害者和批评者造成的痛苦，那么这在道德上是可推荐的。这已是足够的理由来反对功利主义；我们不需要表明经验上类似的例子了。

假设那位父亲的论证是以康德而不是功利的形式提出的，那么，我们可以说，他认为他的越来越多的学校工作是一个不完美的责任，他认为他有责任将更多时间给他的孩子也是一个不完美的责任，他认为前者大于后者。即使他只是否定地解释这些职责，如威尔曼所言，关于我们必须避免的，在这个例子中父亲最后的结论是他在履行两种职责上所花的时间方面，他避免忽视他对学生的职责，超过他避免忽略他对孩子的职责。

像功利主义者一样，康德论者当然可以尝试重新解释这一问题，以便消解冲突，但关怀伦理学的维护者可以尝试制定假设的问题，使其不易被重新解释为拒绝对冲突的承认。我们是否能拿出案例以说服致力于普遍论的学者，这点目前还不清楚。但是，许多人相信以下二者之间有冲突：他们对所关心的特殊人的承诺，和道德可能会从公正的角度来要求他们做什么。

回到我们的例子中，公正的论证可能会这样来辩护：作为一个抽象的代理人来推理，[29] 例如，我应该按照道德规则采取行动，从公正的角度看所有人都能接受这些道德规则。这些规则建议，当行使我们的专业技能时，我们平等对待所有人，包括我们的孩子，而且如果我们有特殊技能，我们应该加以利用来为所有人的 99
利益平等服务。例如，一名教师不应该偏袒自己的孩子，如果他的孩子正好是他的一个学生。如果一个人有能力、有社会优势成为一名教师，在需要时应行使这些技能，尤其是在迫切需要教师的时候。

但是，我的例子中的父亲还要从关怀的角度思考。从关怀角度来看，他与他的孩子的关系有巨大的和不可替代的价值。他认为，由于关心这一特殊关系，他应该花更多时间给他的孩子。他经历了作为爱、信任和忠诚的这一关系，并认为，在所考虑的情况中他要使行使其专业技能等其他考虑服从这一关系。他认为，应该从额外工作中解脱自己，以便帮助他的孩子感受信任和鼓励，这将有利于孩子的发展，即使这和公正的道德准则有冲突。

他反映了做各种选择时动机将起什么作用。对于一种选择，其动机将是：因为普遍的道德规则推荐如此。对其他选择，其动机则是：这是我的孩子而我是孩子的父亲，我们之间的关系之重要性不亚于普遍规则。这反映了后者是否可以成为道德动机，并得出结论认为，它可以在这个意义上为动机，即他相信它是他应该以其采取行动的动机。他可以做到这一点而不认为每一个父亲应该以同样行为对待他的孩子。他可以进一步得出这样的结论：如果康德和功利主义道德理论否认这样的动机是道德的，那么他们已经错误地界定道德以适应其目的，并通过人为的命令排除任何可能挑战其普遍性的要求。他可能已经阅读了安妮特·贝尔关于妇女的可能趋向的讨论，妇女趋向于抵制将道德敏感性屈从于自主选择的康德规则，并且他发现她的论证具有说服力。

贝尔写道："康德，这一伟大的自主先知，在他的道德理论中对妇女说了什么？他说，她们没有能力立法，不适合参加投票，她们需要更'理性的'男性的指导。自主不是为她们，而是只为一流的、真正理性的人建立的。"[30] 但是，她不是简单地抗议妇女的确可以和男人一样具有理性，相反，重视自己经验能力的妇女可能拒绝那种已被用来排除她们的道德方面的假设。

我的例子中的父亲可能会认为，父亲应该和母亲一道，更关注关怀关系，而且当公正规则的要求太过分，他们也应加入抵制。从所有人或每个人的角度，也许特殊关系应该服从普遍规则。但是从关系中特殊人的角度看，以下问题当然是有意义的：为什么我们必须采取所有人和每个人的角度，如果我们关心的是一个特殊关系，它至少与在普遍规则要求的意义上为"道德"的一样重要？我们可能会认为，这种关系是关系中人们认同的核心。这如同家庭中的人的关系，允许人的发展并意识到自己作为具有权利的个人。而人们之间的关系维系了社区，道德和政治权利可以在社区内得到阐明和保护。或许普遍规则的视角应限于法律领域而不是被预计将服务于道德整体。那么，在我的例子里，法律应要求性别公平的育儿假期。除此之外，法律可能允许专业技术人员根据他们的选择而增加或减少工作时间；但我的例子中的情况是进一步考虑，在法律方面发言后那位父亲仍将面对的道德决定。即使法律允许他减少工作量，他在道德上应该这么做吗？从功利的普遍公正的规则看：不应该。但是从关怀的角度看：应该。这是我试图探讨的道德问题。我论证的是，关怀伦理学认为，关怀的道德要求和公正规则的道德要求相比是同等有效的。这并不是说公正性的考虑不重要；但否认这些考虑在道德上应当总是优先。这使得关怀伦理学作为一种道德理论来挑战自由主义，而不仅是一个单纯的补充。

正义的范围

自由主义者努斯鲍姆所表达的思考，即每个人都是一个单独的实体，不应服从于“社区利益”，这可以来对应一名关怀维护者的思考，她主张关怀关系不应过分服从普遍规则，这些规则赋予平等的道德权利和义务，也是为有冲突的情况而设立。法律和法理方法应限于一个适当的范围，而不能统领到整个人类生命和道德（见第九章）。

苏珊·门杜斯在讨论布赖恩·巴里的《作为公正性的正义》时指出，问题往往在于正义的范围：公正应被期待的应用范围有多广泛？[31] 巴里本人认为，将公正应用在自己对朋友的选择上是荒谬的：我们选择朋友是因为我们喜欢他们的陪伴，而这种见识是可以容许的。但他认为，这仅仅是因为公正的规则已经被优先考虑过，其中某些规则允许我们在某一方面对我们的朋友有偏好。

哪里是正义居先、而哪里考虑正义是次要的或不合适的，这往往是主张公正规则道德的学者及其批评者之间的问题。批评家由于认识到关怀关系的价值已被传统的道德理论极大地忽视而常常要缩小公正的范围。他们抵制公正在个人关系中的优先权，在探讨了这些关系领域中道德的优先性之后，他们考虑延伸关怀、信任和团结的价值超越个人的关系。我们也需要从关怀伦理学来重新思考政治和社会生活。在这些方面关怀伦理学的主张可满足
101 社群主义，但由于后者很少涉及关怀伦理学，而关怀伦理学与大多数形式的社群主义有严重分歧，但是迄今为止，从双方的发展看来绝不是一个扩展关怀伦理学与社群主义为伍的问题。[32]

我们已经看到，自由主义认为个人在概念和规范方面要优先于社会关系或集体。据推测，我们应该从我们对独立个人的思维开始，他们可以形成所选择的社会关系和安排，而后者仅具有在一定范围内为个人利益服务的工具的价值。我们谈到了许多论证，都考虑人作为社会存在，并说明上述假设是多么人为化，如我们所见，任何个人生命的物质和经验现实都从根本上与其他人相连接，而人们陷入的这种社会关系如何又是“人格”的重要组成部分。考虑到现实中关怀者／子女关系的女性主义的论证说明自由个人主义的假设又是如何在误导：它的确忽略了任何孩子要成为自由的个人，她必定多年来已卷入关怀者和孩子的关爱社会关系

之中。[33]视自己为“独立”的成年、自由的个人，也是由无数的家庭、友谊、专业学会、公民身份等社会纽带所形成。

当然，我们可以决定，在某些情况下，如一个法律问题，我们将作出的假设是，人是自由的个人。但是我们绝不应忽视其情况和限制，在其局限中我们认为这可能是一个适当的假设，对于更完整的人与人关系的概念而言，它却是令人不满意的一个假设。努斯鲍姆的揭示注意到她的母亲经验、和她的女儿本质的分离的经验，它们回避许多问题并且没有任何定论。她写道：

> 也许事实上我有残障，我根本不认识我自己的、诺丁斯所叙述的关于结合和束缚的母亲经验。我对雷切尔·努斯鲍姆的第一个鲜明印象是具有一定独特分离的一对脚敲我的横膈膜，一对胳膊对我的膀胱展示它们的肌肉。即使她的头发进入世界之前就可以听见里面一个单独的声音在宣布其个性，甚至个人主义，而二十四年后争论还未停止。我相信，雷切尔·努斯鲍姆听到下面的建议会非常愤怒，即她自己的幸福在任何时候都与她母亲的幸福联系在一起，而她的母亲将永远不敢作出这种过分的建议。这一自由论的产妇经验作为给予和采取的论证使我很难理解诺丁斯文本中的更大的奥秘。[34]

这种想法很可能标志着一场辩论的开始而不是结局。一项声明，如“我的孩子和我是单独的个人”忽略了我们之间的配合，像胎儿及其母亲福祉如何，孩子和他的父母都是密切联系在一起的。没有争论此联系是如何形成或者是否真实，自由的个人独立的假设仍然是意识的和未经审查的起点，像老生常谈一样没有更多的支持。

102 当其他人仅仅是以走过场来满足儿童的基本需要时，儿童就不会得到充分的发展，即使这样做也需要大量的关怀和联系。孩子们需要亲身经历信任和关爱的社会关系。那么就可以说，关爱关系在某种意义上规范性地优先于家庭中的个人福祉。但是，优先性不仅是发展的或因果性的。如果在人构成个人本身时没有社会关系，他们就没有自由者所追求的个性。在较大的群体阶层，如果不存在信任和忠诚的社会关系使其成员能联合在一起而形成某种集体，人们自身并不能构成政治或社会实体。正如尼尔·麦考密克在讨论《作为公正的正义》和亚当·斯密时指出的，“正义对于那些已经在社会中相互交流的人才是相关的”。[35] 因而可以论证，足以使彼此关心以致相互尊重而成为社区成员的人的社会关系，从规范上优先于作为个人权利持有人、或者自由国家公民等等的个人价值。渐渐地社区内的这种关系需要改进致使成员们能够得到具有人权的尊重，这样的社区是在全球范围的人类社区。

我们可能会得出结论，具有优先性的是关怀关系或同胞感情，在此之内我们寻求大家都能同意的、以平等关注和尊重互相对待的规则：适当以公正的规则对之的那些方式和类型，认识到个人和政治生活都有道德价值是“超越正义”的。这种观点否认公正的道德规则总是优先考虑，以及我们应该只追求这些规则允许的其他价值。认为公正道德规则总是优先于关怀而考虑的观点扩展到整个道德景观，在法律范畴内，法律“涵盖”所有行为，允许一切它不加禁止并要求所有人遵守它禁止的。但是，我们普遍承认法律和道德的区分，并能有力地争辩说道德具有规范性的优先性。那么，我的论点是，在道德方面我们有很好的理由不把优先性给予公正的道德规则，但承认关爱关系的要求至少同样具有根本重要的性质。这种观点认为，在道德方面，正义是许多价值之一，并不总是最高价值。关怀及相关的关系和信任的价值观也具有同样的、也许更多的重要性。

苏珊·门杜斯讨论伯纳德·威廉斯的某人救了他的妻子的论证，写到该论证的力量是“强迫扩大公正性，这不仅是不切实际和政治失策：最关键的是，它也是对诸如爱和友谊的概念之歪曲，正是因为它们没有得到完全视为正当理由的解释的支持才成为如此的概念。在这个例子中，那人救了他的妻子，他愿意提出辩护的问题已部分接受了这一歪曲模式”。[36] 这一提出要点的方式假设“证实”只能通过公正的规则，然而一个更广泛的证实概念可能并不只限于这种形式。但是从关怀伦理学的视角看，门杜斯正确地论证说明了，接受应用公正性规则的要求在爱情、友谊和关爱的关系的许多情况下是接受了公正性规则的一个“歪曲模式”。 103

道德模式

关于道德这个层面，我们需要决定哪个“模式”适用于哪种情况。最近几十年来关于正义优先性的许多论证在开发中都反对功利的支配地位的大背景。罗尔斯的正义论及其许多分支就是很好的例子。[37]他们反对将其他所有考虑都服从于一般功利考虑的目的，或者要求权利只能根据如何有效地服务于整体福利而被证实的功利论计算，这些论证在说明功利这类观点误解了权利概念中内在的东西这方面是有说服力的。在罗纳德·德沃金令人难忘的表述中，权利“击败”一般功利，这恰好是我们说人有权利时所意指的，即不管能否提高一般功利，权利这个要求是正当的：权利必须坚定抵制诸如此类的最大化功利计算。[38]例如民主理论的根本在于，即使权利不能最大限度地满足多数人，个人的权利必须得到尊重。类似的论证也认为，在道德层面上，正义和权利具有压过一般功利的优先性。

然而，从关怀伦理学的角度看，这种辩论可以被解释为主要的法律和政治背景内部的争议。罗尔斯明确地将他的理论局限于政治领域，并认为它不应该被解释为完全成熟的道德理论。[39]德沃金确实是一位法律哲学家。功利主义者还没有表现出比较谦虚，但可能会争辩，如同我在其他地方所论述的，功利计算可以是有益的，可对各种公共政策选择提出适当的建议，虽然它们在司法决定和广泛的其他类型的选择方面是不恰当的。[40]那么，也许无论是权利理论还是功利主义，都没有能力构建全面综合的道德理论。许多继续主张康德道德论的学者这样来解释康德，将康德理论推进远远超出了公正性规则并进入美德理论。[41]

国家道德至上论及其相关要求是一种人为决定的历史。与公正性规则组成的道德论相比，更令人满意的道德应当为：至高无上的国家及其法律可能会缩小到更合理的比例。例如，从商业统治下解放出来的文化，可能会成为首选的道德对话领域，对话中可能出现的道德建议可以普遍被接受，并在采取行动时没有法律执行的强迫性。[42] 这些建议可以包括接受多元化的价值观以及在各种情况下的信任和关怀关系的至关重要性。

关怀伦理学建议公正的正义优先性在立法—司法方面具有最好的说服力。她也可能表明，一般功利计算对一些公共政策的选择最为适当。道德理论仍然需要向我们展示如何在所有人作为人 104
类同胞之间应该存在着的相关性内部——这在许多个人情况和无数群体的情况中确实存在——我们应当运用各种可能的模式。这样，我们才会有能力看到关怀关系的模式将如何应用并在某些方面具有优先性，以及关怀关系如何不应该被局限在个人已经满足了所有公正规则的要求之后才作出个人选择。一种全面综合的道德理论可能会真正显示，关怀及其相关价值观是最全面和令人满意的模式，在其中可以找到更熟悉的道德组成部分。

第二部分　关怀和社会

第七章　关怀和市场的推广 107

“市场”往往被视为模式，不仅经济生活，而且几乎所有人类活动都要依照该模式来运行。据说，在市场中所有的交换都是自愿的，市场的工作就是最大限度地允许所有参与者的自由和满足。

在美国，以往被视为公共服务的活动正在日益增多地被“私有化”和“市场化”。健康关怀、教育和监狱的运营越来越成为营利性公司的辖域。市场的语言、效率目标和生产力被应用于多方面的公众服务以及垄断企业的机构。例如业余体育和新闻报道活动，曾经是相对独立于私营企业的参与，也正在被市场和市场规范所统领。垄断企业在政治方面拥有更大的支配性影响日益获得确认。娱乐媒体和商务企业几乎从一开始即依赖广告和促销活动，正愈来愈加速地由少数几个企业巨头来统治，而他们对经济利益和普及颂扬市场的追求远远超过对审美或非商业性的文化价值观的追求。自由市场化的理想建议反对垄断，但如果存在竞争，即使只是平等地以利润为导向的公司之间的竞争，市场并不提供任何批评的理由。

罗伯特·库特纳指出，“自由、自我调节的市场之理想是新的胜利……不受阻碍的市场被认为既是人的自由之本质，又是最适宜的走向繁荣之路”。[1]而且，“市场的盛行已获得更强大的力量，曾经由市场之外的规范和体制加以调和的领域正在被加速强制改变为市场化”。[2]

在这一章里我将试图梳理有关问题：应当属于市场和被市场规范所管辖的活动是什么、不应当属于市场和被市场规范所管辖的活动又是什么？使一项活动的市场化怎样改变这一活动的性
108 质、这一改变中什么价值将会受益或被伤害？根据什么道德理由，我们才能作出最好的决定，而且，市场应该在哪里划定限制（如果有限制）？我将说明为什么这是一个女性主义的问题，为什么女性主义关怀伦理学比自由个人主义更有希望使我们能够讨论这些问题。

我要谈论市场的“推广”或“扩展”和其“界限”，但是这不应被理解为一种表面或领域的比喻，就像我们可以说，类似生产和销售夹克的活动可以适当地属于市场“之中”，而类似收养子女的活动应该保留在市场“之外”或“境外”。市场推广可能涉及更深入或更重大的将一类活动“市场化”的问题，而这类活动既有市场也有非市场特点，像我们从劳动力市场可以看出的一样。文化的生产和销售就是一个很好的例子：为了市场目标或多或少完全可能做到的会是什么。我继续使用市场推广的语言，但是更复杂的含义应该铭记心间。

妇女和市场

做了所有工作或大部分工作却得不到酬劳，妇女有很多这方面的经历。许多妇女认为，挣得工资——任何工资——就是进步，因为这样做展示的是那种只有工作收入才使之可能实现的自决。大多数女性主义者认为，妇女“进入劳动市场”就是进步。解放妇女就是使她们能够获得工资并自我决定如何消费，而不被局限在无报酬的家务琐事和对父亲或丈夫的依赖、或局限于出于爱和义务而对子女和年迈父母的照顾。

然而，人们也看到了广大妇女一直过着佣人的生活，收入比食宿费用略多一点，做家务和养育子女，这些任务由“家庭主妇”在家中缺乏佣人时来完成。相对于做同样工作的雇员，这样做的方式则是根据自己的控制，即使无报酬，也可取得进展。妇女们在两种情况下有可能达成协议，对一个人的工作给予经济奖励、或给予更多的对工作条件的控制权，而这二者都是令人满意的。它们有助于一个人的自主权和福祉。使自己的劳动变成商品并在市场上使用以取得最好的报酬，并掌控这一报酬可以买到的东西：这对许多人来说似乎是适当的、使妇女能满意的生活路子。但是这一有报酬的工作往往被解释为家庭内的关怀工作——教育子女、照顾病人、管理办公室——她们可能抵制一种认为她们的工作仅仅是商品的观点。她们更可能会抵制下列想法：关于无报酬的她们在家里的工作，出于感情而承担对子女的照顾和发展信任与家庭的联系，如果对这些工作支付酬劳则只会将它们等同于市场价值。

109 这可能引导女性主义者发展诸如波拉·英格兰和南希·福尔布里的观点，她们指出“涉及关怀的工作比其他类型的工作支付偏低”，因而担忧对关怀劳动商品化或市场化的反对也许要对其低工资承担部分责任。[3]她们声明，“爱与关怀蒙受商品化的耻辱这一信念可能具有讽刺意义地导致关怀劳动的低工资”。[4]

我对这里的责任问题持有一个非常不同的观点。除非我们已经让自己被玛格丽特·简·雷丁称为“作为一个世界观的商品化”所误导［根据此世界观，商品的价值就是指它的市场价值，而且几乎每件东西都被视作适当的商品］，抵制将关怀劳动市场化的结果可能正与英格兰和福尔布里所声明的相反。我们可以而且应该认识到关于事务和活动的许多价值观，而不只是它们的市场价值，我们可以要求付给人们更多的、接近反映其工作的高于市场价值的其他价值。伊丽莎白·安德森讨论估价的方式，我们根据不同的“估价模式”来评估。我们应该**尊重**人，而不是把人当成商品。**使用**是评估商品价值的适当方式，但在许多情况下，我们不仅仅是使用商品，还应该赞赏商品的美学或历史价值。正如安德森指出的，“人类生活的任何理想都包含一个应该如何评估不同的人和事的概念……通过诉诸支持商品应当采用其他非使用方式来进行论证的道德理想，我们可以质询市场规范如何应用于一种商品的生产、分配和享有”。[5]

我们能够认识到一项活动的内在价值而不只是作为工具的价值。我们可以认同很多关怀工作如何表达人们所关心而不是对别人冷漠的方式。我们可以看到关爱工作使这些关爱者知道有人重视她们的价值。重视人的价值就是对每个人的重视：没有这一点，儿童就不能良好发展。

我们应该承认关怀工作具有巨大价值——这些价值体现在表现社会联结、在促进儿童发展和家庭满意度以及在产生社会凝聚力和福祉（名单可以继续下去）方面。我们应该要求全社会对各种不同形式的关怀工作进行补偿，使其评估价值更符合它的实际价值，指出用其交换价值或市场价值来看待关怀价值是一个非常不恰当的方式。

我们当然可以同意关怀劳动值得获取不仅体面而且出色的收入，但不同意市场的推广通常是内在合理的、正当的或自由的。事实上这一推广往往并非如此。

劳动力和市场

第一个要澄清的是，在我的话语里，对人们的工作给予报酬并不意指人们的工作是由市场原则或在标准意义上的市场来管理的。教师在公立学校或非营利的私立学校工作在一种意义上是在 110
劳动力市场：学校必须付给他教学的报酬。但是，他的工作在为经济效益最大化的市场原则的意义上就不是在市场内了。经济利益不是学校的主要目的，如果他能为公司工作可以获得远远超过学校的酬金，他教学的主要目的却不是获取经济利益。学校和他的首要目标可能是教育好孩子，而不是尽可能赚钱。一位为非营利性医院工作的医生可能把为社区的健康需求服务而不是增加自己收入的满意度作为她的管理原则，这和医院不是要增加股份持有人的利润之目的可能相同。倘若减少为社区需要服务这样一个动机以满足个人或机构的偏好，这基本上误解了上述动机，即为了社区成员或作为整体的社区的需要服务。倘若学校或医院进入市场或市场化，他们就将接受所有市场参与旨在使自己获得最大经济利益原则的量化管理。遵循市场原则是要加入到社会的私营企业之中。

正如库特纳指出，即使是企业的劳动也可能有市场化多寡的区别。劳动力市场根本不同于产品市场。单纯的市场交易是在单一时间的一次性交换，但“劳动力很少像一个现货市场的行为，因为劳动工作场所不只是一个市场，还是社会的组织，具有一定的制度逻辑和体制的必要性”。[6]不过，库特纳也指出，由于新的劳动力市场越来越像一个现货市场，上述观点变得过时了。“在工人—经理人的关系中已习惯地超出市场准则，长久以来被认为是有效的体制，已经大致由市场力量的重新抬头被侵蚀……残酷的裁员已成为正常现象。无情的裁员不只是对商业周期的临时反应，还是一种生活方式。劳动力现在被看作不是一个长期资源，而是一种消耗性成本中心”。[7]在某一时刻，劳动力短缺可能改变劳动力市场这种不断市场化的影响，但更广泛的趋势似乎已形成。

我认为，首要考虑的问题必须和优先性相关联。这些问题不是无偿工作与有偿工作，或者是关于效率这样的市场命令是否对一项活动起作用，而是什么该有优先性。教师和医生需要支付住房租金和喂养自己的孩子，就像那些把主要目标放在尽可能挣取更多的财富和使个人满意的人们所做的一样。学校和医院需要运行效率。不过，像尽可能容易而有效地赚更多的收入也未必是教师和医生以及安排其工作的其他许多人的首要目标。另一方面，市场只是工具性地重视教学、医药实践或它们的组织机构的经济收益。

大多数人的动机都非常复杂：他们既要教育儿童又要使他们保持健康，而这样做就要赚得体面的收入。或者他们想赚钱尽可能多，这样他们才可能提供良好的家庭生活，并慷慨赠予他们所 111
选择的慈善机构。但是，我认为，我们仍然可以而且应该选择出哪一项具有优先性，并且要求人们应用对自己适当的评估模式来评估人们所重视的事务、活动和人。

一项活动从以前无报酬向有报酬一方移动往往是进步的，这不只是针对做这项工作的人而言，而且对他人和工作质量有益。正如南希·福尔布里和朱莉·纳尔逊的论证所说明的，有报酬的儿童看护工，而不是由限制性社会规范所压制的家庭主妇无偿做的育儿劳动，往往改进了看护工作。随着越来越多的妇女走出家门就业，无力育儿或对此无兴趣的母亲可以做其他工作，那些具有更好技能和更多了解的人，可以专为帮助儿童茁壮成长而得到报酬。例如，留在家中的传统母亲不大可能具有“［优秀］幼儿园教师拥有的关于四岁孩子发展阶段的知识”。[8] 虚弱的老妇有可能得到一个选择了看护工作的关怀员工更周到的照顾，而不像一个不满的儿媳被迫设定在这一负担之中。

我所聚焦的问题不是这项工作有没有报酬，而是以什么规范指导这项活动，在其实践中已具有优先性的价值是否为市场价值或其他价值。

关于市场中关怀劳动力的增减和报酬，而不是市场外、无报酬、由传统家庭中大部分妇女所做的关怀劳动，关于这些方面的许多文章并没有讨论一家合作或非营利社区儿童看护中心和一家营利性连锁的托幼所之间的区别。在我的解释里，前者不会受制于市场原则，但后者会由市场统治；前者可能以完全适当的方式重视幼儿关怀，而后者将只是工具性地评估它，并且主要是为了它的市场价值，这就是内在地不恰当。

经济学家查尔斯·威尔伯说，“在市场分配制度下，个人追求自身利益，市场协调他们的决定。自由市场经济学家几乎完全依赖市场，而作为其政策的核心动力，也一直是把市场的分配机制推广到所有可能的领域，从学校午餐，到应对公民权利的环境……从道德价值观来看，鼓励这一分配的努力被视为自我击败”。[9]习惯于思考许多其他价值而非市场价值的哲学家，和从任何角度看问题的女性主义者，可能绝不会放弃道德价值观念在个人和社会的选择方面的重要性。

伊丽莎白·安德森将商品定义如下，商品就是市场的规范，即为规定生产、交换和对其享受的规范所适用的东西。[10]随着越来越多的事务和活动被商品化，市场规范应用于它们，也被想象为适合于它们。这在我看来，女性主义者和承诺人类繁荣的其他人士，应该对此进行强烈抵制。

理想的和现实的市场 112

理想化的市场假设了一切事情都有价格。匿名交易是在理性的自我利益基础上进行的。芝加哥学派的新古典主义经济理论家以及一直受他们和他们的哲学前辈影响的法律和政治理论家，将所有社会互动概念化为自由市场交易，并反映出由玛格丽特·雷丁所叙述的以下意见，即“所有想要的或有价值的东西——从个人品质到良好政府——都是商品”。[11] 依照这一观点，自由“被定义为一切事物的自由贸易”，而商品的价值被定义为其市场价值——即在一个自由市场内的交换价值。[12] 所有商品都是可互换和可估价的——与每一个其他商品通过交换价值而互换。市场爱好者理查德·波斯纳将这种分析用于法律和人们对儿童的愿望，探讨了婴儿自由市场的优势。[13] 加里·贝克尔直截了当地认为，儿童可作为商品——“耐用消费品”，赞同市场可扩展到所有的一切。[14] 根据贝克尔的观点，“经济方法是全面的，能够适用于所有人类行为”。[15] 他的目标是解释而不是道德的建议，但从经济方法看，解释才是最重要的。在雷丁的话语中，“社会的理想还原为效率”。[16]

实际的市场往往非常不同。这些市场包含互相具有社会关系的人们之间的交换，以及在贸易事项和服务的市场价值之外协调各项价值的交换。但是，从理想的市场角度来看，不能被还原至市场价值的价值是有缺陷的——它们干扰理性和自由交换。例如信任和关怀的社会关系是看不见的。一个人可以有使另一人感到高兴的偏好，但是让一个人为了他人的幸福而不是为了满足本人的偏爱的行为，在市场结构中没有意义。在理想的市场里，每一个社会互动都是个人之间的交换，而社会关系的概念则消失不见了。

这一理想的呼吁需要被理解。它不仅是一个经济学家的抽象，其标准越来越多地被应用于日益广泛的活动领域。健康关怀已基本实现了进入市场；各级教育将是下一个。视作公共服务的教育迄今基本上不在市场里。但越来越多的学校开始追求利润，而意图在于回报金融投资人的教育企业正在开发。课堂被前所未有地商业化和“私有化”，这又往往是私营企业化，形成最主要的趋势来逐渐取代以前的政府活动。媒体不断强化市场信息，宣扬市场比其他任何人类生活的组织方式更好、更自由和更迷人。每个人普遍希望成为企业家。

有人可能认为将有更多对市场的抵制。一个有代表性的观点，乔纳森·莱利认为，资本主义中的不正义不是不可避免的，但他
113 指出，“在美国测量的经济不平等程度，只能强化资本主义内在不正义的信念……美国的财富不平等模式是和任何合理的分配标准不一致的”，包括那种认为人应得到以其生产的产品为基础确定之报酬的规范。[17]然而，资本主义的市场变得鲜亮，显然比以往任何时候更受欢迎。

市场扩展的结果往往令人沮丧。在库特纳的估计中，“随着社会变得更加市场化，大多数人的生活标准正出现停滞，社会结构也正在磨损，而社会上的最富裕阶层却能够逃避这些现象。市

场社会干得很好的一件事，是让其最大的赢家可以购买逃避其病状的出路”。[18] 非赢家的工资停滞尤其对妇女最有害，她们是收入微薄人群中那些不成比例的多数。在全球一级，赢家和输家之间的差距进一步扩大。

市场的扩大对正义和平等的影响可能是有害的。据库特纳的叙述：“在 20 世纪最后二十五年中不断上升的、收入不平等的主要来源，是多种形式下的更大市场化”。[19] 比收入更集中的财富，“现在已经达到 1920 年以来的最集中高点。战后迅速发展的平等的所有收益都被抵消了。这种趋势有多方面的原因，但几乎每一个都是单一原因的各个变量——即日益增长的社会市场化”。[20]

当然，我们可以同意，以市场术语来思维不一定总是在误导我们。事情可以有多种含义或解释，例如，在侵权诉讼案里对失掉一条腿的金钱损失赔偿严格讲并不意味着一条腿“等值”这一金钱数额。[21] 但是，我们可以适当关注，市场的估价模式实际上正在取代建康关怀、教育和其他活动的组织和实践方式。如果某些类型的工作可以不受市场规范管理，也许以上某些趋势是可以扭转的。

以市场术语来思维的后果就像经济学家已作出的研究一样。[22] 人们发现，经济学学者多年来揭示出市场假设：即人总是为自身的利益而行动，他们显然更可能搭便车讨便宜，经济学者的思想与其他学科学者的思想不同。男性比女性更有可能展示这些特点。[23] 当然，在要求合作的时候，不是只在人们的经济自我利益上采取自我利益行动——比如建立家庭、社会和保护共同环境。但以市场思维来考虑可能大大掩盖了这一点。各种实证研究表明，当经济学方法预测出可搭便车，事实上，除了经济学的、得分低得多的学生之外，40%-60% 的被调查的学生没有试图搭便车，而是去从事对社会有益的合作行为。[24] 据推测，许多人并没有对非市场的价值无动于衷，但目前还不清楚这种情况将持续多久。

114 **健康关怀和市场**

在美国日益增长的工作市场化，其最好的例子之一是健康关怀部门。多年来，推向市场的健康关怀，其推荐方法都是要提高效率，通过竞争抑制其不断上升的成本。这样做在某种程度上成功地导致 20 世纪 90 年代的现象，追求利润的医疗保健维护组织（HMOs）在所涵盖病人数目上超越了非营利性的医疗保健维护组织，而一个又一个非营利性社区医院被巨大的连锁投资者取代了。商业的 HMOs 的利润来自不招收那些最有可能生病的人群，由此把这群人驱赶到非营利组织，使之受到财政破产的威胁，并再次受到蔑视，说他们“无效率”。为防止最严重的滥用虐待则需要庞大的政府管理规则，但这些规章管理通常比最新企业理念落后了一步：此理念奖励对风险有选择承担的健康维护组织，奖励减少护理工作人员和医生的看护家庭中心，或医生拒绝提供治疗和拒绝滥开对他们有经济利益的处方药。

与其他具有普遍医疗制度的国家相比，美国花费更多的国内生产总值(GDP)用于健康关怀方面，但美国人的生命周期还是较短，病人满意度低，相比较更多的医疗干涉——通常开始于医疗保险公司——影响临床决策。一些批评者评估，“我们的混合经济市场没有哪个领域会产生比这里更多的有害结果”。[25] 市场经营者的胜利意识产生了一种制度，这里“有良好保险的人接受关怀，而关怀已经变得更加技术密集和昂贵，但该系统的企业创新是提高成本的一部分。其他无保险的人，极少或完全得不到关怀——一场公共健康的大灾难”。[26] 到 2000 年，甚至偏好营利性健康关怀组织的人也意识到，营利性 HMOs 不能回答控制医疗成本、并提供更好的关怀这些问题。[27]

市场和教育

市场到教育的推广更接近初始阶段，很多市场爱好者似乎认为“教育的产业化”收购时机已经成熟。但市场的推广将会进入教育多深还有待观察。以下几个例子体现了市场经营人的计划。

亿万资金控制收购专家特德·福斯特曼，引领了向学校提供商业和以商业管理学校的努力方向，他这样说道：“倘若不理解这里的供应和需求，我也就不会如此成功。”家长认为，学校正在生产“高价的坏产品。既然如此，供应商为什么不能冲向学校提供服务呢？”[28] 在这一努力中他的同僚约翰·沃尔顿，其家人取得了企业巨头沃尔玛的财富，补充说：“我会告诉你，在这一努力中有些人实际上要赚钱……就像每个能做好工作的人一样。”[29]

高等教育同样是公司要插手接管的目标。师范学院院长援引 115

一名企业家对他揭示道，“你知道你这个行业是价值数千亿美元的产业，而你的声誉是低生产率，高成本，管理不善，没有使用技术的产业。你会成为下一个医疗保健机构：一个管理不善的非营利性工业，它将被牟利的市场化机构所取代”。[30] 凤凰城大学——一家牟利机构，有 20 万名注册学生，只有统一的教学大纲，几乎没有专职教师，却具有大量的网上学习课程——它很可能是未来的高等教育。

在这里我们可以看到市场的价值观：确定某项活动或产品的价值的方法应该是看它的价格能否赢得市场；那些从事无利润回报工作的人是在做无价值的工作；例如，有效的管理和高生产力优先于独立思考或对社会的责任。一旦一个教育机构或活动已经被市场接管了，任何非经济利益都不能是它的最优先事项，因为一家公司对其股东的责任要求它尽量让经济利益最大化。

私营企业在大学采取各种形式扩大影响。大学迫于压力而给公司提供其所要求的、对其雇员的技术培训，但较少文学艺术课程，因为文学艺术学科会培植独立的思考。高校采取了公司的语言、效率和生产力的思维；工作量增加了，工资却下降了，当然那些“明星”除外，他们使大学更具竞争力，他们提供更多市场化的教育产品。公司认为大学的目标是销售和契约承诺，从给大学提供维修服务和软饮料到对他们生产知识的许可和专利化等都有安排。

教室如何接近商业化正在成为现实，而不只是市场爱好者的一个遥远目标，这可能仍然不太清晰。但这里有一些额外的事实：

第一频道，一个商业企业，现在普遍存在于四分之一的美国学校，提供质量很差的“新闻”几分钟，而其中两分钟为广告，要求学生观看这几分钟成为他们的正常学习规范。[31] 作为一个盈利企业的爱迪生学校，现在经营着全国各地许多学校，并努力扩展到更多项目。为了换电脑（否则学校将无法负担），美国有更多学校同意由各私营企业提供的计算机上附加广告。例如，屏幕的左下方会出现络绎不绝的字符串广告。缺乏资金的许多学校都向学生出售企业赞助的传播渠道，使校舍会堂、体育馆墙壁和校车双面都充满广告，诸如可口可乐、家乐士果酱馅饼和其他产品，而这些食品促进了学生的营养不良。[32]

这些事态发展代表了在教育领域应该享有优先性的价值的逆转。我们缺少的是我们对能够认识到真理的那种能力的信心，它导致苏格拉底痛斥智者们出售他们的技能给出价最高者、或将经济利益优先于对知识的献身精神。但是，正因为关于真理和知识 116
我们持有更怀疑的态度，我们就有理由特别注意所提供的各种不同解释的动机。企业家、商品宣传者、广告、公共关系操控和企业推销员都是可能至少对在课堂上发生什么的决定负有责任的人。当然，学生应该不仅了解关于市场和其价值，更要了解从市场以外的立场如何评价市场。

对市场的限制

决定市场的限制或界限的合适的道德基础可能是什么？探寻这一问题的一个明显的开端是要考虑：我们可不可能会从不是更

康德哲学的就是更功利论的一种自由主义的个人主义中发现这样的道德建议。

根据康德的尊重人和人的权利，即从已知和新近的、了解最基本的福利国家自由主义的这些理由，我们可以论证说明，市场不能保证所有人获得他们所需要的生活资源，因此对基本必需品（如食品，住房和医疗保健）的权利之保证必须是政府的责任。但是，这种权利可以被解释为进入市场而能够获得的所需要的权利，如通过食物购买担保券、住房担保券、健康关怀、教育担保券等市场机制而获取需要，现在或许还包括电脑。自由个人主义似乎不能论及提供食物、住房、医疗和教育的机构是否应该是私营的牟利机构、还是合作社并负有社会责任的问题——换句话说，这些机构应该在市场之内还是之外、是否应该由市场的价值观管理。我们从自由个人主义的道德理论中找不到对这类问题的处理根据，我认为，实际上，当代具有康德自由个人主义倾向的重要理论家没有适当论及这些问题或提供有益的见解，以回应他们应该如何决定这类问题，即使我们在可能最严重怀疑的这些领域来决定私营的牟利机构可以通过适当的价值观来指导实践。诸如健康关怀、儿童看护、教育、对公民的教导和文化生产都可能属于这样的领域，在这里应给予优先考虑的是经济利益以外的价值。然而，如果缺乏资源的人这样做才能进入市场而与已经有这类资源的人一起从事上述活动，自由个人主义可能会下结论说，所有人的权利都已受到了尊重，通过这样的安排，以后就不存在更重大的道德问题了。

这些理论家讨论言论自由问题时，他们所指的是脱离政府干预的自由。与街头演说家并存的思想市场仍然是盛行的比喻，很少注意到进入当前媒体市场的必要资源。在某种程度上，财富扭曲了政治进程的方式已被考虑，推荐的解决方案一直是限制支出， 117
或使财富较少者也能够进入交流市场，通过某些可能被认为是商业网络上的广告用途，而不用在支持和扩大非商业交流途径方面，例如公共电视。自由理论家的难题在于应对纯粹商业新闻方面的固有缺陷，尽管在一个民主国家新闻界所起的关键作用在于，它有责任在公民投票时为他们提供需要了解的信息。

雄辩的康德禁令会怎样：因为每个人都是值得被尊重、以自我为目的，我们不应该利用他人，或将他人还原为仅仅是为我们达到的目的之手段？康德宣布，没有人应被视为与价格同等的事物，因为每个人都有内在的价值，而内在的价值是无价的。这是否给我们限制市场发展，从而使人们的生活不会成为商业化和商品化提供了理由？

这里的问题是康德描述的“仅仅”这个词："如此行动以对待人类，无论是对你自己还是对他人，永远视之为目的，绝不视为仅仅一种手段。"[33]康德从未建议市场不应该被用来组织大多数人类活动。我们可以雇用别人，只要我们尊重他们的权利，就可以按我们的目的使用他们的劳动。我们不能做的，是对待他们只作为达到我们目的的手段，正如会发生的那样，如果一个人——比如说一个奴隶——被带到市场上出售。但是，如果我们尊重人的权利，我们可以始终与康德的原则相符合，使用其服务，在市场上买卖这类服务。因此，康德似乎并没有给我们理由来决定这些人类活动，如生产和销售椅子，可以适当通过市场进行，而另一类活动，如提供最好的教育，不应该留给市场，即使市场是公平的。康德的原则规定了必须尊重人的权利这个强大和重要的制约因素。它们会排除奴隶市场。但对市场的许多事情，康德的原则将是允许的，只要人们在市场上的利益追求是在尊重人的权利的规定限制之内。我认为，我们从康德和他的追随者那里得不出满意的理由，以决定在权利的限制之内，市场的覆盖面应该有多宽或多窄。

如果自由个人主义要采取的不是康德哲学的，而是一种寻求促进大众福利的功利主义的形式会怎样？我不同意那些人的观点，他们认为作为一个整体的法律制度的目标，一旦适当的法律规则已经加入考虑，而司法判决应适当地以其作依据，这个法律体系的目标，应当被视作功利主义的目标。[34]法律制度应该与政治制度有区别，尽管它们有重叠，在我看来，法律制度的首要价值应该是正义的权利和义务，与其隐含的、对自由和平等的要求相符合，视为道义论的比视为结果主义的更好。[35]但我一直认为，促进普
118 遍福利和适当的个人利益的功利标准对于更广泛的政治和经济决策是适当的。那么，社会的决定，是让一个不断扩大的市场来确定越来越多的活动、还是提出其他选择来代替市场决定，这一点应当以功利论的理由来决定吗？

这些功利自由主义个人主义的理由，相比更趋向于康德的理由甚至更加不适合来决定这类问题，即在处理争议中的各种活动

中如何决定这类问题。功利主义的论据取决于市场机制是如此精心设计的为个人喜好服务。在某些情况下，如果一个非营利性的公共服务企业确实在满足个人喜好上比牟利的私营企业做得更好，这将是可推荐的。但是，这只是把抽象的更高水平的计算功利市场提前于一个实际的经济市场决定了，它并没有考虑市场之外的问题，而这正是我们探讨的问题。它可能很容易显示，市场将以完全合适的方式来实施抽象的计算，而不说明为什么一定的活动或实践应保持在市场之外。市场爱好者庆祝的经济方法，如贝克尔明确提出、以边沁和功利主义的假设为基础的，是新古典经济学。

我们来考虑一下这些论证如何频繁地关注言论的自由：几乎所有关于某一地方的政治观点都在如此表达，如果人们想要任何特殊类型的出版物，他们就可以买到它，因此，吸引最多注意力而具有支配性影响的媒体产品都是那些人们有自由选择的产品。但是，这些论证未能非常认真地考虑娱乐产业的合作结构问题。

共同享受或社会责任或集体关爱这些价值可能很值得在文化和交流活动或实践的领域里推广，但这些价值是一些甚至不能在计算个人偏好最大化中注册的价值。也许一个非营利性的属于社区的剧团在创作演出上比商业电视节目有更大的价值，而电视收入是同其观众人数和从个体计算产生的较高的偏好满意度相一致的。也许前者更值得公民支持。如果是这样，这将需要为功利以外的其他理由做论证。同样，许多应保持在市场之外的其他活动也要论证。举例来说，认为教育的价值超越了个别消费者所满意的，这一点就要求超越一种功利主义的个体聚合可以提供的价值观。健康关怀和幼儿看护表达一个社区对其脆弱和依赖成员的共同关注，因而要求这些服务高于个人消费商品的服务。而公民社会要培养政治机构对之依赖的社区群体感悟，必须包含高于市场交易的考虑（见第八章）。

规则功利主义比行为功利主义能够更好地决定市场应如何分
119 界这一观点也是不太可能的。在我看来，这不仅是因为，规则功利主义本质上必须还原于行动功利主义，但也由于功利主义的所有形式都局限在考虑个人利益和负担方面，从而不能令人满意地处理好我们可能采取的社会价值和社会人的价值这些观念。那么，自由个人主义，无论是康德或功利主义的，都只提供了为限制市场扩展的不妥当的理由。如雷丁所指出，“根据传统的自由主义观点，市场适当地包含了人与人之间最想要的交易，排除了少数特殊的例外”。[36]

关怀伦理学

正如我们看到的，在近几年完成的本书第一部分大量章节是为了发展比早期出现的“关怀伦理学”观念更使人满意的概念思考。在这一伦理学中，人与人之间的关系而不是任何个人的权利或个人的偏好作为一个重要聚焦。人被视为“关系”之人，而不是作为传统自由主义理论中的自足的个人。关怀关系被视为核心价值。

家庭和朋友以及群体和社区的关系，可以由各种理由进行评估或被评估为有缺陷的。例如，关系可以是信任、周到和相互赋权，也可以是敌对、剥削或压迫。描述一个关系为令人满意的，完全不是说在关系中的人们是作为个体之人感到满意的人们。这类似于下面两种判断之间的区别：判断一个乐队演奏很好，和判断乐队中的单独的成员演得好。自由主义的个人主义和社群主义理论家的争论更加说明了这些不同的观点。那些关怀伦理学的提倡者，虽然与大多数社群主义者在需要改进的价值观方面观点有所分歧，但就像她们看待人一样，通常视关怀在关系之中而不是建立在个体单独的意义上。

随着关怀伦理学和与其交织在一起的价值的理解，如敏感性、共鸣、响应和承担责任，我们也许可以更充分地作出市场应该在哪里分界的判断。那些成功地捍卫了关怀伦理学的学者已经表明为什么她应被视为适用于政治和社会生活，而不仅局限于家庭和友谊的“私人”领域，传统道德理论的缺陷或许最容易在这里看到。如果我们将关怀理解为一个重要的价值和既可对政府、又可对个人作解释的框架，我们会尝试在政府与经济之间的关系所涉及的许多问题，它们和政府应该只保护权利或人们偏好满意最大化的问题是不同的。我们可以看到，政府应促进人们之间的关怀联系并限制破坏这些联系的市场。关怀伦理学的论证提出，作为社区的成员我们应该关心彼此，社区逐渐扩展形成全球社会的，我们共同的未来环境健康依赖着全球性的考虑。我们应该这样做 120
不是通过牺牲个别儿童以达到传统社区的要求，而是通过实现关怀好每一个儿童要求我们做到的，即理解支持着儿童福祉的社会关系以及社会关系怎样部分地建构这个孩子的人格。

从关怀伦理学的观点看，我们可以说，公平和个人功利最大化不应成为我们唯一的，或者永远是我们压倒一切的道德思考。我们可以承认，在传统道德框架中的法律／司法各领域以及我们是自由、平等和独立自主的个人之假设是适当的，但是，我们可以认清这些思考方法不应该被想象为对人类生活的所有方面都适当。我们可以识别追求个人自我利益和个人满意的最大化在某些领域里道德上是允许的，但是，我们也要看清这一框架内的这些价值观不应该扩大到人类活动和社会整体。在参与例如教育、儿童看护、健康关怀和保护环境的实践中，即使市场是公平和有效率的，因为市场不能表达和促进这些实践中非常重要的价值，诸如相互共享的关爱考虑，仅仅对权利有限定的市场规范不应该占上风。

我们不应该排除目前经济本身也可以被更多的关怀所引导的可能性。经济有可能产生人们真正需要的方式来促进人类繁荣。但是远在经济以前人类本身是受关怀价值影响的，视关怀为一个核心价值人们通过其政府和选择可以而且应该影响到市场范围。

划分界限

我们可以发现有关“代孕母亲”的讨论可能有助于说明我心目中的那类论证，或者，称它为“契约怀孕”可能更恰当。从自由契约或功利主义思想的角度来看，这种服务难道不应该像其他任何市场上的服务一样？如果一个女人想要以契约这一方式使用她的身体，如果一对夫妇想要以契约方式来支付她，并且有适当的安全保障措施，为什么法律不应该承认这些契约，就像法律已经承认的很多其他契约一样？从自由主义个人主义的角度来看，在契约怀孕提倡者和契约怀孕反对者提出的概念之间，国家必须不保持中立吗？

我们来考虑一些其他价值，也许尤其要考虑在父母之爱中包含的价值观。我们重视子女本身而不是为父母利益使用或操纵他们。在安德森的描述中，父母之爱可以理解为无条件的以下承诺：对孩子提供培育、关怀和发展自身能力而达到成熟的指导……父母对孩子的权利是信任，为了孩子他们必须行使这种信任。[37]

契约怀孕破坏上述这些价值观。安德森这样描述说： 121

> 以市场规范来代替父母之爱的一些准则……要求我们改变对父母权利的理解，从信任到更像财产权——对拥有的事物使用和处置的权利。在这种实践中，母亲故意怀孕而后有意为了物质利益而放弃婴儿……她和那对出钱使她放弃母亲权的夫妇一起看待她的权利为一部分的财产权利。他们因此将儿童当作一部分商品，可以适当地买卖交易。[38]

我不是在暗示安德森是个关怀伦理学提倡者，但她提倡多种模式的价值标准，除了市场的评估模式、往往还有与市场相冲突的评估模式。

玛丽·林登·尚利侧重于契约怀孕所涉及的劳动。她认为，将妇女的受孕劳动看作是一个涉及商品和契约的执行忽视了“妇女的自我方式不仅仅是她的子宫，而可能是在生育劳动里所包含的一切”。[39]母亲和胎儿相互密切关联，不管谁来养育这个孩子而生母永远会是一个给予特殊婴儿的生命的母亲。这些考虑导致尚利建议说，“怀孕契约可以和其他种类的就业契约一样的、自愿的奴役制的契约相比较，这对我们有帮助”。[40]她因此而认为这些契约应该被视为非法的。

很多对契约怀孕持批评意见的人认为，法律不应当执行这些契约，这将在很大程度上消除此项实践，但极少数情况下除外：比如一名妇女可能为她的姐妹或非常接近的朋友怀孕而不要付款或涉及契约。这些论证可以在关怀伦理学基础上很有说服力地制定和发展。[41]

我们可以看到，如何对市场划分界限的例子。我们可以识别人类活动和人类价值的范围和在其中应该避免的商品化和商业化，然后，考虑其他类似情况，例如，即使个人的权利得到尊重，个人获取也不应当作为至高无上的价值。又比如，我们可以究查并开始理解为什么贩卖人体器官和政治权力的营销是错误。[42]我们可以澄清在我们各种不同的活动中哪些应当被授予优先的价值。

商业化不应该与竞争本身相混淆。当音乐家，艺术家比赛，看谁将被判断为最好的，这时我们可能会更接近促进而不是进一步远离艺术价值。当维纳斯·威廉斯和塞雷娜·威廉斯在网球场比赛，她们不必破坏亲密的姐妹关系，因为她们的生活并不只局限于网球场。如果学校竞争以便看出哪一方能做最好的教育孩子的工作，这可能是可以接受的，只要牢记什么价值应该在教育上优先和金钱不应该作为优先。如果学校系统竞争以便看出有哪些学校可以用最小的官僚主义做最好的工作，这也可能是大有益处。因此，我所采取的立场不是要让公立学校系统里的特许学校作为
一种方式来增加实验的可能性和鼓励在无效的学校中疲倦的教育 122
者更加努力工作。我也并不建议，担保方因为卷入竞争而应当遭到反对——尽管可能有其他充分的理由反对他们。但是，对竞争的任何支持也必须根据我们的优先性考虑来评估。学校应该教授的价值观之一是对个人公民责任的合作练习。这是一个高于拥有为个人经济利益而有力竞争之能力的价值。这和学校在教授合作方面可参加竞争的论点并不自相矛盾。如果学校之间需要竞争，就应该向这样的目标竞争，改善考试成绩也是如此。我认为竞争不应该只为经济利润。

商业化也不能与促进效率或有效管理相混淆。将一些管理技术用于学校，以改善学校的官僚机构、教师和学生的在校表现，并降低成本，这些可能都是适当的。同一说法对医院和大部分非营利性企业可以适用。

危险在于，当我们输进市场的语言和概念，例如以生产力、效率、竞争和降低成本来评估学校时，我们同时也输进市场的基础和目标，而市场将这些看作经济收益的手段。教育也以工具性、有选择地重视效率和竞争，但绝不能忽略应传达其目标的价值观念。应该清楚明确地将良好教育作为教育的最高优先事项，这似

乎是同义反复，但在当前的环境中并非如此。

我们应该能够论证几乎所有的教育应该不在市场，我们应该能够坚定划分界限来反对正在发生的私营企业向公共教室和公共教育体系的大规模进军。非公有制教育机构应当看到热忱守卫他们非营利性地位的原因。市场的意识形态类似于宗教的意识形态。既然我们较成功地保持了宗教教学远离公共教室，并在许多私人校舍里将其放在适当的第二位，我们也应该把目标放在成功使市场意识形态——市场价值的传教——远离教室。当然，我们没有美国宪法和法院在维持政教分离方面所做的帮助。但是，如果教育工作者和盟友们坚守信念，他们就可以完全具有说服力。

与最近的发展相反，我们有很好的理由把大部分健康关怀和所有幼儿看护纳入本不该由市场规范来管理的范畴。而且，鉴于目前的现实，在一个甚至更加乌托邦的勾勒中，我一直都在要求把文化从市场的统治中解放出来。[43] 公民应当能得到告知，新闻主要应为民主的政治价值观和对真实性的理解而不是为了目前的商业利益而制作。艺术和娱乐的创立和传播应当主要用于审美价
123 值和具有价值的人类享受，而不是压倒性地为了私人的金钱获利。广播和互联网应受政府管制，以公众利益而制定，不能完全任凭市场的唯一兴趣即最大化的经济收益。关怀伦理学可以提供根据来确定，哪些是被市场所忽略但有关的价值观念。

如前所述，关于哪些问题具有优先性或者是首要问题必须被强调。教师、关怀者、新闻记者和音乐家都应该得到体面的工作报酬。虽然许多用于社会目的的公共投资往往更好，那些在各种

发展中投入自己资金的人经证实应得到合理的补偿。公共和私营企业都对完成社会性的重要任务负有责任，或者从根本上影响着社会的方向性转型，不应该将谋取商业利益作为其首要动机。

约翰·麦克默特里在一篇文章中描述了加拿大、英国以及美国目前的趋势，试图通过展示教育在多大程度上增加我们的能力以便“在国际市场上有效地竞争”来证明教育的精彩杰出。作者感到遗憾的是，如此多教育工作者愿意将教育的目标屈从于全球私营企业资本的需求，并就我们所面临的危险得出如下结论：“因为一个教育过程，要求通过其本质来反映和质询预先设定的存在模式，那么，组成这些模式之一的全球市场体系对教育过程的渗透在非常现实的意义上使其无能力去思考而必定脱离了社会。”[44]我也撰写了关于文化以及新闻媒体如何屈从于市场需求而不能执行文化需要执行的保持社会健康的职能，那种批判地评估的职能、想象不在这个市场之内的其他选择的职能和向公民提供信息和评估而使他们成为采取有效行动的公民的职能。

试图帮助教育工作者认清为什么应该抵制对市场模式的屈从，麦克默特里将教育和市场概念化为二者几乎完全互相对立：它们在目标方面互相反对，在动机方面互相反对，在方法上互相反对，并且在其卓越标准上互相反对。然而，我认为，将教育和市场视作完全对立的这一点使教育面对这样一种错置的批评，好像教育工作者完全不考虑低效率、错误的管理和在他们的实践中可能发现的不称职。我认为似乎更好的批评应看到教育和市场具有不同的优先性，作为不同的价值观的排列顺序。商业可以重视受到教育的、有能力的员工，他们能够读写良好，但这是为了商业自身的目的。学校也可能重视有效的管理，但有效管理不能不顾学生的真实学习效果。认识这些方式的差异，似乎更恰当、更有能力加强教育对市场力量收购的抵制。例如，学校应坚持他们需要新的技术，但不是由私营企业、而是应该由教育工作者来决定技术投入的使用情况。这是我们如何来欣赏人类活动中的多重
124 价值观念，而根据他们不同的优先事项和认识事项的重要性来适当排列这些优先性，这似乎也适用于我们所讨论的其他活动，譬如健康关怀、儿童看护和文化表述。

作为一个社会，在美国，我们应该努力缩小而不是扩大市场，这样才能让其他非市场的价值蓬勃发展。在我看来，以自由个人主义为基础的道德理论并不能适当地帮助这一发展。那些以道德多元主义和美德理论为基础的理论，由于他们承认价值观念的多样性，可以有所好转，但许多人仍然要被他们的个人主义所阻碍。以关怀伦理学为基础的道德理论，能够承认个人权利应该是至高无上的区域和个人喜好应该得到优先地位的区域，但不会失去关于这些区域应该是有限方式的见识，依我看她是最好的。当我们关心我们的儿童及其未来时，我们可以意识到我们应该设法鼓励他们去欣赏和追求市场价值以外的许多价值。而我们可以论证支持那些能够反映和促进这些价值的各种社会、经济和其他安排。

第八章　公民社会、权利和关怀的前提 125

女性主义者之间有很多关于妇女权利的讨论：权利是什么，妇女有什么权利，妇女还没有但必须被承认的权利，以及如何实现对妇女权利的尊重。人们普遍认为，权利的概念需要加以修订，包括各种以前被忽视的妇女的权利，如反对婚内强奸和反对其他各种形式的暴力的权利。如何解释妇女在婚姻、工作和财产方面的平等权利已进行了较长的详细讨论。女性主义理论家往往建议对各项权利作再概念化的研究。

我在这一章想要论述的不是要对上述这些思考进行补充添加，而是要考察权利的前提或者我所称之的关怀前提是什么。我会考虑，不仅是在因果的意义上，而且也是在规范的意义上，权利的先决条件是什么和权利所预设的内容。我将论证，从经验看，对权利尊重之前必定存在与那些其权利已被公认的人们的社会联系。我认为，一种社会联系或关爱关系在规范方面优先和拥有对权利的承认之优先权。我们应该尊重所有地域里所有人的人权，但首先，我们应当发展每个人的关爱能力和关爱实践，关爱一切像我们一样的其他所有人。

公民社会、社区和公民权

近年来出现许多以前被忽视的、关于个人和合法政权政府之
126 间这一区域的讨论。近十多年来，在政治和社会理论方面关注的主要焦点在于全方位地面对权利、正义和法律领域。约翰·罗尔斯、罗伯特·诺齐克和罗纳德·德沃金的著作决定性地成为人们关注的焦点。而最近关注的重点已经扩大包含了可能想到的该权利领域的先决条件：使政治体制的存在具有可能性的社会凝聚力，使民主机构运作良好的社会条件，促进对权利的保护并培育朝向正义进步的背景联系发展。也有很多关于公民之间一种社区责任感的必要讨论，对公民美德的培养和成功的公民社会之组成内容的讨论。

这一讨论形成广泛而形式多样的著述，从提倡社群主义价值观到重新拟订公民自由的概念和如何解决公民社会本身的问题。例如，威尔·金里卡和韦恩·诺曼对 1994 年关于公民理论的著述进行评议时，他们的结论认为这些著作“非常空洞”，因为它们缺乏任何强有力的建议以提高公民性。但是，一个新的理解是，“公民性不仅是一定的地位状况，由一系列权利和责任来规定。公民性也是一个身份，一个政治社群的成员的表征”。[1] 由于许多团体即使被赋予了公民的权利他们仍然感到被排斥，我们可以看出，与承认他们的公民权利相比更需要让不同的群体合作而形成一个政治社群。

很多文献正在发展以下的探索，即政治社会究竟需要多少“共享的特征”。“自由民族主义者”认为，一个共享的国家身份对一个国家的活力和自由价值的实现是必要的。[2]这又引发了下面的问题：要求或鼓励多少同化才能处理以下的状况，当少数派的文化活动与那些占统治地位的群体的实践相冲突时，在多大程度上可允许或庆贺文化多元论。某些人认为，一个共享的国家身份不必是一个国家或民族的身份，而是“一种对于自己的政治组织的归属感”，可能这就足够了。[3]

最近出现了对于一直被忽视的公民社会概念以及应如何理解这个概念的兴趣。在《公民社会》一书中，约翰·凯恩描述了“近一个半世纪以来，公民社会的语言如何从思想和政治生活中完全消失了”。[4]但是，90年代以来，“在欧洲和其他地区，‘公民社会’这个词在人文科学领域变得风行一时，它经常挂在政界人士、商界领袖、学者、基金会负责人、救济机构和公民们这些人的口头上”，现在是一个老生常谈。[5]甚至有全球公民社会的谈论。虽然他们特别指出民主的成功过渡需要其他先决条件，胡安·林兹和艾尔弗雷德·斯捷潘则看到“一个自由而活跃的公民社会”的存在之必要性。[6]

“公民社会”的含义已经演变而远远超出黑格尔关于经济交往的关注。在黑格尔之前，此术语已被普遍应用到政治交际之中；随着资本主义的兴起和现代国家的发展，黑格尔承认在家庭和政治之间的区域：公民社会。目前这个术语的使用已接近了维持民主的“公民文化”，即我们在20世纪60年代讨论过的，尽管当 127

时有可能集中在机构而不是态度方面。在《论公民文化》一书里，加布里埃尔·阿尔蒙德和西德尼·维巴写道："有利于参与进入政治体系的态度在民间文化中发挥了重要作用，但是非政治的态度例如对他人的信任和普遍的社会参与同样起了重要作用"。[7]让·科恩与安德鲁·阿拉托说，"公民社会是指那些在某种程度上制度化的、或者是在被制度化的过程中的社会结构、学会和有组织的与生活世界的交流形式"。[8]

现在，人们往往认为公民社会包括态度、实践和关系，其特征为非正式的法律政治的方式中社会成员之间互动的方式。一种描述为"这是走到一起的私人……公民社会涉及所有超出了纯粹的家庭却又不是国家的这些关系。公民社会就是我们的基本社会关系和经验"。[9]约翰·A. 霍尔审查了公民社会的历史发展并得出结论，"一种复杂的约定与冲突的平衡，将太多的差别评价为具有共识的、对安定生存所必需的最低限度的协调一致"。[10]基恩解释说，正如他的诠释，公民社会是"一个理想型（idealtyp，在马克斯·韦伯意义上），它既描述又设想了受法律保护的、非政府的机构之间复杂和动态的合奏，这些机构趋向于非暴力、自我组织、自我反省、并永久地在相互之间以及与国家机构之间形成张力，而国家机构才能'构造'、限制和启动这些活动"。[11]

虽然提倡共同认可的公民美德之传统可能完全不同于对当前公民社会的兴趣所包含的多元论的接受，社会还是需要公民美德。[12]对许多作者而言，公民社会需要宽容实践和与别人一起工作的能力，但不同的群体有不同的基本价值观，这一点应当被认可。有人认为，所需要的公民道德修养，“必须出现在家庭、街道、教堂、工作场所和各类志愿团体——这一切会被称作‘公民社会’”。[13] 公民社会教授公民美德就如同作为个人来“逐渐认识他们的利益依赖于其他人并和其他人的利益相联系，从而建立发展一种社区责任感”。[14]

对公民社会一词的关注并不仅限于学术讨论。罗伯特·库特纳在他的书里批评了目前公民社会对市场的过分依赖，他写道，“重申公民社会”，其意思是，“公民社会既不是国家、也不是市场的志愿部门”。[15] 他拒绝了保守的写照，认为福利国家排挤了自愿协会，他认为“有充分的证据表明，不是国家而是市场过剩，杀害了公民社会”，因为，本应具有非经济价值的一切越来越转变成为有价商品。[16] 其他人，如基恩，更多地受到东欧最近事态发展的影响，认为经济活动不应该从公民社会的思考中被排除。 128
在国家控制已经很普遍的地区，独立于此种控制的小企业和经济活动可以大大有助于恢复或发展公民社会，从而有可能向民主过渡。[17] 科恩和阿拉托则认为，只有公民社会被视为不同于国家和经济的，这一概念才具有批判分析的潜力，而这一潜力应在市场经济已经发展的社会中寻求。[18]

例如罗伯特·帕特南关于什么使民主可行的经验研究支持了以下这个观点，即人们需要学会在政治方面共同努力。[19] 为了使民主体制运作良好，公民们需要在非政府组织里彼此接触，就像托克维尔的19世纪报告所建议的那样。[20] 这类组织联系广泛且形式多样：他们可以是体育团体、艺术团体以及公民协会。

而在公民社会中人们在时间和地点上频繁参与这些活动时，民主机构似乎就运作良好，而人们很少参与时——就会发生传统势力很强的现象：各种决定都落到少数贵族、教会或黑手党的手中以及像在美国发生的那样，观看电视取代了保龄球聚会或参加城镇会议——这些地区内的民主制度似乎已受到威胁。[21]杜威关于民主是一种远远超越政治的特征的著作目前正获得持续不断的欣赏。[22]

在一个更加规范但较少经验的探索中，许多对公民美德的讨论一直认为民主之蓬勃发展和权利得到尊重都需要美德。[23]许多作者已考虑到国家可能或应当要求各种教育以培育这些美德：即使一个宗教或文化群体想要以它认为合适的、排除传授公民的容忍美德的方式来教育孩子，政府能对儿童强加施行关于容忍之德和公民责任的教育吗？[24]为了使权利能有机会保护我们，公民道德教育必须规定为必授课程吗？

那些捍卫正义和权利的理性基础以及政治哲学中的自由主义和社会契约的传统概念常常指出，权利和正义原则在陌生人之间的关系方面被理解为适当的。而批评者列举了可能在最重要的友谊和家庭成员之间的道德考虑方面理性选择论或社会契约论的不适当性，而在回应这些批评时，理性选择理论家和契约论家们声称，他们并不试图使他们的论点适用于家人和朋友的情况，而只适用于公众、政治领域、没有情感和特殊的人际关系背景，即陌生人的背景。但是，对我们许多人来说，理性选择和契约理论中的政治个人都不是真正的陌生人这一点是很明显的：他们已经有足够的联系形成了同一个社会、团体或民族的一部分。在适当的范围内，理性的人们可以寻求达成一致的公正原则，而尚且存在的问题也只是被搁置，甚至不在权利和正义的重大理论里解决或谈及这些问题。20世纪最后十年中血淋淋的和看来无法解决的种族冲突、分裂要求和自我决定引发并突出了这些问题的严重性：
在假设的公民可能同意他们的自我管理的假设条件之前，他们必 129
须商定他们在与何人寻求协议。因此，在可以指定尊重和维护权利之前，人们必须同意谁为该团体的成员而这些人都在团体之内被指定、尊重和维护。换句话说，他们必须看清那些是属于“我们”的这一群体的其他人，如同“我们”寻求我们的权利的协议；所有涉及的人们因此都为实际的或潜在的同胞公民，而不是陌生人。所有人都必须感到有足够的联系，寻求相互之间的协议，并且愿意尊重彼此的权利。在他的关于从独裁国家到民主的过渡和在这一进程中民主的脆弱性的分析里，基恩阐明了“民主进程如何**预先决定**政治单位本身的合法性”，这是不能以民主方式决定的。他认为，“关于国家性质的协议”，“在逻辑上要先于民主机构的创立”。[25]

当边界问题成为难题，我们可能更会意识到这些问题。我们会做好定期参与权利的先决条件这一事先境界。当我们这样做了，我们就能得出结论，对于任何实际法律制度里对权利的尊重，或反映在实际宪法中的正义原则来说，必须存在有相当可观的社会关系以连接这样的具有法律制度和宪法的人们的实际团体成员。有一个公民社会的前提——在公民中已有某些程度的社区和公民美德——而权利要在这一前提之内划定和维护。

关怀伦理学

随着对公民社会的复兴之兴趣，我们已经看到，自 90 年代以来，出现了起源于 80 年代而后得到实质性发展的“关怀伦理学”。关怀伦理学的出现是因为占主导的康德伦理学和功利主义这些道德理论的性别偏见受到了攻击（尤其见第一章和第四章）。与占主导地位的观点相比较，首先考虑的是自主、独立、互不干涉、公正的价值观和权利，关怀伦理学的价值观念则是相互依存和使人们互相连接的关爱关系。显而易见的是，对公民社会感兴趣的这些人的许多思考方式和关怀伦理学的思考是相似的。关怀伦理学不是去拒绝情感，视其为对作为道德基础的理性和公正性的威胁，而是要注意和重视作为道德情感的共鸣和共同关心的价值。关怀伦理学不是将道德视为在个人的自我利益和公正的普遍原则之间的斗争，而是把重点放在个人的自我和普遍的“所有理性人”之间的区域。旨在评估实际的关系，使人们连接的关系和处理道德涉及的问题，例如何时信任是适当的而何时却是误信的，以及共同体所需要的考虑。在这里，问题往往不是一个人的兴趣
130 对立于别人的兴趣，而是他们之间的关系之良好，在此依赖两者共同而定。在关怀伦理学看来，家长和孩子的关怀活动的经验和与朋友的经验都被认为是高度相关的。[26]

关怀伦理学研究的早期形式特别注重在家庭和朋友之间的人际关系，而它以后的发展则很明确地阐明，关怀伦理学不仅限于

“个人的”领域。女性主义者当然已经提出了关于公共和私人两个领域的分离所引出的基本问题，指出这一分离导致男人在父权制家庭内自由地、甚至粗暴地支配妇女和子女。一些女性主义者强调了正义和平等的原则应该从公共领域扩大到家庭。[27] 其他人则强调，由于关怀伦理学的探讨，关爱关系在家庭和友谊的情况下得到最明确的理解和重视，这一价值观应扩展纳入社会领域的社会政治结构中。这些关系将不会是完全相同的父母对孩子关心而深深卷入关爱活动时的范例，但即使在政治和法律领域中关怀的社会关系将分享关怀在家庭或朋友间的关系的一些特性：人们将会视自身价值为具有不同特点的、具体的人，而不是抽象的理性人的存在；人与人之间的关爱关系将得到道德的评价和以此为价值的适当培育；密切关注和对人的需要作出反应将是所培育的关爱关系的一部分。

关怀伦理学的许多发展表明其对社会生活的相关性。琼·特龙托清楚说明了我们为什么不应认为关怀伦理只限于个人领域：她认为“我们需要重新考虑适当的［而不是剥削的］关爱形式，这样做将对我们社会中社会政治体制的形成提出最广泛的问题”。[28] 她指出，关怀，“是在家庭、服务业和市场上出售商品、也是在现代生活中官僚机构的运作中发现的”。[29] 作为一个政治概念，关怀“将改变我们的政治目标的意义，并提供更多方法来思考我们在政治和战略上的问题”。[30] 目标在于确保“所有人都得到充分的关怀，这一点不是一个乌托邦式的问题，而是一个立即的关于就业政策、非歧视性思考、均衡学校支出、提供适当的健康关怀途径等的建议性回答”。[31]我在《女性主义道德观》一书里讨论了关怀伦理学对于重新构建社会和政治体制的影响，本书则继续探讨这一话题。

例如，正如前几章所论证的，一个培养其成员之间关爱关系的社会，可能会限制而不是扩大以个人利益为准的市场做决定的以下各种活动，从健康关怀到儿童看护到文化生产。[32]一个拥有运作良好的政府的社会，为关怀其成员的需要，将有能力把极少的资源和注意力放在对非法行为的法律纠正方面。在一个关怀的社会中，比如说法律领域将会有所萎缩，这将在下一章进行论证。非商业性的文化生产和通过道德对话的公共决策将会增长。在本
131 书的最后一章，关怀伦理学将扩展到国家之间关系的水平，这将说明关怀伦理学理论如何对全球性问题有确定的影响。[33]

关怀伦理学和公民社会

目前对于关怀伦理学的著述中广泛赞同的观点认为，关怀伦理学不应仅限于个人，但是，在关怀伦理学和公民社会之间的联系还尚未得出。我在这里论述这样的关联。大多数撰写社群主义、公民身份和公民社会的学者很少谈到女性主义或作为女性主义伦理学的主要组成部分的关怀伦理学。[34]但关怀伦理学比传统的道德理论更适合研讨公民社会的许多问题。

关于社区、公民以及公民社会的讨论重点放在既不是家庭私有的也不是中立、公正的自由制政府的领域。在公民协会组织中，成员们发展足够的对彼此有共鸣的感情以便从事共同项目：例如

保存历史建筑物，派遣一个足球队到另一国家比赛，清理公园。在一个社区里，公民们发展这些美德，即愿意倾听他人的意见，从事尊重人的需要和兴趣的讨论。这些感情和美德也以较强的形式描绘了家庭和朋友的情况中的关爱关系。尽管在不同程度上，对这两种情况都是最重要的往往是相互关系的发展或维持，而不是用一种功利主义的计算来评估对单独的个人会发生的后果、也不是严格遵照道德论的规则如同在法律境况下可能发生的。公民协会的成员们经常思考很多关于维护协会和与其相联系的关系，似乎个人对这些关系的收益或损失是由自己的成员资格造成的。对个人的偏好满意度来说，社区远不只是工具性的有益机制。虽然这也可能是真实的，它是通过促进社会的信任和团结的感知来体现的，而这些因素在自由、理性的选择、契约的坚定性里是难以见到的，实际状态将可能最好地维护这些因素。实际状态，比起这些理论所承认的，似乎不像理性选择理论或契约论者可能提供的那样。

既在家庭和朋友之间，又在公民协会和政治实体中，都有一个社会关系的前设，它将个别的人们拢到一起。而形成和维持这些关系时，共鸣感觉和对其他人发生了什么的一种意识，在群体事项方面发挥了重要作用。当然，感情、依恋和特殊关联的心情在家庭和朋友间比在许多社会实体中都更加强大。然而，公民之间的关爱关系，在任何不处在解体的危险之中的国家里也许不能 132
完全丧失。社会都要求社会信任的基础是充分扎实的。[35] 那么，法律制度可以保障的权利预设了所有成员的社会相互关联性。这些关系需要进行评估。

当然也有一些联系形式，就像有些家庭，促进了错误的价值观念，比如种族歧视，阶级压迫，性别支配。关怀伦理学可以评估哪些为错误的关系以及道德上令人钦佩的关系，并且没有剥夺任何能判断我们的联系形式和家庭的其他道德理由。

渐渐地，我们可以希望，团结的感情将扩展到所有地方的所有人，足以使人们看到其权利得到尊重，其需要得到重视。而帮助实现这种情况的可能既是正义价值也是关怀价值。如果关怀的前提不得实现，人们似乎不能足够地关心别人，关心他们的权利是否得到尊重或甚至能否被承认。不关心、统治和剥削人的历史，剥削那些弱小到不足以对理性契约人的自我利益造成威胁的人们的历史，表明了倘若不建立尊重人权所预设的关爱关系如何可能并不承诺将尊重人权扩展到全球。

正如一个有效的法律制度和运作良好的民主机构似乎依赖公民社会可以提供的社会关系，也可以论证，尊重人权和正义原则是以某种程度的人与人之间的关爱关系为前提的。我们可以看到，在家庭和朋友间最深切的关怀和最引人注目的关怀形式。但我们也看到了关怀和关怀活动的价值观对于最全面、全球性的道德思考的相关性。

基恩指出，公民社会的大多数讨论“似乎对规范性、哲理性的问题不感兴趣”。[36] 他通过援引黑格尔和迪尔凯姆，试图减少这种“规范的漏洞”。他论证支持“后基础主义的规范证实”，并反对将公民社会仅仅与“西方”相联系的相对主义。[37] 他认为，必须承诺制度性的各种安排，来保护一个开放的、多元的公民社会，但有人严厉督促他为此看法提供道德论证。

比传统的道德理论更有希望来探讨公民社会问题的将会是关怀伦理学。不像那些可疑的声明，即存在像西方自由主义契约论的、一种“自然”或合理必要的全球性汇聚，关怀伦理学则是根据普遍的经验：被关怀的经验。它清楚地表明，要么人需要关怀要么社会将无法生存。她促进了对关怀联系的赞赏，并要求将满足弱势群体的需要视作宝贵的价值。她表明为什么损害人和破坏关怀行为的暴力冲突必须予以驳斥。她不要求文化的相似性，而跨文化鸿沟的关怀可能会比仅仅为自由主义的容忍更加成功。正如下一章将要论证的，关怀伦理学是完全能够应对暴力的威胁并且评价暴力冲突。尽管它了解和平与和谐的价值，但并不假定它们已存在。

关怀的优先性 133

我现在来讲先决条件如何可以被预设，然后谈先决条件如何可能具有规范的优先性的问题。为了审查这些问题中的争议，我首先要把重点放在家庭方面。

作为实际的、在经验中可观察的活动，关怀在一个家庭里是任何其他价值的先决条件。如果没有多年来至少最低限的这类关怀，也就没有孩子的生存。抚育子女的关怀活动和所涉及的道德价值观一直被道德理论家所忽视。这种关怀已被忽略为“自然的”，由母性直觉管理的、没有道德意义的生物过程，或者像部落论那样一直被视作由情绪所引发的、而情绪是对公正普遍的道德准则的一个威胁，就像家长倾向于偏爱自己的孩子。母亲的关爱活动的价值和所有关怀年幼儿、病人和老人的关爱活动的价值都很少作为道德哲学的主题（直到最近在女性主义伦理学中被重视）。但是，当我们看到这些活动和它们合作并且例证的道德价值，我们才看到一个新的重要的道德思考范围。我们看到了由主导道德理论所推定的那种艰巨性。

我认为，关怀伦理学不仅是一种美德理论形态（见第三章）。理性的人构造中筑入的父权制假定在道德的人的构造中也有相似之处。美德理论侧重于个人和他的性情倾向。关怀伦理学与此相反，着重于人与人之间的关系，比如信任、相互响应和共享思考这样的关系。她采用了人作为关系的和历史上定位的这一概念。但是，什么是关怀的优先性？这一优先是否应该为一种对于正义和权利的优先性呢？如果如此，关怀的优先性应该局限于朋友和家庭、或者可能被推广概括到所有道德背景之中？

从经验观察，如果没有关怀，就没有人类，在这个意义上关怀在家庭中优先。如果婴儿不能获得比食品和住房更多的最低标准，他们将无法生存，即使他们能够生存也不会发展很好。成长为充分健全的成年人，孩子们需要就他们自身而受到尊重，体验其中大量的关怀者和儿童之间共享的爱的关注之关系。当他们发展与生俱在的社会关系时，他们需要得到负责的关怀。成年人必须从事关心自己和他人的日常活动以便继续存在或过体面的生活。但这样一个为其他活动的先决条件，可能被认为不需要有特别的道德的首要地位。即使分配正义论也假定一个适度的稀缺状况，我们不需要从道德上寻找适度稀缺状况优越于丰富状况。可能人们会认为，就像大部分时间存在的适度稀缺状况一样，关怀仅仅是人类存在的一个事实。关怀是否有道德的首要地位，甚至有道德价值，还是有待于论证。

我们该如何评价关怀在家庭中有（或没有）道德的优先性？正义理论建议公正的普遍规范始终拥有优先性，但这种规范可以允许我们在家庭和朋友的情况中有偏好，或者特别关爱家人和我 134
们选择的朋友（见第六章）。这一立场回避了下面的争议，因为这个问题可能是，特别关爱我们的孩子和朋友这一点能否在道德上得以辩护，尤其是当普遍公正的道德没有对此保持沉默而提出了其他的建议。在这种情况下，我们是质疑提出这些建议的道德观念呢，还是质疑我们的关怀关系和它们似乎在道德上的需要（见第五章和第六章）？

当关怀伦理学首次展现时，通常被认为她是一个适合于家庭的伦理学，不适合一个正义和权利应当居首的政治生活领域。我审查了拒绝认为关怀伦理学缺乏政治含义这个观点的理由。人们也能看到（尤其那些对关怀伦理学最感兴趣的人），正义绝不能只限于政治：在家庭和朋友之间也需要它，例如，需要克服家庭中不平等对待妇女的方式。当“私人的”领域不受正义和人权管辖，妇女们不成比例地受难于权利的削弱。[38] 传统对个人事务的安排，如性别、婚姻、生育和家庭责任都严重破坏了女孩和妇女享有平等机会的可能性。但是，如果正义应扩展到家庭，那么，正义有优先性吗，例如，选择与谁结婚这一平等权利的法律要求对抵制此法律的家庭强制执行吗？

我认为在家庭里主要是关怀这一点具有重要的意义。最重要的是关爱关系，她提供关怀来维系家庭，没有这种关怀婴儿就无法生存或成长。关怀似乎是最基本的道德价值，像生命的价值一样为最根本的。倘若没有实际的关怀实践就不可能有任何人的生命或家庭，但我们需要认识到这种关怀的**价值**从而正确理解这一最基本的实践。倘若没有正义仍然可以有关怀，但倘若没有具有价值的关怀也就不可能有正义。

家庭内的关爱关系也应该追随正义和权利的问题。女孩应鼓励寻求平等待遇和教育，而其他社会影响应引领家庭为女孩提供尽可能多的营养、教育和与男孩一样的自由。但应该尽可能的使争取平等权利的方式不会分裂家庭关系。当然，一个家庭成员要维护自己的权利，同时保持在几个人形成的一个家庭的关系之中，这并不总是可能的。如果父亲威胁要断绝关系，永久切断他和一个女儿的关系，因为她拒绝嫁给他选择的人做她的丈夫，她可能有正当理由认为她有权选择自己的丈夫，而这权利在道德上比她对她父亲的关系更有强制力。如果一个孩子是在他的家中严重暴力事件的受害者，那么，道德上更好的判断是，他应该失去他与家人的联系，而不失去他的生命。依此类推。但似乎是正义优先的这些情况就如同是尊重正义的失败一样同时更是关怀的失败。父亲的威胁和受伤害的儿童使这一点显而易见。如果家长很关怀
135 一个孩子，但没有认识到孩子的权利（在某些程度上这两者的分

离是很可疑的)，这孩子在道德上应该努力通过家庭关系网络内的讨论和妥协去解决冲突，而不是完全打破与父母的关系。

关怀关系之内会适当地出现权利、正义和公平的考虑。关怀优先的建议有时被认为具有以下这样不幸的含义，与一个暴力和施虐的丈夫在一起的妻子应该努力保持其关系，甚至以她自己的安全为代价。但是，不应该得出这一结论。倘若保持在这样条件的关系之中，应当被视作不能适当地关怀自己和自己的孩子。假定人们都了解对受虐妇女的暴力可能如何进展，接受这种关系不应被视为从关爱关系的优先性得出的推荐。现实或潜在的关系之中的自我关爱，是关怀伦理学倡导者对于关系的人所关注的一部分。同样，评价关系也是关注的一部分，评估作为关爱的关系——或虐待、破坏和道德上有害的关系。给予关爱关系的任何优先性都预设着它们是由信任和相互体贴这类价值为特征的，这些的确是关爱的关系。正如关怀伦理学家明确指出的，关怀伦理学不主张父权制社会的家庭关系，但提倡实际的人类关系的道德价值方面，当我们注意了我们体验的关系，有时我们可以瞥见这些价值。

关怀伦理学研究人作为关系的一种概念思考。她不建议我们完全由我们已有的关系所组成并且深陷其中。凡是女性主义的伦理学都可能推荐关系的诸多变化，而许多妇女在关系的变化中可寻找自己。但是，关怀伦理学中人的目标不是主导的传统道德理论中的孤立、自主和理性的个人。而是这样的人：和其他人一起来维持某些关系、重建其他的关系并且还创造道德上令人钦佩的关系（见第三章）。此人能够并应当自主地评估和塑造这些变化中的关系，同时承认所有这些关系为我们的特征。这个关于人的概念与关怀的优先性符合一致。

关爱的社会

显然，我们完全可以肯定的是，在家庭内关爱关系的价值优先于权利和正义，但并非所有女性主义者同意这一立场。更具有争议的是关于以下的声明，在社会和政治层次上关怀也要优先于权利和正义，但我会为之辩护，支持这一声明。

我们已经看到，一个尊重人权和执行正义的前提似乎是足够的人与人之间的社会联结，对权利和正义的系统人们愿意达成一致意见。社会成员必须足够关怀彼此和相互信任足以认识到他们作为同一个社会的成员。对于一个能保护公民权利的法律制度来
136 说，公民必须承认其他人在同一个系统也是公民。但是，这只是一个经验的先决条件，仅为事实方面的要求、还是类似于一种规范优先性？我开始认为这里有规范优先性。在我看来，关怀和有关的信任及其相互体贴的问题，会形成和维护更广泛的关系网络，在其中才应该提出权利和正义、功利和美德的问题。这一看法不应该被视作暗含了所有的价值观和道德原则，或它们推荐的一切实践，都可以还原归结为关怀形式。目的在于这类的还原归结似乎是一个错误的目标（见第四章）。

并非所有的关系都是关爱关系：有些是相互仇恨或蔑视，或暴力对抗关系。但在那些使我们在其中能够最好地提出其他的道德问题的关系是关爱关系。在家庭和友谊的关爱关系之内，我们

应该留有余地平等对待其他人，尊重他们的权利，应允许在这些关系中有限的追求自我利益。并在扩展和更薄弱的关爱关系中使一个群体成为一个社会（应逐步扩展到全球社会所有成员），我们应把余地留给合理的承包方的协议，并让法律和政治的安排来维护我们的权利，给我们带来正义，提高我们个人的幸福。在个人的和社会政治的层面，我们不能免除关爱关系的网络和她的优先性价值。但在这个网络中，关怀的考虑并不如同还原论所建议的应该处理所有问题。当一个问题是权利和正义的，我们可以呼吁有关原则并承认，虽然关怀背景具有优先性（否则社会将不会凝聚一致），它不会处理好此处的有关问题。同时，我们应该记住，权利和正义的道德只是在有限的关注领域里为妥当的，并不像传统的道德理论所建议的适用于整个道德范围。主导的传统理论倾向于概括从法律权利和正义的道德原则得出的理解，到论断道德的权利和正义的道德原则，假定这些将提供全面的道德性质而涵盖所有道德问题。

一个关爱的社会要照料其成员之间社会关系的健康发展，而不是主要促进对个人的自我利益几乎无限的追求，这些追求仅受到极少的法律裁定限制，而且这些法律永远在紧张地追赶技术和其他的创新，这让它们成为常年过时的。实际家庭和公民社会团体中有效的道德问题将占有核心重要性，而不仅仅是边缘的重要性。

在一个关爱的社会中，关注每个儿童的需要，将是一项重大的目标，这样做就会认识到社会安排的需要，社会安排提供各种经济、教育、儿童看护和健康关怀这些社区成员真正需要的支持。关爱的社会关系将体现关怀伦理学所推荐的那种社会，在其中成员们应关注权利和正义、功利和美德这些问题。这些都是非常重要的，但不应被认为占据整体，甚至整个道德中心。

137 在家庭和朋友的关爱关系之内当然可以有余地来竞争和追求自我利益，追求得到平等尊重对待的权利。但是，如果追求自我利益和个人权利的维护主宰一切的人际互动，假如该群体的成员能生存下去，他们也不会成为长期真正的朋友或关爱的家庭成员。相比而言，如果一个社会的构成将优先性给予那些在经济、政治和文化方面的自我利益的追逐，给予反对他人的个人权利的维护，从而反对人的相互作用的整体，那么，这个社会是不会长久凝聚的。这些追求必须发生在一种足够关爱的社会关系之内，并足以认识这种关系对于社会的政治、法律、经济制度的正常运作所具有的道德价值。

然而，在政治机构看来，关爱关系的充分性可能会很小。相反，在一个关爱的社会，关爱关系将有远为伟大的影响力，她导致的安排会减少政治冲突和法律强制的压力。关爱的社会将限制对许多具有价值的东西的商品化和商业竞争。她将培养通过整个社会促进关爱活动和有思想的讨论。

公民社会将如何适应于基恩称谓的“市场规模和地域束缚状态之间的增长不匹配”？[39] 也许在关怀伦理学指导下的一个全球公民社会的组织和团体可以提供有效的尊重人权的条件，其中包括朝向一个和平世界的权利。

我认为，权利预设了一个社会关联的背景场所。对这种关联性和团结最合适的基础是具有价值的关怀。至少，人类可以、而且应当足够关怀其他人，以维持他们之间的关系，在其中权利可以得到尊重。他们有潜力可以奋力使他们的社会比已有的现状更为关爱。

第九章　权力、关怀和法律的范围　138

关怀伦理学的批评者有时将它想象为家庭温暖的美好景象，不知道关怀伦理学如何可能适当地处理暴力。他们认为关怀伦理学假定了和平与和谐，而许多人的生活现实是冲突和战争。女性主义者呼吁我们关注大量的反对妇女和儿童的暴力存在于亲密关系之中，以及战争时期对妇女的强奸和驱逐。许多人怀疑，关怀伦理学是否能适当地论述这些问题。例如，克劳迪卡·卡德，赞扬那些认真对待反对妇女的暴力行为的理论研究，将重点放在抵制暴力而不是一味照顾家人。她认为，“妇女照顾那些从性别压迫中得益的人”这本身就是“一个女性主义伦理学需要处理的一个问题”。[1] 她还认为：“搞清妇女在历史上遭受的各种暴力对于识别关怀伦理学的局限是非常重要的。”[2]

虽然我们可能同意，不重视对妇女的暴力行为、群体和国家之间的暴力的关怀伦理学版本需要被改进，但我认为，将关怀伦理学解释为对和谐和没有暴力这类情况的假定是一个误解。关怀伦理学能够精确地认识在家庭、社会、团体和国家之间存在的暴力冲突。正如萨拉·鲁迪克在她对母爱和随之扩大的卓有创见的考察中明确指出的：冲突是母性日常生活经验的一部分。对儿童施加暴力的诱惑和谁会对儿童施加暴力都是母性实践中日常现实的一部分。但是，在每日的实践中，母亲坚持奉行非暴力的标准，即使她们并不总是成功地达到这些标准。[3]

关怀伦理学并不建立在错误的和平画面之上。关怀伦理学可以完全承认，家长们有个别时候会杀死孩子，母亲们常常会打孩子，朋友们可以沦落为致命的敌人，人类事务是与战争和暴力一
139 起盛行的。我们考察的关怀伦理学最先是从家庭和友谊的背景，而后在更广泛的情况下发展制订的道德理论，她并不是不能处理暴力冲突。但关怀伦理学坚持的是关怀标准。关怀伦理学认为那些使用暴力的人们，甚至是在通常可以被证明的正当暴力，他们在道德上缺乏发展适当的方式以避免使用暴力。关怀伦理学不会将暴力冲突变成霍布斯式的、在自然状态下只关心自我利益的个人之间规范关系的假设。关怀伦理学强调家长可以学习如何保持克制，可以把愤怒引导到有效地教育一个孩子适当的行为，而不是让孩子产生爆发性的暴力行为。关怀伦理学强调关怀实践的方式可以克服暴力行为，而不仅仅是以暴力回应暴力。

关怀伦理学所提供的是对非暴力可能性的赞赏和以适当的方式打击暴力。从事于关怀活动的人们发展了一些使处理冲突与关怀的目标相一致的方式：他们不是试图伤害或摧毁那些变为暴力的人，而是寻求走向和平。关怀实践可能需要包括使用胁迫来抑制一个暴力者或一个威胁要使用暴力者，但我们的目标是这样做

时不要损害那个人的身体或者心理。鲁迪克解释说，在她对母爱的描述中，她并不是“将成功归于母亲。因为几乎所有的母亲还记得她们曾经的某些行动是暴力的”。[4]她澄清的是一种支配着母性思考的理想，而且其价值的重要已显示在无数大量的“富有弹性的而非暴力的母性经验”，这些经验是在“相当大的挑衅中的各种困难的条件下”发生的。[5]

在群体和国家一级，关怀伦理学将推进以非暴力的选择来代替军事武力的探索。[6]非暴力的对抗不是对暴力的接受。关怀伦理学是完全能够在绝对必要时推荐使用武力的，比如抵抗国家的侵略、暴力的个人犯罪、或者一个孩子破坏性的狂暴行为。然而，这里并非失去见识的是，要保持关怀的目标和标准，还要负责地防止暴力的发生。关怀伦理学在各级应对中提出了适当的对暴力的质疑而不是美化，并且提出不断地抵制那些引起或预先不去阻止不必要的暴力的实践。

正如我们所看到的，在关怀实践之内应该承认人的权利，包括人们取得和平与安全的权利。有时还需要威力来保证对这些权利的尊重。这并不意指关怀的背景可以被遗忘。

法律和权利的保证

所有女性主义者都致力于妇女平等权利的承诺。这使许多女性主义者强调要对妇女的从属地位作出法律纠正，[7]并且要考察 *140*
为妇女进步提供主要资源的法律。关怀伦理学对有些人来说似乎是误导的，因为她的方法被看作似乎与正义、权利和法律相冲突。

早期关怀伦理学的阐述者的确经常批评权利的语言和权利的概念化。例如卡罗尔·吉利根说道，“权利与互不干涉的道德观，潜在地证实了冷漠与不关切，这对妇女来说可能是可怕的”。[8] 其他人则强调法律和权利以各种方式反映了男人而不是妇女的利益，以及“权利”的概念本身如何与关怀的关切似乎相冲突（见第五章）。

目前普遍认为，无论是道德或法律的权利都非常重视作为个体的人，尽管有些理论家也维护集体的权利。许多人认为，权利对个人关注之呼吁比传统的道德和法律理论的其他概念更强烈。安妮特·贝尔认为，“权利的语言比职责、责任、义务、法律和尊重法律的语言，更执意地把我们推向一种视觉，视道德实践的参与者作为单一的、喧嚷的和活生生的人，而不作为家庭、部落、团体、阶级、教会、集会、国家或人民”。[9] 由关怀伦理学研究的情况和所有主要的关于正义的传统框架与其权利、义务、利益、规则和原则的概念一起，这二者之间的对比似乎是显而易见的。关怀伦理学强调人与人之间的关系，而不是显著不同的个体和他们的财物，因此，看起来她与权利的道德性相冲突。关怀伦理学将价值定在关注特殊的人们和人们具有差异性的实际情况，而不是在一个理想假设的范围中呈现的抽象理性的人，这使人们对正义和权利的道德价值产生进一步的怀疑。无论是基于义务论还是功利主义规则，权利可能很难适合来解决人们之间的实际关系。因此，关怀伦理学似乎与一种以法律和权利成为其进步之核心的探索方法相对立。

人们已经认识到，妇女和其他被压迫群体一直利用权利的语言来讨回公道，并可能需要在可预见的将来里一直这么做下去。但那些兴趣在于关怀伦理学的人敦促我们要注意整个人类经验的领域——抚育儿童，关爱依赖者和弱者，信任和将人聚在一起的公民联系——在这些领域普遍存在着道德问题，但这些问题未得到权利和规则伦理学的承认和对它们的道德探索。如果我们开放了这些论证，就很容易理解为什么关怀伦理学将不仅适用于人与人关系的领域，也适用于政治和社会的状况。对我们的行动作出特定限制的规则离开了这些道德问题而不加评估，这些道德问题围绕着如何照顾好他人和得到很好的关怀，培养无论哪一层面的良好关系，与他人一起好好生活。关怀伦理学则讨论解决这些问题。

权利学说一直在自由论传统中发展，这些传统预先设定了社会信任的背景，但极少促进这种信任。也许它们甚至破坏了这种 141
信任。关怀伦理学的捍卫者懂得信任和人类关系的中心作用，当信任出现破裂或不存在时，就不可能还有对权利的尊重。但是，接下来要问的是关怀伦理学对法律和权利意味着什么？当道德性被引入作为基础或提供对现行法律制度的评价或勾画更好的法律轮廓时，关于法律和权利的传统思维几乎全部由正义伦理所构成。有些批评者已经看到法律系统不过是权力的结果或权力的拥有者，无论是军事、政治或经济的、以任何形式组合的权力。但另有些人寻求法律之内或潜在于法律的道德性的作用，或者说由什么来对法律作出道德评价，他们对依赖正义伦理学的道德性作了概念分析，即平等待人的普遍规则，遵照或承认人的权利，并期望法律和执法来确保权利的保护和义务的履行。我们要问关怀伦理学对法律和权利方面的立场应该是什么？

我认为，从关怀伦理学的角度出发对权利的批评是一种对于法律在道德思维上发挥的帝国主义概念的作用的批评。批评不是针对要在法律领域内推翻权利，而是要法律保持其本身的思维范围。批评所反对的是一种将法律和法律思维途径想象为对于所有道德问题都是适当的观点。

女性主义对合法权利的批判

许多女性主义法律学者一直在做关于权利分析的批评。例如伊丽莎白·施奈德曾写道："法律学者，特别是CLS［批判法律研究］的学者和女性主义学者都在辩论权利要求的含义和质疑权利的法律论证之意义问题。"[10] 帕特里夏·史密斯指出，"拒绝父权制是所有女性主义者都同意的要点"，并认为"女性主义法学是关于父权制体制的法律的分析和批评"。[11] 女性主义的分析表明法律和权利体系如何支持着父权制。

即使法律表面上给予妇女平等权利，警察、检察官和法官往往还在运用各种方式使法律维护父权。依照传统，国家几乎不采取行动来防止"私人"领域里针对妇女和儿童的暴力行为，在那里，男性公民一直是家庭的"户主"和有效的统治者。当陌生人之间的暴力行动会遭到阻止而这类暴力仍在家庭内发生时，法律一直不愿干预，从而强化了在家庭中的男性霸权。[12]司法系统一直是更加关注保护白人男子从强奸案中不受到不公正的指控，而不保护妇女，尤其是有色妇女不受到实际伤害。[13]

不仅是法律在事实上支持了妇女处于从属地位，在各种女性主义法律学者看来，整个现代法律理论，不论自由论的或非自由论的都是如此。例如，罗宾·韦斯特视法律为“本质地而且不能挽救地男性化了”，因为法律所承认的论点为，“我们是个人‘为 142
第一’以及……将我们分开的东西从认识论和道德上要优先于将我们关联的东西”。[14]

有些女性主义者认为权利是内在抽象的并且是一种男性观点的反映。有人认为，权利对话的使用要求一个不正当地调整其目标以适应于现有的法律制度允许的范围的社会运动，这将促进该运动内部的冲突和转移对话的力量。[15]女性主义者与批判法律研究和后现代的方法相结合，使得权利的声明服从批判性分析，由此而深深质疑聚焦在权利上的法律论证的功利性质。当看到法律作为一种权力的表达、而不是道德或推理的论证时，他们会怀疑所有的包括关于权利、关于真理和客观性的声明。

但是，由大多数女性主义者包括关怀伦理学的提倡者提出的以上这些根本性的批评没有构成对权利和法律的拒斥。相反，这些批评可以解释为：(1)要求对现有权利系统重新拟订，(2)呼吁重新建构权利概念，和(3)提出道德建议以便限制法律到适当的领域，并把该领域放在适当的背景范围之内。

女性主义对权利的重新拟定

女性主义法学关于妇女需要怎样的平等权利进行了很多详细的分析。[16]正在研究的内容有：男性和女性相比何时有差异，某些妇女和其他人相比的差异，这些差别都需要考虑。这些研究一直在质疑以男性特征为规范的做法，根据其规范妇女的特点比如怀孕能力则被视为有差异的、因而又是有问题的。帕特里夏·史密斯问："为什么平等保护法律就应该依赖与男人有关相似的一切"[17]？人们注意到，正像女人与男人有差异一样，男人与女人也是有差异的。

克里斯廷·利特尔顿认为，美国宪法平等保护条款的规定所要求的，应该不是同样待遇，而是由待遇所引起的不利者的平等性。因此，如果退休计划不包括临时工作人员，这一点看起来似乎是不分性别的，但实际影响对妇女比对男子更远为不利，这就是歧视性的。利特尔顿的论证是，差异不应导致对某些人的不利而是应该没有代价。[18]类似观点可以用于种族方面的不利状态。实现平等可能需要积极的行动，包括政府行为，而不仅仅是忽视差异。支持怀孕假期、提供幼儿看护的论证，与平权行动法案都结合在一起才能认识平等和差别的共存，并且否认我们必须选择两者之一。关怀伦理学明确阐述了在思考权利和平等时我们必须牢记关怀活动。

法律权利经常帮助实现社会变革方面的需要。性骚扰范畴很
143 好地显示了合法权益对改善妇女生活的潜力。妇女长期经历的伤

害由于女性主义法学分析而成为法律保护可以寻求定性的受歧视形式。凯瑟琳·麦金农写道，反对性骚扰的法律是对“通过法律使改变妇女现状的社会变革有可能性”的考验。[19]妇女在工作场所受的伤害和有辱人格的性压力，赢得了以前没有过的寻求解脱的手段。

有许多例子说明使用权利来减少妇女的从属地位，但在这些使用中也有很多欠缺。承认男女之间的差异，例如，通过法定强奸法保护女孩的法律，既有利也有弊。弗朗西丝·奥尔森曾研究法定强奸法如何“既保护又损害妇女的权利，权利的论点可以用来支持、攻击或要求修改法律”。[20]虽然这些法律确实向年幼女子提供了一些反对强迫性行为的保护，它们却侵犯了年幼女子同年幼男子相比之下的隐私和性自由，并且延续了性歧视偏见。奥尔森写道：“对当前男性和女性状况的实际差别的承认同时也使得对女性的污蔑和歧视永久化。但是，如果我们忽视权力的差别，假装女性和男性处于同样的处境，我们则让自己无力量制定有效的改变，从而使歧视持续下去”。[21]

然而，改革能够而且确实在发生并且改变人们的生活，人们看到有些提议所带来的变化比其他的提议更好。关怀伦理学的视角有助于区分这一点。奥尔森考虑的对法定强奸法建议的一些修改，包括允许未成年女性来控制是否提出起诉，并考虑年幼女子对性接触的描述来决定她们是否自愿或被强迫。虽然我们为改变所做的主要努力必须超越法律——赋予妇女总的权力并且转变性行为，从性暴力和支配转变为性爱的相互性——法律可能带来的变化可以有更重要的意义。

女性主义者一直要求法律方面的许多改革。例如，在强奸法领域，她们问询，为什么期待妇女为了在有潜在生命威胁的情况下表示不同意时就应该“像男人一样战斗”，而此时她们的攻击者往往远比她们强大。女性主义法学澄清了法规和法庭如何使用关于强奸、同意、强制、反抗和合理的相信这些标准，这些标准并没有考虑到妇女的视角。该法律的标准认为“理性的人”是一个反抗的人，但许多妇女在受到威胁时通常不以战斗来回应。正如苏珊埃·斯特里奇所说，“有理性的妇女似乎不是一个男学生的‘娘娘腔’。她是一个真正的男人”。[22]这样的标准需要改变是显而易见的。

对平权行动法案的激烈反对使得主张积极努力地克服因性别和种族的原因陷入不利状况的政治论证变得更加困难。但是女性主义者（包括关怀伦理学维护者）具有坚定决心来维护已取得的权利。对妇女来说最重要的是生育权利。人们普遍认为，生育权
144 利是妇女大部分其他权利的先决条件，但生育权利不断受到威胁。由于孕育能力是这样一个重要的、妇女具有而男子没有的能力，也因为历史上此能力处于男性的控制之中，致使很多人总是不情愿给予妇女生育的权利这一点似乎特别深刻。无论怎样批评权利语言在论述全面道德思考时的不合理，关怀伦理学提倡者们都共享同一决心：推动和保护妇女的权利，使妇女有权利控制自己的性行为和生殖能力，并且避免妇女作为性或生殖对象的商品化。[23]

但在有些情况下法律本身可能更容易接受以关怀为基础的价值观，例如，当解决仇恨言论的危害时、或设计比以前所提供的更满意的方法处理对儿童的性虐待时都是如此。[24] 塞尔玛·赛弗尼休森说明了法律方法在解决子女抚养权冲突问题时如何不合理，以及关怀伦理学提出的论证如何更好。[25] 她说，家庭法，"提供了关于平等权利推理的局限性和陷阱的一个最佳展示"。[26] 法律话语往往导致片面的"日常生活的司法化"；"认为养育子女问题可在一个与权力无关的空间里决定的幻想"。[27] 它"自动关闭"那些必须与关怀、情感和关系相关联的论证，它找不到道德空间来容纳与其他人相关联的观念。她总结说，"关怀伦理学对一个可行的和有创造性的政治是一个条件，其中妇女和儿童的利益是不会被平等权利的普遍性道德所淹没的，其中的男性法律主体不能含蓄或明确地继续担任特权的参照点"。[28]

不过，关怀伦理学的倡导者想要遏制和改革法律而不是免除它。各种强烈的声音已经提醒女性主义者，以权利论证为中心才会走向社会正义。如同许多妇女和少数民族成员的经验所确认，遭受基于种族、性别、或性取向压制的人们通常认为权利能抵制他们遭遇到的无礼。[29] 以批判法律研究学科所批判的权利问题为例，帕特里夏·威廉斯认为，权利的言论一直是黑人对话的一种有效形式。[30] 屈从的群体可以详细描述他们的需求，但这样做往往在政治上并不有效，如同这对非洲裔的美国人没有效果一样。威廉斯说，必须找到什么是可以"面对否认这类需要的政治机制，"而权利有能力做到这一点。[31] 乌玛·纳拉扬也警告不要削弱女性主义对权利的承诺。她描述了殖民主义剥夺殖民地人们的权利项目，理由是对他们的福利的一种家长式关注。抵制这一点时，殖民地人们使用权利对话以维护自身要求，权利话语对他们的解放作出了重要贡献。反过来，维护自己的权利在妇女反对传统的父权制方面是很重要的，父权制观点以前在殖民地往往是很流行的。[32]

在女性主义范围内对权利的批评普遍理解为权利不是永恒或固定的，而是有争议和发展的。权利反映社会现实，并有能力降
145 低实际的压迫。实现对基本权利的尊重往往是一个目标，围绕此目标可以组织政治斗争，由弱势群体做出的最实质性的成果中很多都是基于对正义和平等权利之追求。关怀伦理学的倡导者并不建议放弃这些成果和目标。另一方面，权利的论证可能不利于女性主义者提出的道德和政治方面的全面思考，而权利和正义的法律框架不应该是道德和政治的中心话语。权利是其中的一项关注，它不是全面征服妇女的从属地位和建设更美好社会的关键。从关怀的视角看，自由主义政治理论的传统里人作为个人权利的持有人是一种人为的、误导的抽象。接受这一抽象对某些法律和政治目的来说可能是有用的。[33]但我们不应该假设它在道德上、甚至在一般的政治理论方面是完全合理的。

权利概念再概念化

女性主义的法律理论家认为，权利概念需要进行根本性的再概念化。与先前的关于社会运动的权利功利论证相关联的一个论

证是，权利需要进行非理想化的再概念化。我们不应当认为权利属于一个连贯一致的权利与自由的严格计划，一种只能在一个完美正义的理想世界中运行的体系，我们应该将权利视为对社会现实的反省并且有能力减少实际的压迫和不公正。[34]

玛萨·米诺批评权利修辞忽视了人的关系，并认为，我们绝不应忽视权力和特权的社会关系，因为个人权利正是在这些关系之内构成的。她倡导说“关系中的权利”概念可用来反对公共和私人权力的压迫形式。她写道，我们需要“在我们使用的构思差异的范式中要有一个转移，从重点在人们之间的区别到人与人之间关系的转移，这些关系使我们注意并制定出区别”。[35]例如，在家庭里，权利的修辞已经“将差异的负担指派给妇女和儿童”，[36]那么，只是扩展男性户主已有的权利到家中其他成员，这样做并“不承认妇女和儿童的特殊情况和需要——从而忽略了家庭内部关系的意义”。[37]但她又告诫说，看到“对权利的向往拥有宝贵的价值，而在对认可其他人需要时所嵌入的权力之忽略，这些都使我们不能放弃权利的修辞”[38]，所以要“抢救”权利而不抛弃权利。

还需要对权利如何分类的方式进行重新概念化。金伯尔·克伦肖分析了反歧视法的方式，它开始于识别诸如种族或性别的范畴，错误的歧视往往在这些范畴基础上发生，然后再寻求补救。她说明了这样做会忽略她所称谓的“交叉性范畴”。例如黑人妇女，因为她们的经验是种族和性别的相交重叠，她们不仅被法院、而且被女性主义理论和反种族主义的政治推向边缘化，而且，针 146

对白人妇女的性别歧视以及针对黑人男子的种族歧视，这两种歧视模式都不涵盖她们。[39] 正发生在许多范畴里的这种扭曲必须得到纠正。

限制法律的范围

我们已经看到，在道德理论方面，随着关怀伦理学的发展，人们一直对权利和正义表示赞赏。

正义的道德性完全可以被解释为是对道德整体思维方式在法律和公共政策的背景中发展的概括。关怀伦理学的倡导者明确抵制这种墨守法规方式的扩大，认为在许多情况下这样做不能令人满意。但是这并不意指着正义和道德的权利是可有可无的。如同我曾经建议的，虽然可能论证关怀的背景是一个更广泛的范围，而关怀之内必须要发展正义，所以可以承认，对于充分合理的道德性而言，正义是至关重要的。

人们可以理解，要超越最早发展的关怀伦理学以便评估压迫性的社会安排和讨论各种伦理问题是很有必要的。[40] 艾莉森·贾格尔辨析了关怀思维的弱点在于，"她的注意力集中在情况的特异性和特殊性，从而转移了人们对一般特点的注意力，例如赋予那些特殊情况的总体结构和内含意义的社会机构和团体组成的一般特点"。[41] 玛丽莲·弗里德曼则表明为什么她认为："传统的正义和权利概念在处理暴力问题时可能远胜于关怀伦理学。"[42] 还有人认为，正义必须扩大到家庭，[43] 并对家庭作重新概念化，[44] 但肯定还是维持家庭。

关于正义和关怀应该如何相互整合这一概念问题也有更多的发展，很有可能对优先性达成协议，即不同的优先性应该管辖不同的领域。我认为关怀为总体的优先性，但在法律领域正义应具有优先性。在她的著作《自治、性别、政治》[45]中，玛丽莲·弗里德曼提出不同领域中不同价值观的优先考虑的说法，这和我所论证的完全相符合。[46]她认为，处理解决那些“选择”留在虐待她们的伴侣那里的妇女受虐问题时，自由国家应通过其法律制度处理这类家庭暴力，视其如同其他的暴力行为一样作为对社会的犯罪。虽然看起来似乎受害者进一步受害，无论其受害者是否起诉，法律制度应该起诉打人者，因为这样做可以减少对妇女施行暴力的社会总观念。出于同样的原因，该法律应当规定受害者甚至违背其意愿也要出庭作证。然而，弗里德曼认为在社会服务方面，应该由不同的价值观来指导。专业的社会关怀人员应旨在帮助家庭暴力的实际受害者，应当推论受害者比帮助者更了解自己 147
想要什么，并应该无条件地接受她对情况的解释而不要试图推翻她的决定。

很多从关怀伦理学的角度对权利的批评也许可以被视为最好的抵制，抵制那种认为法律和权利的办法和概念应该扩大到包括道德和政治思想整体的观念。这些抵制不是针对在法律领域推翻权利，而是将法理的解释限制在法律的领域，而不是假定法律解释适合于所有其他道德问题。一旦我们认为法律和权利作为一个框架，一个局限在人类关注的某些范围而不能适当地解释所有其他道德和政治问题的框架时，其他的道德方法才能变得显著突出，而且社会和政治组织可以根据那些其他的目标和关注与对权利的目标和关注一起作为其行动的基础。

除此之外，我们还要理解由关怀伦理学倡导者所主张的关系的自我之概念，取代传统正义理论的抽象个体的概念，必须允许在关系里纠缠的个人本身来改变她的状况：以摆脱父权制社区和改变压迫的社会关系。在呼吁自主和权利需要重新拟订的同时则不能忽视这些自主和权利（见第三章）。

这些问题可以在目前努力实施的国际人权方面得到说明。这些努力可能以具体方式受益于妇女，例如要求结束以下这些侵犯人权的行为，诸如剥夺妇女的投票权或强迫妇女违背其意愿的婚姻。但是，人权的主导舆论也可以使注意力离开迫切的问题，而这些问题不能最好地通过人权来陈述，例如在家庭和社区中妇女应得到更多的属于她们的地位和关心的需要，与其他妇女合作的经济共同发展的需要，或在媒体制作中更多的能塑造社会态度的赋权形象的需要。[47]

人们经常不断地需要对以下作出选择：是否将各种问题解释为正义和权利的重大事宜、或者解释为从关怀角度来解决的重大问题。关怀倡导者可能会认为人们实际上不是像法律和传统道德理论所想象的作为个人主义的、自足抽象的实体，认为人们应该不是由有限的法律目的所必须规定的这类实体。如果采纳关怀伦理学者极力主张的、更令人满意的关于人、人的关系和道德性的观念，那么，超越权利和正义的解释常常似乎更为合适。例如，更大的注意力可能会转向关怀和儿童教育、文化以何种方式塑造社会和可能带来的社会变化等的社会安排。这并不意指着各项权利将变得不重要，但它们可能离开人们关注的焦点。关怀伦理学或许会及时带来转变，使法律制度本身比之过去不再是社会组织和影响力的一个中央形式，其他的作为具有影响的态度、行动和实践才会发挥更大的作用。

关怀伦理学和隐私 148

女性主义理论探究最基本的问题始终是关于什么是政治的，一方面是公众和政治的区分，而另一方面是私有和个人的区分应如何制定。[48] 有些人曾经担心，关怀伦理学和其他女性主义的再思考模糊了公共和私有的界限，隐私可能受到威胁。

60 年代最先在美国发生的妇女运动中一个早期的口号是“个人即政治”。此口号所伴随的见识在于看到男人具有的更大权力——政治、经济和社会的权力——影响了妇女在一直被想象为个人私有的、非政治的家庭之内各方面忍受被压迫，反过来这一权力对妇女个人生活的影响又从各方面限制了妇女的能力并破坏她们在工作地点和公共领域的发展。

女性主义者迄今一直在重新审视和反思公共 / 私有的区别。更广泛的一致意见认为，这一传统概念并不能令人满意。至少妇女和儿童需要公共保护避免受暴力侵害。传统看法认为，家庭是一个人［男人］的城堡而法律不应该侵犯到家庭内，一个男人将是“他的”家庭的保护者，这一看法使妇女和儿童在家庭内外都是易受伤害的弱者。妇女若没有足够的男性“保护”就在公共场所特别是在天黑之后出现这一点一直受到批评，因此而限制了她们的活动。在世界许多地区，妇女仍然遭受大规模的家庭和其他暴力，因为在公共领域中的法律不能保护她们。

另一方面，法律往往干涉妇女关于生育的私人决定，干涉关于妇女和男人的私人性行为的决定，而且有法律来制定婚姻规则以及各种方式的家庭。[49] 这些都需要反思，以便使法律在如何保护隐私、家庭及其成员方面提高一致性、公平性和关怀。而比法律更需要的是促进普遍的性别平等。

关怀伦理学则超越自由主义女性主义者对家庭和政治领域之间界限的质疑，关怀伦理学论证，在个人关系中最明显可辨别的关怀的价值观念和实践已经对社会生活和政治组织具有最根本的含义。

不过，女性主义者和关怀伦理学倡导者一致寻求对隐私的重新概念化，而不是像有时被指责的取消私有性。[50] 传统中妇女即使在家中也只有极少的隐私。女性不想牺牲那些亲和联系以及对以自我为中心要求的理想，但强加给她们的从属和照顾他人的角色作用在很大程度上剥夺了她们的隐私经验。她们被限制在“私人领域”而不是去享受隐私，现在处于劳动力市场的许多妇女仍然不公平地负担着家庭责任，从而剥夺了她们的平等机会去充分利用隐私。[51]

作为激进的女性主义者的女性主义理论家认为，性以及其社会构成是妇女处于次要地位的最深刻原因。根据这一看法，男性
149 的性行为已经发展了这样的方式，即对妇女的统治是性行为固有

的，而且对妇女的暴力已经打上了性行为的烙印。对于许多激进的女性主义者来说，滋养这一结构的色情和显示它对妇女的暴力行为，都对男性统治和消解女性权力作出了强大贡献。因此，往往被视作最私有的性行为实际上被认为是性别结构的最重要因素，它普遍渗透在社会的所有角落而给予男人在生活的、公共的以及私人的绝大部分领域中的权力来统治妇女。正如凯瑟琳·麦金农所说，“妇女和男子依照性别划分，而落入我们所知的男女之性别，又由于其主要形式的异性恋之需要而制度化了男性的性支配和女性的性屈从。如果这是事实，性行为就是性别不平等的关键”。[52]但是，其他人则对任何一个因素会远远超过其他许多重要的因素这一观点表示怀疑。

许多女性主义者远远超越了对传统的划分公共和私人界限之方式的批评。这是和女性主义重新评估个人领域的道德价值和反思所涉及的道德理论相关联的。从关于人、价值和社会关系的道德理论的转变看，“政治的”观点也是转变的观点。它肯定能为个人隐私的重新概念化提供新的和更适当的支持。

后现代主义与关怀伦理学

很多女性主义理论家[53]，包括发展关怀伦理学的女性主义理论家[54]，都接触到后现代主义的影响。福柯、德里达、罗蒂和利奥塔等作家，他们对要求理性和普遍真理的启蒙声明的批评帮助了许多女性主义者来拆解性别概念和被看作确定性的假设。为取代有偏见的对普遍和永恒理性认识的声明，后现代主义和女性主义提出了许多来自不同文化和种族视角的社会批评，这些批评是片段性的，但有背景联系的、多元的和特定的。与整体性的抽象这一误导相比，他们认为能提供更多见解的往往是观察的一瞥、图像和拼贴。

但是在重建工程中，许多女性主义者发现后现代主义立场帮助不大。女性主义试图界定一些规范的建议和一个对妇女和其他弱势群体更友好的社会秩序，这些尝试却成为所要取代的理论和秩序中使用的讽刺和解构的同样的武器的猎物。一些女性主义者认为，后现代的方法不足以对女性主义的政治目标作贡献。这些理论家担心后现代对分裂拆散的颂扬会破坏抵制资本主义的合作霸权和取得进展的政治努力。有些人担心他们会颠覆发展关怀伦理学的努力。

关于女性主义需要什么，南希·哈索克认为不是全面和片面
150 地拒斥现代性，而是一种权力关系的转变，为此，“我们需要通过历史、政治和理论的过程而构筑我们自己为主体”从事于创造一个不同的世界。她承认有些人会驳回她的意见，视其意见为“呼吁另一个整体化和错误的普遍话语”，但她拒绝将启蒙思想和后现代的拆解整体作为仅有的两个选择。边缘化和被压迫群体成员不“大可能误以为自己是普遍的‘人’”，但他们仍然可以命名和描述他们的经历和工作，以求改变他们被嵌入的政治进程。[55] 其他许多女性主义者赞赏后现代的贡献，但同样意识到后现代的政治弱点。塞尔玛·赛弗尼修森的结论认为，如果关怀伦理学确认妇女在传统中的片面的身份，“后现代主义哲学则提供了一个对

内在于女性主义关怀伦理学的风险和陷阱的重要警告”。另一方面，“女性主义的关怀伦理学也可以使我们意识到后现代主义作为女性主义的规范成语的局限性”。[56]关怀伦理学倡导者目标在于对规范的理解之进步，这一进步对政治、社会和个人生活都会产生影响。

关怀伦理学与权力

我认为，关怀伦理学必定不会失去以下见解，即看到权力作为非常真实的、可以反对那些有说服力的道德建议，也看到那种维持压迫的结构性权力。但是，以关怀为焦点会掩盖权力的现实这个考虑，使一些女性主义者回到更传统意义上的政治理论，视政治为固有的权力论并且集中在权力方面。正如克里斯廷·迪斯泰法诺说：“权力连同其相关的政治概念，是女性主义政治哲学的主题”。[57]然而，权力本身又是一个女性主义者经历重新概念化的概念，往往带有关怀观点的帮助。在早期解释中，南希·哈索克分析了她视之为一个女性主义的对权力标准概念的替代，即权力作为支配能力、对他人实施的权力。她发现，一些妇女理论家论述权力为能源和能力，或“权力给予”而不是“权力压人”，她发展了替代的想法。[58]女性主义者也探索授权他人的权力，关爱所涉及的权力，提供关怀的人的权力和需要唤来关怀的人们的权力。

最近，艾米·艾伦考察了女性主义一直在研究的三个权力概念。她们认识到权力作为资源，权力作为统治，权力作为赋权。

她发现第一个是不合理的，因为它表明权力可以被“占有，分配和再分配，第二和第三不能令人满意，因为这些概念都只强调了有多方面的权力关系的一个方面，而女性主义者正试图理解它的多个方面”。[59]她讨论了福柯、朱迪思·巴特勒和汉娜·阿伦特的
151 工作，并发展了自己的观点，她将权力解释为“一个关系而不是一种拥有”，但要避免以下趋势“误选权力的一个方面”，诸如支配或者赋权作为权利的全部。[60]

女性主义批评将关怀和关心、信任和关系这些价值观引入公共和政治生活项目，她们担心这样做可能导致我们丧失对权力的观察，尤其是在权力作为统治的意义上，即权力可列阵反对进步。毫无疑问，随着妇女近几十年来取得的进展，对妇女进步的反弹已经以多种形式发生了。但主张政治生活应该遵循比目前更多关怀和信任的价值，这绝不会推论出女性主义者在转变社会中必定预料到的各种障碍面前没有判断主见。

在经济、宗教和族群的使全球震荡的许多冲突现实中，非女性主义和某些女性主义的批评家认为关怀的政治不适合解决这些冲突。但是，关怀伦理学完全能够审查权力的社会结构，而关怀活动就在其内进行。[61]关怀不是如同各种著述家所强调的仁慈温柔，家庭生活和抚养子女都充满了冲突。有时候规则必须建立、有所执行和处以惩罚。但那些拥有熟练的关怀技能者，可以在暴力发生之前化解冲突，可以在那些不能一走了之、但必须学会与对方一起相处的亲人之间解决纠纷，她们有很多技能传授给其他领域的和平缔造者和维持者。[62]随着国际机制的发展为处理冲

突和说服非当事方捐赠所需的资金和人员来控制暴力和建立容忍，这些活动将在很大程度上取决于公民对潜在受害者的关怀，想防止他们的痛苦，并理解需要做些什么。[63]而这种和其他人类成员相关联的因素，可能比仅仅对一种抽象的自由权利的理性认识更重要，虽然理解和尊重人权方面的进步肯定是重要的。

此外，在打击以社会达尔文主义意识形态来威胁压倒政治以及其他方面的全球生活的企业的权力方面，自由主义的个人主义提供辩护的力量很弱（见第七章）。企业行使的权力往往是通过引诱而不是强迫。企业可以增加其范围，提高其价值在很多方面的影响力而并不违反人们的自由权利。需要用什么来约束企业的帝国主义扩张则是对其他价值观念的肯定，比如关怀、信任和人类团结。

进行政治改革的前景

女性主义旨在推翻性别等级，这一等级以各种形式保持威力并渗透到人类历史上几乎所有已知的社会方面，而取代它的是平等。这将需要以下的转变，作为被人们认可的知识是什么，人在几乎所有各层次的思考方式和行为，包括几乎所有机构、社会和文化。这样做当然是革命性的，不能想象这是一个能迅速完成的历史性转变。女性主义者并不寻求简单地在决定社会将如何发展 152
的现有权力地位上用女人取代男人，她们寻求改变这些等级地位的思维和如何结构化的方式。关怀伦理学寻求的是改变主流规范的评价和建议。

关怀伦理学的倡导者拒绝后现代主义关于取代失败的现代主义的警告时，建议可以想象但还是遥远的那些目标，比如结束统治、剥削和等级地位这些社会固有的特征。她们寻求的是能培植相互信任和关怀的延续合作纲领的社会秩序。作为一种理想，一个民主的政治制度可以寻求平等对待公民，但它也可假定公民之间的利益冲突，并可能允许一种经济体系，促进远远超过更多合作的冲突与自我利益。就像目前的资本主义社会，经济体制越来越多地支配社会，合作越来越被边缘化。由关怀伦理学建议的民主理想往往会有所不同。

自 17 世纪以来关于民主的主流思想方式已被简·曼斯布里奇视为所谓的“对手的民主”，[64] 而其中冲突的利益双方将相互竞争，双方只受到契约的限制，而且为最强者的胜利。她指出，在实践中，实际的民主制度中的公民往往试图说服而不是仅仅压倒对手。但是，过去几十年的领先和支配性的观点仍然认为，民主是对抗性的，而政治的实践似乎日益增长地与这种观点一致。

曼斯布里奇希望看到上述这样的民主被一个“相互劝说帮助实现共同目标和利益”的民主所取代。[65] 她认为，女性主义关于母性和其他形式的关系连接的理解可以帮助我们实现许多理论家提倡的更多的协商和参与民主进程，[66] 而她视此为“联合的民主”。许多前沿的民主理论家将审议局限到“推理的”和公正的范围，但女性主义者探讨为达到共享的目标也需要那些可激活共鸣和责任的感情。当然有些情绪是危险的，但其他人应该加入我们对民主需要什么的理解并且要欢迎他们纳入民主对话。[67] 曼斯布里奇注意到，对长期合作关系的关注、倾听、同情共鸣、甚至共同利益都被视为女性的符号，因而那些热衷于被视为强硬态度的政治理论家贬低这些因素。与此相反，女性主义关怀伦理学的理论家正在说明这些思考对于可接受的权力包括民主权力之使用是非常关键的。同时她们理解，权力是人类生活中普遍存在而不可忽视的。但人们可以以道德上适当的方式来发展和使用权力。[68]

在某种程度上世界仍存在族群、种族和宗教分裂造成的摧毁却不让步与自由的普遍性，对这一点必须加以承认。关怀伦理学可以大大有助于理解如何使公民社会有可能实现（见第八章）。女性主义者关于平等和差异如何都能得到尊重的理解可以帮助说明在政治上如何处理群体冲突。正如我们看到，有关妇女、群体成员既可以与主流群体平等，但又有差异。作为平等地得到尊重不应当回归为一视同仁，而所声称的一视同仁历史上往往反映了统治集团的特征。[69]

在日益受到女性主义、关怀和关注价值影响的社会里，对法律和强制的需要也不会消失，但它们的使用可能会越来越有限，因为全社会可以学习抚养子女，以便降低暴力人数或极少人坚持追求自己的个人利益而牺牲他人或无合理的限制。即使在最合作的社会，政治仍然需要作出适当的决定，并确定合适的政策。但是，竞争的条件在最好的论证一定是有说服力的论证这个意义上可能是政治的。竞争不需要强权意义上的政治，即通过政治地位或法律制裁或经济能力或绝对数量的选票来决定结果。经济权力要有限制，使之不再控制政治和文化的对话。我们可以预见更多的公开辩论将在脱离经济支配的文化领域里进行。[70]这样的文化可以接近自由对话，民主决策应该以自由对话为基础，同时具有对基本权利的保护。其结果可能比政治强制的方法更接近达成共识。虽然使用政治权力来强制相比于使用暴力或军事武力来强制是一种进步，自由地给予协议是更好的做法。受女性主义和关怀价值影响的对话将不局限于传统的公共哲学和政治哲学的理性原则。图像与叙事，诉诸共鸣和关爱的道德情感也会有所贡献。正如人们会合作地寻求为儿童提供需要和关爱他们的全球环境一样，关怀伦理学的价值可以和诸如正义的传统价值互相协作并且超越传统价值。

第十章　全球背景中的关怀和正义

154

以国际关系著称的研究领域试图引导我们思考世界和各国之间的关系。一方面，这一领域从一开始就有一个规范形式，以避免自身卷入错误方向，例如，导致第一次世界大战的错误。[1]另一方面，此领域努力成为一个经验的社会科学，而且被称为“现实主义”，在至少自第二次世界大战以来很长一段时间，现实主义在国际关系中一直占主导地位。

人们有时承认，对一个国家的行为之道德性的思考可以影响该国的声誉，从而也影响权力。但是，世界已经在很大程度上被看作是一个全球性敌对国家之间的近乎无政府的状态，每一方都推行其国家利益。这种国家利益有时被认为包括与其他国家签订协议。但是，当试图评估各国追求的行为道德体系究竟是什么，这通常被认为是毫无意义的。

当然，这对每一个人而言似乎并不是毫无意义的，哲学家及其他人士一直在关注道德和国际事务。[2]而且过去十多年来国际关系领域中出现了比以前更认真的关于道德的讨论——假如认真对待道德讨论——道德性对国家的要求是什么。此外，国际法在其固有的或者有争议的规范性方面，尽管存在严重的挑战却一直持续增长。[3]总之，在国际关系和政治舞台上发展正义道德论和与其相关的个人权利、平等和普遍规律等道德概念方面的许多工作已经完成。全球正义已经是一个伴随着正义战争的熟悉话题。

155 这有时被视作国际关系理论中的“第三次辩论”——经过第一次的理想主义辩论之后，第二次的现实主义取而代之。而第三次辩论出现了非常不同的批判理论方法，即后现代主义和女性主义理论。[4]从许多批判理论观点看，对事实和科学来讲已获得通过的“现实主义”显然是非常意识形态化的。接受对国际现实理解之新方法的倾向和在其内的行动规划已经增强。[5]

多年来国际关系一直是受到性别意识影响的最后几个社会科学之一，这样的进展出现在20世纪最后二十五年里。[6]如J. 安·蒂克纳写道，“其焦点放在战争的‘高政见’和现实政治上，传统的西方国际关系的学术领域，赋予从男人经验得出的问题以特权；我们经社会化而相信战争和强权政治是与男人具有特殊联系的活动范围，而妇女对此领域是毫无关系的”。[7]然而，渐渐地由于人类是什么和男性是什么的等式受到质疑，倾听性别之影响开始对于此领域和其他领域显而易见。这正说明“推动我们的国际体系的价值观和假设如何内在地与男性有关的概念相关联”。[8]在两位女性主义学者看来，“性别塑造了我们作为全球行动者之身份，国家和非国家行为之特征，全球性问题之框架，以及对可能的选择方案的考虑”。[9]举一个只是表面、轻率的例子，有人提议说，法国参与了抵制美国对伊拉克的入侵和随后的政策从而被贬低，这一点由于乔治·W. 布什政府和许多评论家很容易地已经做出强烈的、将法国等同于女性身份的比喻。根深蒂固的陈腐观念加给法国一个女人的商标，因此法国便为胆小鬼。[10]

在国际关系的理论和实践中，女性主义学者说明：

> "政治演员"的概念——社会权力的合法控制人——从古典政治理论得出。……女性主义者认为，支持"政治人"结构的人性模式事实上不是性别中立的。……这些是有关劳动和身份性别分工的声明，它们有效地、有时甚至明确地将妇女排斥出"人"、"道德代理人"、"理性的行动者"和"政治人"的定义。[11]

这些理论正在得到纠正。

同时，在道德理论方面的女性主义的推论里，重要的代替以前在国际事务中规范性思考所经常使用的正义伦理学的工作一直在发展。所代替的道德方法正是本书研究的关怀伦理学。关怀伦理学已开始影响那些关心国际关系和世界政治的人如何看待世界和我们对世界的责任，这对于改善全球关系的新的努力作出承诺。

关怀伦理学和国际事务 156

正如我们所看到的，关怀伦理学提供一种独特的对于占主导地位的道德理论的挑战——挑战康德的道德理论、功利主义和美德伦理学。康德的道德理论作为一个正义道德论可以很容易地出现在当代政治理论的许多著述里，从罗尔斯的《正义论》开始。近期许多关于全球正义的讨论说明了这一理论应用到这类国际事务。例如在查尔斯·贝茨、奥诺拉·奥尼尔和托马斯·波格的著作里可以看出这一点。[12] 这种理论所依赖的观点是，所有的人，作为自由、平等、独立自主的个人，可以同意某些公正、抽象、普遍的正义原则。正义被视作政治和社会安排的首要价值。这种理论的目标是经济活动产品和权力地位的公平再分配。该理论要求尊重人，即承认他们的权利，又界定个人在其中允许他们追求假定要追求的利益之道德约束。我们要研究这一理论对国家的义务具有的含义。

正如我所说明的，功利理论也可以解释为正义伦理学。此理论建议，最大限度地发挥所有人的功利，假定他们为追求自己利益的个体，但这些利益不必是利己主义的。功利理论不能保护反对大多数人利益的个人权利，但它以理性的对所有人利益的计算来公平地对待所有个人。像他们的康德同行一样，依靠公正、普遍原则。功利理论所建议的道德要求在全球范围反映了这些立场。[13]

关怀伦理学在其假设、目标和方法方面不同于以上这些理论。它接近于美德伦理学，美德论最近正在欣赏自身的复兴，而我们有时会认为关怀伦理是一种美德伦理学。但是，它有充分的与美德论相比的不同观点，以及与其他被考虑的道德理论相比的不同观点，正如我论证的，它作为新的和不同种类的道德理论（见第一章和第三章）。虽然有先驱，但它是建立在不同的基础上和以独特的方式在发展。

关怀伦理学的特点之一是它关于人作为关系的和相互依存的观点。康德和功利主义道德理论主要侧重于作为独立和自主的个人的道德代理人的理性决定。即使美德理论也侧重于个人和人的道德倾向性格。相比之下，关怀伦理学视人作为与他人的关系纠缠在一起的人。它主要注重人与人之间的关系，并特别重视关爱关系。不是像占主导地位的道德理论所假定，道德关系被视为自由和平等的个人自愿订立的，由关怀伦理学开发的是现实中的以及不平等的权力和非选择的关系；突出的例子是父母与子女间的关系，但关怀伦理学不仅仅局限于这种情况。它理解我们如何与各种社会群体相关联，而且我们的历史嵌入也是促使我们是谁的一部分原因。这些有关道德问题的思考选择方式与国际事务的相 157
关性是惊人的。

在主导的道德理论看来，一方面要关注个人的目的和利益，另一方面要关注普遍的道德规范。个人自我的欲望，从公正的角度来看对每一个人的道德的要求，这二者之间的冲突得到承认。但是，个人的自我和所有其他人这两个极端几乎是不可见的。在关怀伦理学看来，与之相反，道德生活是由关爱关系填充的，其中的自我利益和其他人的利益交织缠绕，信任是至关重要的。例如，为了照顾她的孩子，母亲往往不追求她自己的个人利益，或无私地追求似乎与自己的利益相冲突的孩子的利益，却是双方共同的利益。为了她们自己，而不是为了满足她个人的偏好，她将特征鲜明地注重她的孩子和与孩子的关系。她的道德关注可能不是所有的普遍人，却是与她持有这样的关爱关系的特殊他人。而这种关爱的关系不仅限于家庭和朋友的个人情况。她们可以扩大到各种群体的其他成员，扩大到同胞公民们以及更多。举例来说，我们可以将关爱的关系发展扩向那些在世界遥远的地方正在遭受被剥夺之痛苦的人们。假定个人只在普遍规则范围内提供的约束中追求自己利益的道德理论很不适合处理关爱关系的现实和价值观，以及全球范围内的关系人的现实和价值观。关怀伦理学具有资源来理解群体和文化的联系，并且理解那些共享历史、或殖民统治、或在非市场经济发展中具有利益的各群体之间的关系。

正义伦理学关注的焦点是公平、平等和个人权利问题，寻求公正和抽象的原则，而原则可以一致地适用于具体个案。个体的人被视为关于人的普遍和永恒的概念之实例。相比之下，关怀伦理学关注的焦点是注意背景联系、信任、响应需求和提供叙事的细微差别；它在个人、政治和全球环境的背景联系中培养关爱关系。人被视为既参与关系又是独特的。一种正义伦理学追求在竞争的个人权利与利益之间的公平决定。而关怀伦理学看到关怀人和被关怀人的利益作为重要的共享。当正义保护平等和自由免受干涉时，关怀则重视与他人的正面牵连和促进社会团结与合作。

在试图确定我们在道义上应该做的，康德的道德理论和功利主义完全依赖理性，尽管他们对理性有不同的概念理解。与此相反，关怀伦理学赞赏感情在帮助我们了解道德所推荐时所作的贡献。例如，共鸣、敏感度和对特殊其他人的响应，这些相比于高度抽象的规则和关于“所有男人”或甚至所有人的普遍原则可能经常会更好地指导我们应该做什么。为取代传统上所认为的“道德知识”，关怀伦理学主张重视特殊性、对背景状况的欣赏、述说的理解、交流和在道德审议中的对话，这些都是对下面观点的怀疑：道德建议越是一般的和抽象的、则越能合理地去指导 *158*
实际。由于关怀伦理学，对西方关于普遍理性声明的全球质疑可能被回避。

从法律的角度来看，传统上视感情为对法律所需要的公正性的威胁，情感因此被贬值和排斥。但是，从关怀的视角看，在法律可以进入社会之前，就可以看到必须存在的社会关系，很重要地作为一个关爱关系的形式，比如在同胞公民们之间或潜在的地区或全球的同胞们之间的关系形式。爱心人士从关爱和被关爱的实际经验中发展而获得对关怀的理解，关怀往往跨越不同的文化。

主导性道德理论似乎已推广到它们采取的道德整体观，认为这一总观适当地指导法官和立法者或理性的自我利益的追求者在市场和政治中作出公正的决定。但是，随着妇女越来越增强对自己经验的依赖和女性主义见识，家庭和远远超出家庭的关爱考虑和责任的道德意义的相关性才能得到欣赏。这就要求道德理解的方式要发生深刻变化，包括在国际关系领域的变化，这是越来越明显的。

关怀伦理学注重关爱关系及其与之相关的信任和相互响应的关切。关怀是一种实践，涉及给予的工作和工作标准，关怀的实践在其中得到评价。关怀必须关心其努力满足需要的成效，而且还要关心提供关怀的动机。接受关怀的人通过他们的反应持续关爱的关系。个人之间的关系，在变成支配、剥削、不信任或敌意时可以遭到批评。关怀关系因而能够得到鼓励和维持。

关怀伦理学亦是一种价值（见第二章）。我们重视关爱关系和关爱的人。我们可以理解通过与关怀有关联的道德思考之汇集中，人们是如何从许多方面相互互动：相互关心、诚信、专注和响应。关怀伦理学倡导者认为，关怀涉及的道德思考至少与正义的道德思考同样重要。而且，当在各种情况下充分得到理解，这一伦理学对男人也像对女人一样都是适当的，对于政治和国际关系正如对于个人关系一样都是适当的。

这并不是说，关怀排除正义。正义应纳入道德上可以接受的关怀实践之中。可以肯定的是要视关怀为更广泛和深刻的背景状况，在其中我们可寻求正义，而且在某些领域，给予正义以优先性。[14] 例如在法律领域，即使任何正义系统可以而且应该几乎肯定地比它目前状况更加关爱，正义原则的语言仍旧应该具有优先性。同时，我们应该牢记与正义的优先性合在一起的法律应是一个有限的领域，不要想象它是道德生活整体的模式（见第九章）。这一论点如其适用于国内背景一样也适用于国际背景。

159 关怀的价值已大致纳入现有的关怀实践，这些价值需要得到更好的反映，而实践方面也需要改进和扩大。有了更好和更广泛的关怀实践，法律和国家的执法机制的需要有可能缩小。文化可以从所存在的商业利益的支配中解放出来，才有可能极大地扩大以下的机会，即可能是通过对话和讨论而不是通过强制的政府决定来达成社会决定。[15] 环境问题将给予应有的重视。倘若文化不赞成那些对其活动的后果不负责任的人，和那些不能维持关爱关系的人，执法的需要就会减少。这些发展可能会对国家间的关系有类似推论。

从关怀角度看，市场应该是有限的，而不是越来越普遍，因为市场破坏了关爱关系，在关爱中人以及人与人之间的关系就自身而受到重视（见第七章）。对市场而言，一切都是一种可代替的商品，经济利益是最高的优先事项。[16]关怀伦理学将使我们能够评价和批评世界各地目前的全球化，更执意地以关爱关系为代价而扩大市场的全球化。

我们已经看到权利的前提是关怀。在一个尊重权利的社会，要求人们足够关怀彼此，并愿意想到彼此是被赋予或认可了这类权利的团体或政治实体的同胞成员（见第八章）。随着近年来越来越多的对公民社会实践的关注，较令人满意的政治体制依赖这类实践，关怀伦理学的相关性才可能得到赞赏。公民社会的实践建立了人们之间的联系和纽带，而它们能使人们在一起形成有民主自治能力的群体。这些实践可以培养关爱的关系。

关怀伦理学的各种主张中明确涉及关怀实践中的公民性。例如，佩塔·鲍登，考察了四种类型的关怀实践：母爱、友谊、护理和公民性。那些还没有通过关怀来思考公民性的人们可以来看看为什么应该如此。鲍登抵制不适当的概括和关于关怀的抽象理论，但也注意到关怀的各种形式之间有相似之处。这些相似包括对人们的相互依存性的强调和对他们关系的质量之重视。所有关爱实践一直贬值，就此而言，承认所有这样的实践都应该有巨大的道德意义。这一论点也适用于我们接着要考虑的全球公民性问题。

全球变化的含义

关怀伦理学明确表示，社会必须认识到对儿童和其他依赖者负有的责任，使社会能最好地培养和教育子孙后代，要对其成员在健康关怀方面的需要做出适当的反应，并援助对家属依赖
160 者的关怀照顾。她明确表示，富裕社会的成员必须认识到自己的责任，减轻饥饿和对关怀的严重剥夺，这些剥夺困扰着许多贫困社会的成员。联合国 2004 年报告提出，世界上长期饥饿人数为 8.52 亿，自 2000 年以来增加了 1800 万，其中有 500 万儿童每年死于饥饿。[17] 很少有其他趋向会比饥饿增强的趋向更明显地与关怀价值观相冲突。

如传统社会所安排，主要或完全依赖妇女在家务中无偿劳动而提供关怀，这与关怀的价值观以及正义观是不一致的。关怀伦理学呼吁更多的国家对各种形式的关怀给与支持和以关爱方式满足人民的需要。关怀伦理学建议，男子在关爱活动、妇女在政治和经济结构这些领域里的平等参与将影响关怀发生的各种情况。关怀伦理学指导实践来鼓励个人和团体之间的合作，以及所需要的维护公民性价值观的关爱活动。关怀伦理意味着已优先发展的社会具有日益增长的责任去帮助那些还不能关怀自己成员的社会开始发展关怀。

卡罗尔·古尔德考虑了关怀概念对全球民主化的含义。她认

为，“关怀转化为对特殊需要的反应，和对个人或群体在社会各阶层利益的反应。关怀也在以下考虑中具有政治平衡，即为个人发展来提供经济和社会手段而不仅仅是避免阻碍个人的选择”。[18] 以民主社区为特征的互惠预先设定其成员之间不要有个人的感情因素，但民主的确有先决条件，即人们有共同的目的，“当追求这些目的时他们的合作是自愿的，不是仅仅通过法律或习惯的限制或强制实施的”。[19]

关怀伦理学呼吁社会不同阶层的转变，以关怀价值观和合作取代对性别、阶级、种族和族系的等级和压制。关怀伦理学推荐以互相关怀为特点的家庭、教育、健康关怀和幼儿看护这些机构应予以大力支持和发展；经济侧重于实际需求的满足而不是丰富已经最强的；军事工业权力要在社会制约之下，并且要由妇女和男子在外交和政治机构里一起决定军事服务和国防工业事宜；法律和政治制度更多传达关怀的价值观以及正义观；文化要自由地表现想象力的多项选择，激励人们进行合作和创造性地解决有争议的问题。但是，除了在每个领域的这种转变，关怀伦理学将改变领域之间的关系（见第四章的深入讨论）。要转变以往通过军事、经济和政治权力来统治并使关爱活动边缘化的局面，全社会要将关爱活动转移到社会关注、努力和支持的中心。尽可能令人钦佩地在关爱关系中抚养新人这一观念必须视作社会最重要的目标。

我们也开始考虑，关怀伦理学应该怎样改变国际政治和国家 161
之间以及国家之内的关系。以女性主义为根基，关怀伦理学并不忽视而是重视在国家行为中男性的文化建设之作用。这种男性形象实际上并不代表许多男人，并且可以是妇女和男子都向往的形象。但是男性形象的确塑造了在权力职位上的那些人，包括支持他们的、目的与之一致的选民。这一形象的一些影响是过分强调国家对军事安全和经济卓越的依赖，但忽视其他方面的安全，比如环境和生态问题，政策对所影响部分的道德认可，以及与他人合作关系的培养和保持。在乔治·W. 布什政府领导下美国的行为，其几乎单方面对伊战争、其对潜在盟友的欺负、其对联合国的限制、对京都议定书和其他条约的拒绝，都说明了一种外交政策，几乎肯定地负有阳刚之气夸张形象的影响。惧怕自己不太"强硬"，视合作为懦弱无能的偏见，损坏了改善国与国之间关系的可能性。

女性主义者指明霍布斯政治世界观的性别偏见。[20]"如果人的本性是普遍竞争和敌对，只要我们问一问无助的婴儿如何会长大成人，霍布斯的男性中心主义便揭示出来了。从幼儿抚养的实践角度看，可以更有意义地争辩，人类是自然的合作：没有培养孩子所需要的合作，就没有男人或女人"。[21]

实在论和新实在论者将霍布斯的观点转移到国际关系的舞台上，倡导准备战争和避免对他人的依赖，以此作为安全之路。例如，在汉斯·摩根索和肯尼思·华尔兹看来，最大限度地提高军事能力和维持有效的自主权才能引领国家的成功。[22]与此相反，关怀伦理学理解培养信任关系的重要性，听取别人的关注，促进国际合作，并重视相互依存。

通常对全球情况的解释中认为国家是安全和有秩序的地区，超越国家的世界则被看作是危险的、无政府主义的和频繁暴力的——霍布斯的一切人反对一切人的战争。这样的图画类似一个“无情世界避风港”的家庭。军事力量被视为类似于家园的男性“保护者”。女性主义者已经击碎这个家庭及其国际的图画，使家庭和国家内对妇女和儿童大量出现的暴力公开可见。她们指出妇女在世界各地受到威胁的特殊方式：妇女受到强奸，强迫婚姻，女婴被杀，以及被拒绝的健康关怀和营养补给，而这一切的发生仅仅因为她们是女性。[23] 女性主义者也击碎了军事实力和愿意以此提供保护的图画。例如，她们指出，“现在的战争伤亡中约占90％的是平民，其中大多数是妇女和儿童”。[24] 从关怀伦理学的 162
视角看，军事化的国家可能比作为保护者有更多威胁。在拥有压倒性的武力时，其诱惑很可能会是压倒性地使用武力，结果可能是所有感到受威胁的国家之间的军事竞赛，以及越来越少的注意安全的真正来源。

女性主义者还审查了众多政治理论和国际关系的核心思想中的公民战士形象。[25] 她们明确指出此形象对妇女和妇女活动的贬值，并呼吁修改这一构建的社会理想和将它转移成为想象的拟人化国家的国际舞台人物。

当法律和控制的需求是国家间关系所公认的并寻求正义时，所使用的模式通常和国家内部使用的契约一样。在国家范围内法律的性别偏见由此扩大到国际平台。当批判地审查国家之间的关系时，很明显我们会看到，这些关系与想象它们的自由民主是基于平等的个人之间的自由选择契约的假设偏离了多远，[26]而且这已被视之为全世界关系的模式。事实上，国家的创立一直如此，其疆域主要以武力来确定，欺诈行为通常扮演了主要角色。全球南北之间的差距则充满了多方面的非自愿，也充满不平等的权力。在80年代和90年代净资本已经从南方流入到北方，[27]贫富间的差距不但在道德上不可原谅而且还愈演愈烈。根据联合国1996年报告，前三十年中穷国和富国之间的差距已经扩大如下：全球收入份额向最贫穷的20%的世界人口的流动从2.3%下降到1.4%；收入份额向最富有的20%的流动从70%提高至85%。[28]此外，在贫穷国家中越来越多的妇女成为最脆弱的群体。[29]

关怀和政治经济学

随着一种具有性别偏见的国际法的发展，它对经济发展的建议和要求也不是性别中立的。

西方的殖民统治之前，根据不同的学者意见，劳动性别划分已经相当有弹性和平等，但殖民主义强加的是更严格的性别差异。由妇女担任的土地权利往往被转移到男人（在西方种植园主还没有篡夺土地之前），从此妇女的状况恶化。[30]在整个发展中世界，至80年代时，妇女仍然占所有农业劳动力的40%—80%，但她们对农业的控制逐渐减少。[31]“西方的努力，即通过援助、贷款和技术协助制定或更新了后殖民发展世界，已经持续帮助了土地男主人作为援助的接收人”，这进一步削弱了妇女的状况，促进了经济作物的农业机械化而产生的世界饥饿问题，破坏了女性的

耕作制度。[32] 在 90 年代中期，非洲妇女获得正规金融机构不到 163
10% 的小农信贷，而信贷总量的 1% 用在农业。[33] “即使在世界上经济增长迅速的地区，经济发展的进步并不是由妇女地位的提高来衡量的……对性别的沉默是因为性别在分析中使用的概念、被提出的问题和国家级分析的偏好里是完全不可见的”。[34]

全球市场“转型”的影响往往非常有害于妇女以及其他边缘群体。在 90 年代女性主义学者就开始证明“妇女群体一直不是全球化的受益者却是重大受害者”“这不仅发生在南方，而且也在北方”。[35] 来自这一时期的文件，被适当地称为“国家的财富—妇女的贫困”。

例如，在中欧和东欧的妇女，全球化带来了空前的失业率和国家资助的产妇保健、产假和照顾子女这些福利的丧失。私有化产业要避免提供这些福利，妇女便成为“没有吸引力的雇员”。[36] 转型导致了亲父权制家庭的政策的普遍加强，将妇女推出她们从前曾担任的工作从而经常使她们落入性交易。[37] 由新的自由主义议程积极推动的全球化常常有害于许多其他考虑，但它已对许多妇女造成特别不幸的影响。[38]

与此同时，主流国际关系理论对这样的全球性经济现实一直不够重视，或者说主流经济学观察社会现实方式在总体上是不合理的。

请考虑，如果在经济学家的思维中确实承认妇女无偿做出的关爱工作之根本性质和巨大价值，这将会造成多么大的不同。这将有助于削弱所假设的“生产”相对于“生育”的更重要性、“公共”对“私人”的更重要性和男性对女性的更重要性。如果关爱劳动得到适当的重视并与男人共享其价值，将被取代的是以下的假设，即男人的发展应促进，而妇女的发展可以忽略，以及在经济和政体方面男人比妇女更适合比较高位的工作。V. 斯派克·彼得森和安妮·西森·鲁尼恩写道：“通过使当前经济优先事项的成本为可见的，并使谁（妇女）和什么（环境）来承担这些费用的冲击为可见的，国家和企业将很难有理由来证明他们要求的很多东西是创造财富的活动……保持生育和非正规区域的被贬低估值只是对极小部分人‘有功用’即那些在顶层的作为这一低估或贬值之结果而收获更大利润的人”。[39]

作为一个女性主义批评的结果，发展机构已经开始考虑其政策对妇女的影响。但一般来说，这些政策抵制取消劳动性别分工，这分工赋予男人工作的特权，而使许多妇女日益贫困和无助。在“文化实践”里关于性别的改变往往需要来源于妇女，妇女可以
164 从内部帮助发展文化而不是由外部的代言人来强制改变。但这样做不应排除对到处可见的关爱劳动进行普遍的经济纠正，以及承认这样做时由资本利益所呈现的障碍和反映它们的经济理论。

允许和促进发达国家的繁荣和“发展中”国家的贫穷的政策根据正义原则可能受到攻击。但是，对全球经济正义那么遥远的理念采取强制执行的机制几乎完全不存在。具有说服力的努力，比如目前正在发生的、减少最富裕国家政府提供给农业商务的补贴，因为补贴使贫穷国家的农民无法与之竞争，这种努力没有取得什么进展。以关怀考虑为基础、并通过机构和个人相互联系来

促进的论点不再是乌托邦式的，却可能是更有效的。关怀伦理学比正义伦理学更适合于理解不同情况、群体和文化的特殊性，以便了解什么能真正改善儿童、妇女和男子的生活。这样做而不会带来后现代主义对差异的赞赏和对普遍性的怀疑所做平衡而引起的不利倾向。

帝国主义方法

若要避免后殖民女性主义者，在北半球许多女性主义者中识别出的思考和项目中的帝国主义，我们需要承诺重大的关怀。这些告诫适用于那些发展关怀伦理学的学者，以及应用其他方法的学者。西方激进女性主义者概括总结了性行为对妇女压迫是核心问题，以至有些后殖民女性主义者认为，这一观点过于忽视在富裕者、白人、西方妇女和南半球人之间的差异，以及妇女在不同阶层、族群和发展中世界各地区中的差异。与此同时，自由主义女性主义者如此热衷于运用平等的普遍规则，以至在她们设法营救妇女脱离她们看来不能容忍的条件时没有认识到妇女存在不同的情况。来自北半球的女性主义者常常认为，如同钱德拉·莫汉迪的陈述，“典型的第三世界妇女……（阅读文本：无知、贫穷、没有文化、传统束缚、面向家庭、被伤害等）”，[40] 而后殖民化地区的妇女往往认为自己相当有能力行使自主权利并影响本社会的改革。

艾莉森·贾格尔介绍了上述困境，她认为：“从道德和政治方面，我曾对反帝国主义的女性主义者有强烈的同情，因为很明显，我认为许多西方女性主义对第三世界实践的批评是对象化的，傲慢的和自我祝贺的。同时，我觉得有责任帮助世界上较贫穷国家中的妇女（实际上是所有公民）。那么是否有可能既帮助、同时又避免殖民主义者的立场？”[41] 她表达了她的担忧：那些专注在西方人应该如何应对非西方文化里的非正义的文献，“使注
165 意力从北半球的公民卷入的许多非正义方式偏转，而南半球妇女正在遭受这些非正义之苦”。[42] 北半球强加给世界的新自由主义全球化的原则和政策，“则增加了各国之间和国家内部的不平等”，因而“南半球妇女的痛苦，在北半球作出的决定中至少加剧了”。[43] 西方女性主义者可能而且应该反对具有这些结果的新自由主义全球化。

正如我在第七章所论证，关怀伦理学处在一个强有力的立场，主张反对只提倡市场价值而无视其他价值的全球化，但它必须调和新殖民主义对其他文化不敏感的危险。关怀也必须被视作道德上令人钦佩的要帮助人的冲动，这些冲动并不幼稚和错置但确实导致有效的关怀。纳塔莉·布伦德发展了专门针对关怀伦理学和人道主义救济的这些告诫，指出有时它们运作的方式引出的害处大于受益。[44] 但关怀伦理学具有资源来评估这些努力，而评估必须是深思熟虑进行的。

关怀的未来

菲奥娜·罗宾逊认为，无论是主流国际关系理论和国际关系的主流规范理论都是“通过一种系统地贬值关于相互依存、关

联和积极参与遥远他人的生活这些概念，由创造一个全球‘疏忽文化’之结果所致”。[45] 如同关怀伦理学那样的一种道德论适合于不平等的弱者主体代言人之间的未经选择的关系，往往可能比社会契约论版本的道德论对全球的现实具有更多的关联。

除此之外，关怀伦理学由于重视个人和团体之间的实际差异并抵制将所有人普遍化为一个非历史的理性个体这样的抽象物，很可能更适合于应对以下的现实：全球文化差异、感受的身份、资源和群体排外，以及最近很多冲突的根源。

正义伦理学里对人权的尊重发挥了核心作用，这一人权考虑已越来越多地在全球范围显而易见。但是随着女性主义学者的揭示，妇女的人权问题遭到可悲的忽略。直到最近，反对妇女的暴力并不是国际人权议程的一部分。公共 / 私人的区别再现于国际水平，反对妇女的暴力行为有多种形式——从强奸、固定类型的营养不良到燃烧新娘——都被认为是“不属于国家或国际体系责任范围的不幸的文化习俗”。[46] 尤其是美国的外交政策以及许多关于民主的自由主义理论中指定公民和政治权利对经济和社会权利的优先权，这对于妇女却是特别不幸的。正如关于“贫穷女性化”的研究工作所指明的，世界各地的妇女不成比例地处在社会经济规模的底部；联合国的研究发现，“在 90 年代中期被评定为贫困的 1.3 亿人中，70% 是妇女”。[47] *166*

从以上和其他方面都可以看到国际法如何深刻地具有性别偏见。传统上关注的男人问题一直解释为一般性的人类问题，而“妇女问题”已经沦为一个特殊的范畴和边缘化了。目前要以加倍努力使正义扩大到妇女——承认和保护妇女的人权。除此之外，女性主义道德理论家一直在展示正义伦理学本身带有性别偏见，正如我们所看到的，她们一直在发展关怀伦理学。

关怀伦理学不仅要求以下这些领域——法律、经济、政治和文化等等——在一个社会之内的转变，而且也要求这些领域之间的关系有所转变。在全球范围也需要这些转变。以全球环境福祉为责任将成为一个关爱全球政策的核心思考问题。促进经济发展实际上能够满足人类的需要，向所有人提供所需要的关怀将被视为头等重要大事。例如，生态女性主义者提出了一个关怀大自然伦理学，并呼吁一种根本不同类型的经济进步。他们要求发展应是可持续的、生态健全的、不是父权制的、非剥削的和以社区为导向的。[48]

随着关怀的价值在一个社会中变得更加有影响力，通过威胁和使用武力来解决冲突就将减少，因此在国际环境中国家之间关系的解决也会受到关怀伦理学的影响。这绝不意指在这个发展阶段应该更少而不是更多地支持可以通过国际法律规定的任何限制。只要由国家利益为约束的使用武力和暴力为规范，接受法律约束才更能表现出关怀而不是无视关怀。虽然应始终坚持反对使用暴力的前提设定，虽然责任在于克制这一点特别沉重地落在强大国家肩上，这些国家看到其他非暴力方式可用来应对合理的要求或抗拒不合理的要求，而关怀伦理学不排除作为最后手段的暴力，有时甚至会要求这一最后手段。正如我在第九章论述的，关怀伦理学是完全能够对付暴力行为的。如在国内一样，在国家之间总是可能需要一些执法运行，虽然国际警察行动应在国际支持中进行而不是单方面由超级大国执行。但是，在关爱关系已经在社会中得到充分发展的地方，法律执法的需要就可以减少。这一点同样可以期待着在全球范围内发生。

在目前发展阶段中努力实现尊重人权的进步也肯定会得到支持而不是忽视。但在一个关怀的多重关系将扩展到包容整个人类社区时，贫穷和排斥实际上在衰落而不是增长，正如当前提高关爱的关系或许使诉诸人权不那么重要。

通过非政府组织、国家和国际机构广泛作出的很多努力在国 167
内和跨国边界的人们之间建立了关怀联系，这些联系可以减少暴力和剥削。例如，在一个国家内贫困妇女之间的关系具有潜力来转型经济和性别等级。[49]来自不同国家的人们之间的联系能有助于减少国际敌对和诉诸暴力。这些努力应该得到更充分的支持。那些来自北半球的人们需要倾听和理解，作为友谊而不是赋予有限的慈善。而那些在全球南方的人们要克服屈辱和参与对话，这些讨论将决定他们的状况，使关爱经济得以发展而不是无限制的资本主义泛滥。

关怀伦理学与几个目前的趋势相互兼容：它们是非政府组织不断增加的影响，[50]和理查德·福尔克视作的一部分“从基层来全球化”的跨国运动。[51]由安妮马里·斯劳特描述的政府官员网络互动构成的一种“全球治理”似乎还没有受到关怀伦理学的影响，但他们的活动可以通过关怀伦理来提高。斯劳特认为，来自不同国家机构的政府官员往往与其他国家的同行进行协商，以便敲定出政策并使之付诸实践，即制定出最能解决共同问题的对策，诸如改善环境法规，保证食品安全，或保持金融稳定。[52]斯劳特写道，这些网络互动“建立信任和参与者之间的关系，然后建立激励机制，建立良好的信誉，避免坏的名声。这些条件对长期合作至关重要”。[53]在她看来，国家不太可能在可预见的未来将相当大的权力让给任何一种全球性的政府，但她看到正在发展的全球网络互动有能力培养对各国规范的遵守：“他们可以加强并支持其成员在国内和国外都坚持善政的规范准则……他们可以加强与现有国际协定的遵守情况，深化和扩大合作并创造新的合作机会”。[54]虽然斯劳特并不讨论关怀伦理学，这种网络成员的各种价值观可能往往是由关怀价值作了最好的指导。

斯劳特可能对政府官员的动机过于乐观——肯定有些人将更有兴趣促进自己雇主的利益，而不是追求一般性的福祉——但她表明了由共同的价值观引导网络互动的潜力。

在第八章中我讨论关怀伦理学和公民社会之间潜在的亲缘关系。约翰·基恩认为，“全球公民社会”现在是闯入现场的时刻。[55]他尝试了一些不同的比喻来描述这一充满希望的现实，他看到新出现的苗头，这要求新的思维方式。他拒绝对政府阶层和国际秩序的结构作的比喻，反而更喜欢“一个广大的、动态的生物圈”这个比喻，出自于“令人费解的多样化的栖息地和物种的互动：即国际非政府组织、志愿团体、企业、公民的倡议、社会运动和抗议组织”。[56]
168 基恩认为这个比喻也有误导，因为全球社会现象不属于生物圈自然生成的，而是社会生产的。不过，在避免等级结构或组织结构图的过程中，它传达了很多他认为是发展中的现象。

基恩所识别的全球公民社会的特点包括它的要素是非政府的，是社会的，不是有机或机械的程序，而且不是由暴力对抗产生而是由文明规范为指导。全球公民社会“拥护在非暴力中发现一种世界的政治远见，这一世界置于许多不同而又相互关联的社会经济生活形式而这些形式与政府机构完全不同却得到法律承认的权力共享安排”。[57]

斯劳特的政府官员网络互动和基恩的非政府组织的公民社会可能都受到比他们所能接受的更大的全球势力的破坏之威胁。超资本主义超级强国掀起无休止的对“反恐战争”的专注，世界各地的群体意图用政治暴力来推动当地的目标，这样做可能对相互关联的全球织造构成巨大障碍。但随着防范暴力事件的进展，在这些开放的合作之间，这些障碍也许并非不可逾越。

双方虽然没有表示出对彼此工作的觉察，基恩像斯劳特一样看到了全球相互联系发展的过程，并看到了它的远景呈现和应该由什么来影响这一进程的思考。斯劳特认为，“实现一个更美好的世界秩序，我们必须相信，它可以存在并愿意以充分的细节来描述它实际上可以建立的”。[58]两人都没有给出任何迹象表明受到关怀伦理学的影响，但两者（以及被他们影响的人）会发现他们的工作正通过使用关怀伦理学而推广到评价全球发展，并且使他们得到最好的提高。促进全球合作的目标很可能是由于日益认识到关怀的价值而极大增强。更强大的代理人将成果强加给不那么强大的代理人的危险是很大的，如许多关爱情况一样，但是关怀伦理学具有资源对此进行适当的批评。

不是个体人的决定而是关爱的关系具体体现了关爱的价值观。嵌入在更大的社会中的家庭和友谊的小社会都是由关爱的关系形成的。更遥远的人之间较弱但仍然关爱的关系使他们能够彼此信任而形成社会组织和政治实体，并接受每个人作为国家的同胞公民。关爱关系的全球化将有利于使不同国家和文化的人和平共处，尊重对方的权利，共同关心他们的环境，并且改善其子女的生活。

注　释

第一章

1. 我用“伦理学”这一词来建议对伦理学的多种解说。它们有许多共同点使之相互理解，由此而又被选为“关怀伦理学”。我用的“关怀伦理学”既是集合的也是单一的名词。有些道德学家试图建立关于“伦理学”和“道德性”之间的定义区别；我认为这些努力是失败的，所以我用它们时是互换的，但我的确作了以下区分：社群不同的人们实际上具有的道德和伦理的信仰，和可以证实的或者可敬仰的道德伦理推荐。

2. 参见安妮特·贝尔，《道德偏见：伦理学论文集》（麻省剑桥：哈佛大学出版社，1994）第一章；佩达·鲍登，《关怀：性别敏感的伦理学》（伦敦：卢特里奇出版社，1997）；以及玛格丽特·厄本·沃克，“女性主义，伦理学，和理论问题”，《希培莎：女性主义哲学期刊》7（1992）：第23-38页。

3. 参见贝尔，《道德偏见：伦理学论文集》；弗吉尼亚·赫尔德，《女性主义道德观：文化、社会和政治的转变》（芝加哥：芝加哥大学出版社，

1993)；戴安娜·蒂金斯·迈耶斯，《屈从和主体性》（纽约：卢特里奇出版社，1994）以及玛格丽特·厄本·沃克，《道德理解：伦理学的女性主义研究》（纽约：卢特里奇出版社，1998）。

4. 参见塞拉·本纳比，《情境自我：当代伦理学中的性别、社区和后现代主义》（纽约：卢特里奇出版社，1992）；玛里琳·弗里德曼，《什么是朋友？女性主义的人际关系视角》（纽约伊萨克：康奈尔大学出版社，1993）赫尔德，《女性主义道德观》以及伊娃·费德·基蒂，《爱的劳动：关于妇女、平等和依赖性的论文集》（纽约：卢特里奇出版社，1999）。

5. 参见布赖恩·巴里，《作为公正的正义》（牛津：牛津大学出版社，1995）；迪姆特·布贝克，《关怀、性别和正义》（牛津：牛津大学出版社，1995），第239-240页；以及苏珊·门杜斯，《道德和政治哲学中的公正性》（牛津：牛津大学出版社，2002）本卷第五，六章。

6. 判断必须是普遍性适用的这一点经常被认为是肯定的：如果我们认为一个人要做的会是对的（或错的），那么我们就承诺了对任何人在同样条件下行动都是对的（或错的）这种观点。道德判断的主题因此必须是普遍性数量变化的和普遍决定的。“我应当关怀珍妮，因为她是我的孩子”这句话不是普遍性的；“所有父母都应当关怀他们的孩子”则是普遍性的。前者倘若是从后者衍生的也可以是普遍性的，但是，许多关怀伦理学者认为前者才是道德承诺的出发点（而不是依从普遍道德判断的），它也许就不是普遍适用的。

7. 贝尔，《道德偏见》第26页。

8. 玛格丽特·厄本·沃克，“道德理解：选择性的女性主义伦理学‘认识论’”，《希培莎》4（1989夏）：第15-28页，第19-20页。

9. 参见很好的例子：斯蒂芬·L. 达沃尔，《公正理性》（纽约伊萨克：康奈尔大学出版社，1983），以及大卫·高蒂尔，《协定的道德》（牛津：牛津大学出版社，1986）。

10. 布赖恩·巴里，《自由主义的正义理论》（伦敦：牛津大学出版社，1973），第166页。

11. 迈克尔·桑德尔，《自由主义和正义的局限》（剑桥：剑桥大学出版社，1982）第133页。和女性主义并行的、其他的社区共同体论的批评来自阿拉斯代尔·麦金太尔，《追随美德：道德理论研究》（诺特戴姆岛：诺特戴姆大学出版社，1981），和《谁的正义？谁的唯理性？》（诺特戴姆岛：诺特戴姆大学出版社，1988）；查尔斯·泰勒，《黑格尔和现代社会》（剑桥：剑桥大学出版社，1979）；以及罗伯托·曼格贝瑞·昂格尔，《知识和政治》（纽约：自由出版社，1975）。

12. 玛撒·努斯鲍姆，《性和社会正义》（纽约：牛津大学出版社，1999）第62页。

13. 参见戴安娜·蒂金斯·迈耶斯，《自我、社会与个人选择》（纽约：哥伦比亚大学出版社，1989）；格雷斯·克莱门特，《关怀、自主与正义》（科罗拉多州博尔德：西方视点出版社，1996）；戴安娜·蒂金斯·迈耶斯主编，《女性主义者重新思考自我》（科罗拉多州博尔德：西方视点出版社，1997）；卡特里厄娜·麦肯和纳塔利·斯托尔贾，《关系的自主：关于自主、主体和社会自我的女性主义视角》（纽约：牛津大学出版社，2000），也参见玛丽娜·澳沙纳，"人的自主和社会"，《社会科学期刊》29（1）（1998春季）第81-102页。

14. 此印象见于托马斯·霍布斯的《市民：关于政府和社会的哲学

基础》，B. 格特编（纽约，花园市：双日出版社，1972）第205页。与之比较的观点参见西比尔·施瓦曾巴克，“论公民友谊”，《伦理学期刊》107（1）（1996）：第97-128页。

15．基蒂，《爱的劳动》。

16．贝尔，《道德偏见》第29页。

17．参见罗伯特·A. 弗兰克，托马斯·吉勒维奇、丹尼斯·T. 里根，“研究经济学抑制合作吗？”经济视点期刊7（2）（1993春）：第159-171页；也参见杰拉尔德·马维尔与鲁斯·艾姆斯，“经济学家自由调控，其他人也如此吗？关于规定公共财产的实验，IV”公共经济学期刊15(3)(1981，6月)：第295-310页。

18．参见弗吉尼亚·赫尔德，《权利和善行：社会行动的合理性》（芝加哥：芝加哥大学出版社，1989），第5章，“社会信任的基础”和本卷的第8章。

19．卡罗尔·吉利根，《一种不同的声音：心理学理论与妇女发展》（麻省剑桥：哈佛大学出版社，1982）和“道德倾向与道德发展”，由伊娃·费德·基蒂和戴安娜·蒂金斯·迈耶斯主编的《妇女和道德理论》（马里兰州拉纳姆：罗曼和利特菲尔德出版社，1987）。

20．萨拉·鲁迪克，“家庭中的非正义：强暴和支配”，由弗吉尼亚·赫尔德主编的《正义与关怀：女性主义伦理学重要选读》（科罗拉多州博尔德：西方视点出版社，1995），第217页。

21．布贝克，《关怀、性别和正义》，第11页。

22．同上书，第206页。

23．这不是要否定一般意义上的、对需要做出反应的正义。例如，人类权益的总目录里应当包括最基本需要的权利，尽管美国的个别倒退现象不认识这一点。全世界多数人至少从理论上正确地接受这一点，即提供基本需要的经济和社会权利同公民和政治权利一起作为真正的人权。而正义和公平也要求这些基本权利，因为就一般原则看，若有些人具有生存和行动的资源而另一些人没有，那就很不公平了。相比之下，关怀不顾一般原则而对特殊个人的特殊需要做出反应。例如下列著作：亨利·舒，《基本权利》（普林斯顿大学出版社，1980）；赫尔德，《权利与善行》；詹姆斯·W. 尼克尔，《人权常识》（伯克利：加州大学出版社，1987）；路易斯·亨金，《权利的世纪》（纽约：哥伦比亚大学出版社，1990）；另参见大卫·科普，“平等、正义和基本需要”，见吉利安·布鲁克主编，《必要的善良》（马里兰州拉纳姆：罗曼和利特菲尔德出版社，1998）。

24. 参见克莱门特，《关怀、自主和正义》。

25. 斯蒂芬·达沃尔，《哲学伦理学》（科罗拉多州博尔德：西方视点出版社，1998），第十九章，“关怀伦理学”。

26. 内尔·诺丁斯，《关怀：关于伦理学和道德教育的女性方法》（伯克利：加州大学出版社，1986）。

27. 参见赫尔德，《权利与善行》以及本书的第四章。

28. 萨拉·鲁迪克，《母性思维：走向和平的政治》（波士顿：灯塔出版社，1989）。

29. 参见赫尔德，《女性主义道德观》第五章。

30. 琼·特龙托，《道德的边界：一个政治论点的关怀伦理学》（纽约：卢特里奇出版社，1993）第175页。

31．同上书，第113页。

32．布贝克，《关怀、性别、与正义》；基蒂，《爱的劳动》；另参见莫纳·哈林顿，《关怀和平等：发明了新的家庭政治》（纽约：诺普夫书局，1999）；南希·福尔布瑞，《看不见的心：经济学与家庭价值》（纽约：新出版社，2001）。

33．内尔·诺丁斯，《从家里开始：关怀与社会政策》（伯克利：加州大学出版社，2002）。

34．参见玛丽亚·C. 卢高尼斯，“关于多元化女性主义的逻辑”，见于克劳迪亚·卡德主编的《女性主义伦理学》（劳伦斯：堪萨斯大学出版社，1991）。

35．佩吉·德斯奥特尔斯和乔安妮·沃主编的《女性主义者应用伦理学》（马里兰州拉纳姆：罗曼和利特菲尔德出版社，2001）。另见下列著述：丽萨·泰斯曼、玛格瑞特·麦克拉林、巴巴拉·安德鲁和南希·波特。

36．迈克尔·斯洛特，《从动机出发的道德》（牛津大学出版社，2001）。

37．另外一种观点参见里奇蒙·坎贝尔，《幻想的悖论：自然化的女性主义认识论》。《马里兰州拉纳姆：罗曼和利特菲尔德出版社，1998》。

38．尤尔根·哈贝马斯，“对话伦理学”，见于他的著作《道德意识和交往行动》（麻省剑桥：麻省理工学院出版社，1995）；和本纳比，《情境自我》。

39．参见贝尔，《道德偏见》。

40．李辰阳，“儒学的仁概念和女性主义关怀伦理学：一个比较研究”，《希培莎期刊》9（1）（1994）：第70-89页；和“重温儒学的仁概念和女性主义关怀伦理学：答复丹尼尔·斯塔和苑莉均”，《希培莎期刊》17（1）（2002）：第130-140页。

41．丹尼尔·斯塔，“儒学者们关怀吗？捍卫关怀伦理学的独特性：答复李辰阳”，《希培莎期刊》17（1）（2002）：第77-106页。

42．苑莉均，“关怀伦理学和仁概念：答复李辰阳”，《希培莎期刊》17（1）（2002）：第107-129页。

43．陈倩仪检验了儒学文本，发现了传统新儒学诋毁妇女是误解。她承认即使是改革的儒学伦理也可能认同性别本质主义，在此基础上适当的（虽然并非必然的）性别角色将促进；但她还是建议回归到早期儒学可以避免这一点。陈倩仪，“二十一世纪儒家性别概念”，见于哈姆·蔡邦和丹尼尔·贝尔主编的《现代世界的儒学》（剑桥：剑桥大学出版社，2002）。

44．一个深思熟虑的考虑各种方式的关怀伦理、基督教伦理、和犹太教伦理，会从十分不同的起步点“收敛”。参见鲁斯·E. 格罗恩豪特，“关怀伦理学中的神学呼应”，《伊拉兹马斯学院不定期论文》，2003，2号（圣母大学出版社，2003）。

45．参见苏珊·奥金，《正义、性别和家庭》（纽约：基础书局，1989）和努斯鲍姆，《性和社会正义》。

46．巴巴拉·休斯顿，“拯救女性的美德：一些危险的道德重申”，见于M. 韩嫩和K. 尼尔森主编的《科学、道德、和女性主义理论》（卡尔加利：卡尔加利大学出版社，1987）；克劳迪亚·卡德，“性别和道德运气”和艾莉森·贾格尔，“作为一个女性主义的道德推理实践的关怀”，见于赫尔德主编的《正义和关怀》；另一方观点参见辛西娅·威利特，《母性伦理学和其他奴隶道德论》（纽约：卢特里奇出版社，1995）。

47. 奥诺拉·奥尼尔，《正义、性别和国际边界》（伦敦：卢特里奇出版社，1992）第55页。

48. 菲奥纳·鲁宾逊，《全球化的关怀：伦理学、女性主义理论和国际事务》（科罗拉多州博尔德：西方视点出版社，1999）第164页。

49. 举例参阅，伊丽莎白·V. 斯佩尔曼，《非本质的妇女》（波士顿：灯塔出版社，1988）；萨拉·露西亚·霍格兰，《女同性恋伦理学：走向新的价值》（加利福尼亚州帕洛阿尔托：女同性恋研究所，1989）；帕特里夏·希尔·科林斯，《黑人女性主义思想：知识，意识，和赋权的政治》（波士顿：安温海曼出版社，1990）；帕特里夏·J. 威廉斯，《种族和权利的炼金术》（剑桥：哈佛大学出版社，1991）；乌玛·纳拉扬，《脱位文化：身份、传统和第三世界妇女》（纽约：卢特里奇出版社，1997）。

50. 我赞同斯蒂芬·达沃尔的观点，即规范伦理学和元伦理学具有很高的相互关联而不能分离。参阅他的《哲学伦理学》第1章。

51. 参阅阿拉斯代尔·麦金太尔，《追随美德：道德理论研究》（圣母岛：圣母大学出版社，1981）。这之前的时期受到相当广泛的阅读的一种美德理论家是菲莉帕·福特，参阅她的《美德与邪恶》（伯克利：加州大学出版社，1978）。再参阅艾米莉·罗蒂主编，《亚里士多德伦理学论文集》（伯克利：加州大学出版社，1980）。对美德伦理学复兴做出贡献的还有迈克尔·斯洛特的著作；特别见于他的《善良和美德》（牛津：牛津大学出版社，1983）和《从道德性到美德》（纽约：牛津大学出版社，1992）。另参阅欧文·弗拉纳根和艾米莉·奥克森伯格·罗蒂主编的《身份、性格、道德：道德心理学论文集》（麻省剑桥：麻省理工学院出版社，1992）；朱丽亚·安娜斯，《幸福的道德性》（纽约：牛津大学出版社，1992）。例如，玛撒·努斯鲍姆的著作，《善的脆弱性》（剑桥：剑桥大学出版社，1986）虽然论证反对关怀伦理学但对美德理论有所贡献。

52. 劳伦斯·布卢姆，《友谊、利他主义和道德性》（伦敦：卢特里奇出版社，1980）；伯纳德·威廉斯《伦理学与哲学的局限》（麻省剑桥：哈佛大学出版社，1985）。

53. 举例参阅查尔斯·泰勒，《哲学论文集》（剑桥：剑桥大学出版社，1985）；迈克尔·斯托克，《多元和碰撞的价值》（纽约：牛津大学出版社，1990）；伊丽莎白·安德森，《价值伦理学和经济学》（麻省剑桥：哈佛大学出版社，1993）。

54. 沃克，《道德的理解》第1页。

55. 鲁宾逊，《全球化的关怀》第7页。

56. 沃克，《道德的理解》第21页。

57. 特别参阅艾莉森·贾格尔，“女性主义伦理学：九十年代的争议”，社会哲学期刊20（春－秋1989）：第91-107页。

58. 举例说明，玛西亚·巴伦，《康德伦理学几乎没有道歉》（纽约伊萨克：康奈尔大学出版社，1995）；巴巴拉·赫尔曼，《道德判断的实践》（麻省剑桥：哈佛大学出版社，1993）。

59. 举例说明，劳拉·M. 珀迪，《生育人：女性主义生命伦理学争议》（纽约伊萨克：康奈尔大学出版社，1996）。

60. 举例说明，琼·汉普顿，“女性主义的契约论”，见于路易丝·M. 安东尼和夏洛特·威特主编的《自己的心态：女性主义论理性和客观性》

第 2 版（科罗拉多州博尔德：西方视点出版社，2002）；奥金，《正义、性别和家庭》。

61. 举例说明，玛撒·努斯鲍姆，《性和社会正义》。

62. 参阅奥金，《正义、性别和家庭》。

63. 萨拉·鲁迪克，“母性思维”，《女性主义研究期刊》6（1980 夏）：第 342-367 页。

64. 关于早期的女性主义思维可参阅乔伊斯·特里比尔科克，《母性：女性主义理论论文集》（新泽西州托罗瓦：罗曼和阿伦赫尔德出版社，1983）。

65. 卡罗尔·吉利根，“道德倾向与道德发展”，见于基蒂和迈耶斯主编的《妇女和道德理论》第 25 页。

66. 参阅劳伦斯·沃克，“道德推理发展中的性差异：批评审查”，见于《儿童发展期刊》55（1984，6 月）：677-691；桑卓·哈丁，“女性和非洲道德好奇的巧合”，见于基蒂和迈耶主编的《妇女和道德理论》。

67. 举例说明，凯斯林·波利·摩根，“妇女和道德的疯狂”，见于哈楠和尼尔森主编的《科学、道德和女性主义理论》；也见于基蒂和迈耶主编的《妇女和道德理论》。

68. 安妮特·贝尔颇具影响的论文，“信任和反对信任”见于《伦理学期刊》1986，1 月；关于信任等问题的论文收集在贝尔的《道德偏见》里。

69. 以下是按年代排列的、关于关怀的对话著述，鲁迪克，《母性思维》；杰弗里·布卢斯坦，《关怀和承诺》（纽约：牛津大学出版社，

1991）；卡德主编的《女性主义伦理学》；凯斯林·派恩·阿戴尔森，《不纯的思考：哲学、女性主义和伦理学论文集》（费城：坦普尔大学出版社，1991）；本纳比，《情境自我》；伊夫·布朗宁·科尔和苏珊·库尔特拉普·迈奎恩主编，《探索女性主义伦理学：理论与实践》（印第安纳波利斯：印第安纳大学出版社，1992 年）；丽塔·曼宁，《发自内心而言：关于伦理学的女性主义视角》（马里兰州拉纳姆：罗曼和利特菲尔德出版社，1992）；苏珊·舍温，《不再是病人：女性主义伦理学和健康关怀》（费城：坦普尔大学出版社，1992）；弗里德曼，《什么是朋友？》；赫尔德，《女性主义的道德观》；玛丽·珍妮·拉拉比主编，《关怀伦理学：女性主义和跨学科的观点》（纽约：卢特里奇出版社，1993）；罗斯玛利。童，《女性和女性主义伦理学》（贝尔蒙特，加州：沃兹沃思，1993）；特龙托，《道德的边界》；琳达·A. 贝尔，《反思处于暴力中的道德》（马里兰州拉纳姆：罗曼和利特菲尔德出版社，1993）；贝尔，《道德偏见》；迈耶斯，《屈从和主体性》；布贝克，《关怀、性别和正义》；苏珊 J. 赫克曼，《道德声音，道德自我》（大学园区：宾夕法尼亚大学出版社，1995 年）；赫尔德主编，《正义与关怀》；克莱门特，《关怀、自主和正义》；鲍登，《关怀：对性别敏感的伦理学》；迈耶斯主编，《女性主义者重新思考自我》；塞尔玛·赛弗尼修森，《公民身份和关怀伦理学》（伦敦：卢特里奇出版社，1998）；沃克，《道德理解》；克劳迪亚·卡德主编的《论女性主义伦理学和政治》（劳伦斯：堪萨斯大学出版社，1999）；朱丽亚·E. 汉尼斯伯格和萨拉·鲁迪克主编，《母亲麻烦：反思当代母性难题》（波士顿：灯塔出版社，1999）；莫纳·哈林顿，《关怀和平等：发明新的家庭政治学》（纽约：诺普夫书局，1999 年）；基蒂，《爱的劳动》；罗宾逊，《全球化的关怀》；

玛格丽特·乌本·沃克主编，《母亲的时间：妇女、老龄化和道德伦理》（马里兰州拉纳姆：罗曼和利特菲尔德出版社，1999）；卡特力厄娜·麦肯奇和娜塔利·斯托尔扎主编，《关系的自主权：女性主义论自主权、主体代言人和社会的自我》（纽约：牛津大学出版社，2000）；朱莉·安妮·怀特，《民主，正义以及福利国家：重建公共关怀》（大学园区：宾夕法尼亚大学出版社，2000）；德斯奥特尔斯和沃主编，《女性主义者应用伦理学》；斯洛特，《来自动机的道德》；戴安娜·蒂金斯·迈耶斯，《性别之镜：文化图像和妇女的主体代表》（纽约：牛津大学出版社，2002）；诺丁斯，《从家里开始》；玛格丽特·厄本·沃克，《道德情境论》（马里兰州拉纳姆：罗曼和利特菲尔德出版社，2003）。本名单中的作者和编者并不都认为自己倡导关怀伦理学，但他们的著述对这一伦理学作了贡献。

第二章

1．举例参见杰弗瑞·布卢斯坦，《关怀和承诺》（纽约：牛津大学出版社，1991），哈里 G. 弗兰克福特，《我们关心什么的重要性》（剑桥：剑桥大学出版社，1988）。

2．内尔·诺丁斯，《关怀：关于伦理学和道德教育的女性方法》（伯克利：加州大学出版社，1986），特别参阅第 14-19 页。

3．同上书，第 42，80 页。

4．诺丁斯，《从家里开始：关怀与社会政策》（伯克利：加州大学出版社，2002），第 13 页。

5．琼·特罗托，《道德的边界：一个政治论点的关怀伦理学》（纽约：卢特里奇出版社，1993），第 103 页；贝伦斯·费舍尔和琼·特罗托，“走向女性主义关怀理论”，见于E. 爱贝尔和M. 奈尔森主编的《关怀的循环》（奥尔巴尼，纽约州立大学出版社，1990），第40页。

6. 参见弗基尼亚·赫尔德，《女性主义的道德观：文化、社会和政治的转变》（芝加哥：芝加哥大学出版社，1993）

7. 迪姆特·布贝克，《关怀、性别和正义》（牛津：牛津大学出版社，1995），第129页。

8. 同上书，第133页。

9. 萨拉·鲁迪克，“作为劳动和关系的关怀”，见于乔拉姆·C. 哈伯和马克·S. 哈尔方主编的《规范和价值：论弗吉尼亚·赫尔德著述之论文集》（马里兰州拉纳姆：罗曼和利特菲尔德出版社，1998），第13-14页。

10. 佩塔·鲍登，《关怀》（伦敦：卢特里奇出版社，1997），第1页。

11. 塞尔马·赛弗尼修森，《公民和关怀伦理学：女性主义思考正义、道德和政治》（伦敦：卢特里奇出版社，1998），第83页。

12. 同上书，第83页。

13. 同上书，第85页。

14. 同上书，第82页。

15. 同上书，第84页。

16. 迈克尔·斯洛特，《从动机出发的道德》（牛津：牛津大学出版社，2001），第ix页。

17. 同上书，第30页。

18. 参见丽萨·泰斯曼、玛格利特·麦克拉林和巴巴拉·安德鲁撰写的章节，见于佩吉·德斯奥特尔斯和乔安娜·沃主编的《女性主义者应用伦理学》（马里兰州拉纳姆：罗曼和利特菲尔德出版社，2001）。

19. 劳伦斯·布卢姆,《道德感知和特殊性》(纽约:剑桥大学出版社,1994),第199页。

20. 同上书,第175页。

21. 同上书,第173、179-180页。

22. 同上书,第195页。

23. 同上。

24. 伊娃·费德·基蒂,《爱的劳动:关于妇女、平等和依赖性的论文集》(纽约:卢特里奇出版社,1999),第ix页。

25. 同上书,第30页。

26. 同上书,第35页。

27. 安·弗格森和南希·福布里,"父权制和资本主义的不快乐婚姻",见于利迪亚·萨金特主编《妇女和革命》(波士顿:南角出版社,1981),第314页。

28. 鲁迪克,"作为劳动和关系的关怀",第4页。

29. 同上。

30. 同上书,第20-21页。

31. 同上书,第14页。

32. 我感谢塔克·伦诺克斯,他在另一篇不同的论文中评论了这个问题。

33. 戴安娜·蒂金斯·迈耶斯,《性别之镜:文化图像和妇女的主体代表》(纽约:牛津大学出版社,2002),第65页。

34. 弗吉尼亚·赫尔德,"道德主体:自然的和规范的",美国哲学协会主席致辞演说,东部分会,《美国哲学协会学报和致词》(纽瓦克:

2002年秋季)。

35. 萨拉·鲁迪克,“家庭中的非正义:侵犯和支配”,见弗吉尼亚·赫尔德主编的《正义与关怀:女性主义伦理学重要选读》(科罗拉多州博尔德:西方视点出版社,1995)。

36. 参见弗吉尼亚·赫尔德,《权利和善行:社会行动的合理性》(芝加哥:芝加哥大学出版社,1989),第八章。

37. 布卢姆,《道德感知和特殊性》,第七章,“美德和社区”。

第三章

1. 埃德蒙·平科夫斯,《困惑和美德:反对伦理学的还原论》(劳伦斯:堪萨斯大学出版社,1986)。

2. 阿拉斯代尔·麦金太尔,《追随美德:道德理论研究》(圣母大学出版社,1981)。

3. 詹姆斯·华莱士的《美德和恶习》(纽约州伊萨克:康奈尔大学出版社,1978)。

4. 罗莎琳德·赫斯特豪斯、加文·劳伦斯和沃伦·奎因主编,《美德和理性:菲莉帕·福特和道德理论》(牛津:克拉伦敦出版社,1998)。

5. 阿拉斯代尔·麦金太尔,《依赖的理性动物:为什么人类需要美德》(伊利诺伊州,佩鲁:公开法庭出版社,1999)。

6. 悉尼·苏梅克,“帕菲特论身份”,见乔纳森·但森主编的《阅读帕菲特》(牛津:布莱克韦尔,1997),第138-139页。

7. 希尔德·尼尔森,“身份与自由的代理人”,见佩吉·德斯奥特尔斯和乔安妮·沃主编的《女性主义者应用伦理学》(马里兰州拉纳姆:罗曼和利特菲尔德出版社，2001），第 45 页。

8. 戴安娜·蒂金斯·迈耶斯，“口述和道德生活”，见于切希尔·卡尔霍恩主编《建立道德指南》（纽约：牛津大学出版社，2004），第 299 页。

9. 将关怀伦理学自然化的学者有安妮特·贝尔、玛格丽特·乌本·沃克。

10. 琼·凯勒，“自主、关系和女性主义伦理学”，《希培莎：女性主义哲学期刊》12（2）（1997）：第 152-165 页和第 152 页。

11. 玛里琳·弗里德曼，“自主、社会瓦解和妇女”，见于卡特力厄娜·麦肯奇和娜塔利·斯托尔扎主编，《关系的自主权：女性主义论自主权、主体代言人和社会的自我》（纽约：牛津大学出版社，2000），第 40-41 页。

12. 玛里琳·弗里德曼，《自主、性别和政治》（纽约：牛津大学出版社，2003）；玛丽娜·奥沙纳，“人的自我和社会”，《社会哲学期刊》29（1998 春）：第 81-102 页。

13. 迈耶斯，“口述和道德生活”，第 292 页。

14. 为讨论共鸣和它在道德思维中的作用，参见迈耶斯，《屈从与主体性》（纽约：卢特里奇出版社，1994）。

15. 劳伦斯·布拉姆提供了很好的一组例证，见他的《道德感知和特殊性》（纽约：剑桥大学出版社，1994），第 186-187 页。

16. 同上书，193 页。关于另一种模拟或模仿，可参见罗伯特·M. 戈登，“同情、模拟和公正的观察者”，见于《心灵和道德：伦理和认知科学论文集》，编者为拉里·梅、玛里琳·弗里德曼和安迪·克拉克（麻省剑桥：麻省理工学院出版社，1996）。

17. 麦肯奇和斯托尔贾主编，《关系的自主权》，第 4 页。

18. 戴安娜·蒂金斯·迈耶斯，“相互交叉的身份和真实的自我：对立的吸引！”见麦肯奇和斯托尔扎主编,《关系的自主权》,第174-175页。也见戴安娜·T. 迈耶斯，《自我、社会、和人的选择》（纽约：哥伦比亚大学出版社，1989），第76-91页。

19. 苏珊·J. 布里森，“关系的自主和表达的自由”，见麦肯奇和斯托尔贾主编，《关系的自主权》，第283-284页。

20. 迈耶斯，“相互交叉的身份”，第152页。

21. 达利尔·科恩,《再思女性主义关怀伦理学:信任和共鸣》（伦敦:卢特里奇出版社，1998）。

22. 迈耶斯，“口述和道德生活”，第292页。

23. 例如可参见，蒙娜·哈林顿《关怀和平等：投资新的家庭政治学》（纽约：诺普夫书局，1999）；也见南希·福尔布里，《看不见的心：经济和家庭价值观》（纽约：新出版社，2001）。

24. 迈克尔·斯洛特,《从动机出发的道德》（牛津:牛津大学出版社，2001），第ix页。

25. 霍华德·J. 柯泽，“令人钦佩的不道德、脏手、关怀伦理学、正义伦理学和儿童牺牲”，见《理性期刊》15（3）（2002年9月）。

26. 同上书，第236页。

27. 关于作为能动或能力、而不是非干涉的自由，参见弗吉尼亚·赫尔德，《权利和善行：社会行动的合理性》（芝加哥：芝加哥大学出版社，1989），第5章，“平等自由的权利”；也参见玛撒·努斯鲍姆和乔纳森·格洛弗主编，《妇女、文化和发展：人类能力研究》（牛津：克拉伦敦出版社，1995）。

28. 安妮特·C. 贝尔，《道德偏见：伦理学论文集》（麻省剑桥：哈佛大学出版社，1994)，第六至九章。

29．安妮特·C. 贝尔，“道德堕落、信任和美德”，见卡尔霍恩主编《建立道德指南》(纽约：牛津大学出版社，2004)，第177页。

30．同上。

31．同上书，180页。也参见塞莱斯特·M. 弗兰德，“信任和契约的局限”，博士论文，纽约市立大学，1995年。

32．关于早期思想，参见弗吉尼亚·赫尔德，“论信任的意义”，《伦理学刊》78(1998年，1月)。

33．一个相关的囚犯二难状况是：我们应采取“我们”应当做什么的观点、还是应采取什么将对“我们”是更好的观点？但不是个体人的理性选择的观点。参见弗吉尼亚·赫尔德，“理性和推理的协作”，《社会研究期刊》44(4)(1977冬)：第708-744页。

34．贝尔，《道德偏见》。

第四章

1．见第1章，特别见最后的注释。

2．举例参见大卫·戈尔德伯格主编，《伦理学理论和社会问题》，第二版(得克萨斯州，福特沃尔斯，哈科特布雷斯出版社，1995)；也见史蒂文·M. 卡恩和彼得·马科编，《伦理学：历史、理论和当代问题》，第2版(纽约：牛津大学出版社，2002)。

3．见玛丽·马洪沃尔德主编，《妇女哲学：从古典到现今的概念》，第三版(印第安纳州，印第安纳波利斯：哈克特出版社，1994)。

4．特别见古纳维夫·劳纳德著，《理性的男人：西方哲学中的“男”

和“女”》（明尼那波利斯：明尼苏达大学出版社，1984）。

5．举例参见桑卓·哈丁和美林·辛提卡主编，《发现实际：女性主义论认识论、形而上学、方法论、和科学哲学》（多德雷赫特：里戴尔出版社，1983）；也见琳达·阿尔科夫和伊利莎白·波特主编，《女性主义认识论》（纽约：卢特里奇出版社，1993）。

6．举例参见，伊利莎白·V. 斯佩尔曼，《非本质的妇女：女性主义思想中的排除问题》（波士顿：灯塔出版社，1988）；帕特里夏·希尔·科林斯，《黑人女性主义思想：知识，意识，和赋权的政治》（波士顿：安温海曼出版社，1990）；乌玛·纳拉扬，《脱位文化：身份、传统和第三世界妇女》（纽约：卢特里奇出版社，1997）。

7．大卫·海德，《分外工作：其伦理理论的状态》（纽约：剑桥大学出版社，1982），第134页。

8．约翰·罗尔斯，《正义论》（麻省剑桥：哈佛大学出版社，1971）。

9．为论证起见，参见弗吉尼亚·赫尔德，《权利和善行：社会行动的合理性》（芝加哥：芝加哥大学出版社，1989）。

10．参见弗吉尼亚·赫尔德，《女性主义道德观：文化、社会和政治的转变》（芝加哥：芝加哥大学出版社，1993）；塞莱斯特·M. 弗兰德，“信任和契约的局限”，博士论文，纽约市立大学，1995年。

11．举例参见，艾莉森·M. 贾格尔，《女性主义政治和人类本质》（托拓沃，纽约：罗曼和阿伦赫尔德出版社，1983）；卡罗尔·C. 古尔德，《重新思考民主：政治、经济和社会中的自由和社会合作》（剑桥，剑桥大学出版社，1988）。

12．特别参见苏珊娜·奥肯，《正义、性别、和家庭》（纽约：基础书局，1989）。

13．举例参见玛里琳·弗里德曼，《什么是朋友？女性主义的人际关系视角和道德理论》（纽约伊萨克：康奈尔大学出版社，1993）。

14．举例参见赫尔德，《女性主义道德观》；琼·特龙托，《道德的边界：一个政治论点的关怀伦理学》（纽约：卢特里奇出版社，1993）；丽贝卡·格兰特和凯思林·纽兰主编，《性别和国际关系》（布卢明顿：印第安纳大学出版社，1991）。

15. 莫尼克·德文夫，“转移范式：关怀和正义在政治理论中的理论化”，《希培莎：女性主义哲学期刊》10（2）（1995春）：117。

16．凯瑟琳·麦金农，《走向女性主义的国家理论》（麻省剑桥：哈佛大学出版社，1989），第238-248页。

17．伊丽莎白·M. 施奈德，“权利和政治的辩证法：从妇女运动的视角看”，见凯瑟琳·T. 巴特莱特和罗莎妮·肯尼迪主编的《女性主义法学理论：阅读法与性别》

（科罗拉多州博尔德：西方视点出版社，1989），第318页。

18．卡罗尔·斯马特，《女性主义与法律的力量》（伦敦：卢特里奇出版社，1989）

19．施奈德，“权利和政治的辩证法”，第322页。

20．帕特里夏·J. 威廉斯，《种族和权利的炼金术》（麻省剑桥：哈佛大学出版社，1991），第149页。

21. 弗朗西丝·奥尔森，“法定强奸：一种关于权利分析的女性主义批判”，见巴特莱特和肯尼迪主编的《女性主义法学理论》。

22. 凯瑟琳·麦金农，《未修改的女性主义：关于生活和法律的对话》（麻省剑桥：哈佛大学出版社，1987），第 104 页。

23. 帕特里夏·史密斯，《女性主义法学》（纽约：牛津大学出版社，1993），第 14 页。

24. 见上书，IV 部分。

25. 塞尔马·赛弗尼修森，《公民和关怀伦理学：女性主义思考正义、道德和政治》（伦敦：卢特里奇出版社，1998），第 4 章。

26. 举例参见戴安娜·T. 迈耶斯，《屈从和主体性：心理分析女性主义和道德哲学》（纽约：卢特里奇出版社，1994）。

27. 赫尔德，《权利和善行》。

28. 赫尔德，《权利和善行》。

29. 基蒂，《爱的劳动》；玛丽·马霍瓦尔德、阿妮塔·西尔弗和大卫·瓦瑟曼主编，《残疾、差异和歧视》（马里兰州：罗曼和利特菲尔德出版社，1998）。

30. 戴安娜·蒂金斯·迈耶斯，"口述和道德生活"，见于切希尔·卡尔霍恩主编《建立道德指南》（纽约：牛津大学出版社，2004），第 299 页。

31. 见上书。

32. 见上书。

33. 弗吉尼亚·赫尔德，"道德主体：自然的和规范的"，美国哲学协会主席致辞演说，东部分会，《美国哲学协会学报和致词》（2002 年 11 月）。

34. 为进一步讨论，见迈克尔·斯洛特，《从道德到美德》（纽约：牛津大学出版社，1992）；也见本书第三章。

35. 举例参见讨论:约翰·基恩,《全球公民社会》和本书第十章安妮－玛丽·斯劳特,《一个新的世界秩序》。

第五章

1. 安·卡的评论赫尔德,《女性主义道德观》,《哲学评论期刊》104(4)(1995):第612页。

2. 弗吉尼亚·赫尔德,《女性主义的道德观:文化、社会和政治的转变》(芝加哥:芝加哥大学出版社,1993),第213页。

3. 安·卡的评论。

4. 参见克劳迪亚·卡德,评论弗吉尼亚·赫尔德的《女性主义道德观》,《伦理学期刊》,105(4)(1995):第938-940页。

5. 参见苏珊·穆勒·奥金,《正义、性别和家庭》(纽约:基础书局,1989)。

6. 参见布赖恩·巴里,《作为公正的正义》(牛津:牛津大学出版社,1995),第191页。

7. 安妮特·贝尔,《道德偏见:伦理学论文集》(麻省剑桥:哈佛大学出版社,1994)。

8. 马西娅·巴伦,"公正和友谊",《伦理学》101(4)(1991,7月号):第836-857页,和842页。

9. 见上文。

10. 举例见,琼·汉普顿,"女性主义的契约论",见于路易丝·M.安东尼和夏洛特·威特主编的《自己的心态:女性主义论理性和客观性》(科罗拉多州博尔德:西方视点出版社,1993);苏珊·奥金,《正义、性别和家庭》。

11. 克劳迪亚·卡德，“性别和道德运气”，见于欧文·弗拉纳根和阿米莉·奥克森伯格·罗蒂主编，《身份、品格和道德：道德心理学论文集》（麻省剑桥：麻省理工学院出版社，1990）；萨拉·鲁迪克，“家庭中的非正义：强暴和支配”，由弗吉尼亚·赫尔德主编的《正义与关怀：女性主义伦理学重要选读》（科罗拉多州博尔德：西方视点出版社，1995）。

12. 举例见，大卫·高蒂尔，《协定的道德》（牛津：克拉伦敦出版社，1986）。

13. 举例见，约翰·罗尔斯，《政治自由主义》（纽约：哥伦比亚大学出版社，1993）。

14. 罗伯特·A. 达尔，《革命之后》（康涅狄格州，纽黑文：耶鲁大学出版社，1970）。

15. 参见戴安娜·蒂金斯·迈耶斯主编，《女性主义者重新思考自我》（科罗拉多州博尔德：西方视点出版社，1997）。

16. 高蒂尔，《协定的道德》，第4页。

17. 彼得·瓦伦丁，《契约论和理性选择》（纽约：剑桥大学出版社，1991），第4页。

18. 见上书，第4页。

19. 见上书，第5页。

20. 琼·汉普顿，《政治哲学》（科罗拉多州博尔德：西方视点出版社，1997），第169页。

21. 卡斯·R. 桑斯坦，《权利第二法案：美国罗斯福总统的未完成的革命，为什么我们比以往更加需要它》（纽约：基本书籍出版社，

2004）。

22. 大卫·M. 肯尼迪，“未竟之业”，《纽约时报书评》（2004 年 9 月 19 日），第 23 页。

23. 举例见，贝尔，《道德偏见》；弗吉尼亚·赫尔德，《权利和善行：社会行动的合理性》（1984；芝加哥：芝加哥大学出版社，1989）；西比尔·施瓦岑巴赫，“论公民友谊”，《伦理学》107（1）（1996）：第 97-128 页。

24. 举例参见，安德鲁·梅森，“政治社区、自由－民族主义和同化伦理学”，《伦理学》109（2）（1999，1 月号）：第 261-286 页。

25. 见赫尔德，《女性主义的道德观》，进一步论证。

26. 内尔·诺丁斯，《关怀：关于伦理和道德教育的女性方法》（伯克利：加州大学出版社，1986），第 47 页。

27. 贝尔，《道德偏见》，第 25-26 页。

28. 玛撒·米诺，《使所有的差异存在：包容、排斥和美国法律》（纽约州伊萨卡：康奈尔大学出版社，1990）。

29. 赫尔德主编，《正义与关怀》。

30. 诺丁斯，《关怀》，第 18 页和第 112 页。

第六章

1. J. 大卫·威尔曼，“爱与责任”论文，宣读于美国哲学协会年会、东部分会，宾夕法尼亚州，费城，1997 年 12 月 30 日。

2. J. 大卫·威尔曼，“作为一种道德情感的爱”，《伦理学》109（2）（1999，1 月号）：第 338-374 页。

3. 伯纳德·威廉斯，《道德运气：哲学论文，1973-1980》（剑桥：

剑桥大学出版社，1981)，第 18 页。

4. 威尔曼，“作为一种道德情感的爱”，第 342 页。

5. 见上文，第 365 页。

6. 见上文，第 371 页。

7. 见上文。

8. 见上文，第 370 页。

9. 见上文，第 361 页。

10. 见上文，第 338 页，注释 1。

11. 见上文，第 354 页。

12. 见上文，第 348 页，注释 30；强调其原创性。

13. 汤姆斯·黑尔评论大卫·威尔曼，“爱与责任”，宣读于美国哲学协会年会、东部分会，宾夕法尼亚州费城，1997 年 12 月 30 日。

14. 哈里·弗兰克福特评论大卫·威尔曼，“爱与责任”，宣读于美国哲学协会年会、东部分会，宾夕法尼亚州费城，1997 年 12 月 30 日。

15. 玛里琳·弗里德曼，《什么是朋友？女性主义的人际关系视角》(纽约伊萨克：康奈尔大学出版社，1993)。

16. 汤姆斯·内格尔，《利他主义的可能性》(伦敦：牛津大学出版社，1970)。

17. 斯蒂芬·达沃尔，《哲学伦理学》(科罗拉多州博尔德：西方视点出版社，1998)，第 226 页。

18. 见上书，第 227 页。

19. 见上书，第 228 页。

20. 玛撒·努斯鲍姆，“女性主义对自由主义的批评”，林德利讲演系列，堪萨斯大学（1997），第 30 页。这一讲成为努斯鲍姆《性和社会正义》的第二章（纽约：牛津大学出版社，1999）。

21．见上书。

22．努斯鲍姆，“女性主义对自由主义的批评”，第 15 页。

23．弗里德曼，《什么是朋友？》，第 40 页。

24．见上书，第 66 页。

25．见上书，第 59 页。

26．劳伦斯·布罗姆，《道德感知和特殊性》（纽约：剑桥大学出版社，1994），第 199 页。

27．见上书，第 200 页。

28．例如，内尔·诺丁斯，《关怀：关于伦理学和道德教育的女性方法》（伯克利：加州大学出版社，1986）。

29．斯蒂芬·达沃尔，《公正的理性》（纽约伊萨克：康奈尔大学出版社，1983）。

30．安妮特·贝尔，《道德偏见：伦理学论文集》（麻省剑桥：哈佛大学出版社，1994），第 26 页；和本书第一章。

31．苏珊·门杜斯，“关于公正性的一些错误”，《政治研究》44（1996）：第 319-327 页。

32．见伊丽莎白·弗雷泽和尼古拉·莱西，《社区的政治学：一个女性主义对自由社群共同体论辩论的批评》（多伦多：多伦多大学出版社，1993）；弗里德曼，《什么是朋友？》。

33．举例见，伊娃·费德·基蒂，“认真对待依赖性”，《希培莎期刊》10（1995）：第 8-29 页。

34. 努斯鲍姆，“女性主义对自由主义的批评”，第44页，注释98。

35. 尼尔，麦克考密克，“作为公正的正义：赞同反契约论的保留”，《政治研究》44（1996）：第305-310页，309页。

36. 苏珊·门杜斯，“关于公正性的一些错误”，第323页。

37. 约翰·罗尔斯，《正义论》（麻省剑桥：哈佛大学出版社，1971）。

38. 罗纳德·德沃金，《认真思考权利》（麻省剑桥：哈佛大学出版社，1977）。

39. 约翰·罗尔斯，《政治自由主义》（纽约：哥伦比亚大学出版社，1993）。

40. 弗吉尼亚·赫尔德，《权利和善行：社会行动的合理性》（纽约：自由出版社 / 麦克米兰，1984）；罗伯特·E. 古丁，《作为一个公共哲学的功利论》（剑桥：剑桥大学出版社，1995）。

41. 举例见，玛西亚·巴伦，“康德伦理学”，见玛西亚·巴伦、菲利普·佩蒂特和迈克尔·斯洛特主编的《伦理学的三种方法》（牛津：布莱克韦尔，1997）。

42. 进一步讨论参见，弗吉尼亚·赫尔德，“进入、启动和第一修正案”，见戴安娜·T. 迈耶斯和肯尼思·基普尼斯主编，《宪法的哲学维度》（科罗拉多州博尔德：西方视点出版社，1988）；弗吉尼亚·赫尔德，《女性主义道德观：文化、社会和政治的转变》（芝加哥：芝加哥大学出版社，1993），第五章。

第七章

1．罗伯特·库特纳，《一切为了贩卖：美德和市场的局限》，董事会丛书（纽约：诺夫书局，1998），第 3 页。

2．见上书，第 55 页。

3．波拉·英格兰和南希·福尔布里，“关怀的耗费”，《美国政治和社会科学学院年刊》561（1999，1 月号）：第 39-51 页，第 40 页。

4．见上文，第 46 页。

5．伊丽莎白·安德森，“妇女的劳动是商品吗？”《哲学与公共事务》19（1）（1990，冬）：第 71-92 页。

6．库特纳，《一切为了贩卖》，第 68-69 页。

7．见上书，第 73-74 页。

8．南希·福尔布瑞和朱丽·A. 纳尔逊，“为了爱还是为了钱—或者为了两者？”《经济视点杂志》14（4）（2000）：第 123-140 页，第 21 页。

9．查尔斯·K. 威尔伯主编，《经济学、伦理学和公共政策》（马里兰州拉纳姆：罗曼和利特菲尔德出版社，1998），第 93-94 页。

10．安德森，“妇女的劳动是商品吗？”，第 73 页。

11．玛格利特·简·雷丁，《有争议的商品：性、儿童、身体和其他交易的麻烦》（麻省剑桥：哈佛大学出版社，1996），第 2 页。

12．见上书，第 2 页。

13．理查德·A. 波斯纳，《法律的经济学分析》第 4 版（波士顿：利特尔，布朗，1992）；伊丽莎白·M. 兰德斯和理查德·A. 波斯纳，“婴儿缺乏的经济学”，《法律研究期刊》7（1978）。

14. 加里·S. 贝克，《人类行为之经济方法》（芝加哥：芝加哥大学出版社，1976），第173页。

15. 见上书，第8页。又见加里·S. 贝克，《家庭论》（麻省剑桥：哈佛大学出版社，1981）。

16. 雷丁，《有争议的商品》，第5页。

17. 乔纳森·赖利，“在资本主义制度下的正义”，约翰·W. 查普曼和J. 罗兰·彭诺克主编，《市场与正义》，NOMOS 31（纽约：纽约大学出版社，1989），第122-162页，第125页和第155页，注释21。

18. 库特纳，《一切为了贩卖》，第4页。

19. 见上书，第109页。

20. 见上书，第86页。

21. 雷丁，《有争议的商品》；凯瑟琳·西尔鲍，“商品和妇女的家务劳动”，见《耶鲁法与女性主义期刊》9（51）（1997）：第81-121页。

22. 举例见杰拉尔德·马维尔与鲁斯·艾姆斯，“经济学家自由调控，其他人也如此吗？”《公共经济学期刊》13（1981，6月）：第295-310页。

23. 罗伯特·A. 弗兰克、托马斯·吉勒维奇、丹尼斯·T. 里根，“研究经济学抑制合作吗？”《经济视点期刊》7（2）（1993）：第159-171页。

24. 罗宾·M. 道斯和理查德·H. 泰勒，“合作”，《经济展望杂志》2（3）（1988夏）：第187-197页。

25. 库特纳，《一切为了贩卖》，第158页。

26. 见上书，第112页。

27. 罗宾·托纳，“专家认为修复医保体系是一个难题”，《纽约时报》（2000年9月12日），第1页和第23页。

28. 爱德华·怀亚特，“以一个企业改造教育的途径”，《纽约时报》（2000 年 1 月 12 日）A16.

29. 同上。

30. 阿瑟·莱文，“新大学的灵魂”，《纽约时报》（2000 年 3 月 13 日）。

31. 康斯坦斯·L. 海斯，“新报告中审查的美国学校的商业化”，《纽约时报》（2000 年 9 月 14 日）C1 和第 25 页。

32. 史蒂文·曼宁，“企业如何在购买进入教室之路”，《民族杂志》（1999 年 9 月 27 日），第 11-18 页。

33. 康德，《道德形而上学基础》，路易斯·怀特·贝克译（明尼那波利斯：鲍勃斯－梅里尔，1959），第 429-447 页。

34. 参见理查德·沃塞斯特罗姆，《司法判决：走向法律依据理论》（斯坦福大学，加州：斯坦福大学出版社，1961）。

35. 弗吉尼亚·赫尔德，《权利和善行：社会行动的合理性》（芝加哥：芝加哥大学出版社，1989），特别参见第七章。

36. 雷丁，《有异议的商品》，第 30 页。

37. 伊丽莎白·安德森，《伦理学中的价值和经济学》（麻省剑桥：哈佛大学出版社，1993），第 170 页。

38. 见上书，171 页。

39. 玛丽·林登·尚利，“代孕母亲和妇女的自由：一个关于人类生育合同的批判”，见《标志期刊》18（3）（1993）：第 618-639 页，626 页。

40. 见上书，第 629 页。

41. 尤利尔·露丝·吉雄，“一个关于法律控制前概念安排的契约模式的审查和批判”，博士论文，多伦多大学，1997 年。

42．参见雷丁，《有争议的商品》，大卫·科普，“资本主义与民主：投票市场和政治权力市场”，见约翰·毕晓普主编《伦理学与资本主义》，（多伦多：多伦多大学出版社，2000）。

43．参见赫尔德，《权利和善行》第12章和《女性主义道德观：文化、社会和政治的转变》（芝加哥：芝加哥大学出版社，1993）第五章。也见弗吉尼亚·赫尔德，“进入、启动和第一修正案”，见戴安娜·T. 迈耶斯和肯尼思·基普尼斯主编，《宪法的哲学维度》（科罗拉多州博尔德：西方视点出版社，1988）；和“传媒文化与民主”，见豪克·布伦克霍斯特主编，《民主实验主义》，（法兰克福：苏尔坎普出版社，1998）。

44．约翰·麦克默特里，“教育和市场模式”，《教育哲学期刊》25（2）（1991）：第209-217页，第214页。

第八章

1．威尔·金里卡和韦恩·诺曼，“返回的公民：对公民理论的近期工作述评”，《伦理学》104（1994年1月）：第352-381，369页。

2．大卫·米勒，《市场、国家和社区》（牛津：牛津大学出版社，1989）。

3．安德鲁·梅森，“政治社会、自由民族主义和同化的伦理学”，《伦理学》，109（2）（1999年1月）：第261-286页。

4．约翰·基恩，《公民社会：老印象、新视觉》（斯坦福大学，加州：斯坦福大学出版社，1998），第4页。

5．见上书。

6．胡安·林兹和艾尔弗雷德·斯特潘，《民主过渡和巩固的问题：南欧、南美和后共产党欧洲》（马里兰州巴尔的摩：约翰霍普金斯大学出版社，1996）。

7. 加布里埃尔·阿尔蒙德和西德尼·维巴，《公民文化》（波士顿：小布朗，1965），第30页。

8. 让·科恩与安德雷·阿拉托，《公民社会和政治理论》（麻省剑桥：麻省理工学院出版社，1994），第x页。

9. 基思·特斯特，《公民社会》（纽约：卢特里奇出版社，1992），第8页。

10. 约翰·A. 霍尔，"搜索公民社会"，见约翰·A. 霍尔主编，《公民社会：理论、历史和比较》（剑桥：政治出版社，1995），第6页。

11. 基恩，《公民社会》，第6页。

12. 霍尔，"搜索公民社会"，第10页。

13. 理查德·达格尔，《公民道德》（纽约：牛津大学出版社，1997），第198页。

14. 见上书，第200页。

15. 罗伯特·库特纳，《一切为了贩卖》（纽约：诺夫书局，1998），第351页。

16. 见上书，第354页。

17. 基恩，《公民社会》，第17页。

18. 科恩和阿拉托，《公民社会和政治理论》。

19. 罗伯特·D. 帕特南，《建造民主的工作》（新泽西州普林斯顿：普林斯顿大学出版社，1994）。

20. 亚历克西·德·托克维尔，《美国的民主》，第12版。（纽约：

卓越出版社，1955）。

21. 帕特南，《建造民主的工作》；罗伯特·帕特南，"公民美国的失踪"，《美国展望》24（1996年冬季）：第34-49页。

22. 特别参见，约翰·杜威，《民主和教育》（纽约：麦克米伦，1916），和《经验和教育》（纽约：科利尔麦克米伦出版社，1963）。

23. 达格尔，《公民道德》。

24. 举例见，艾米·古特曼，《民主教育》（新泽西州普林斯顿：普林斯顿大学出版社，1987）；威廉·高尔斯顿，《自由主义的意图》（剑桥：剑桥大学出版社，1992）；斯蒂芬·马塞多，"自由公民教育和宗教原教旨主义：上帝与约翰．罗尔斯案例？"《伦理学》108（1995）：468-496页；和哈里·布里格豪斯，"公民教育和自由的合法性"，《伦理学》108（1998年7月）：第719-745页。

25. 基恩，《公民社会》，第47页。

26. 特别参见玛里琳·弗里德曼，《什么是朋友？女性主义的人际关系视角》（纽约伊萨克：康奈尔大学出版社，1993）；弗吉尼亚·赫尔德，《女性主义道德观：文化、社会和政治的转变》（芝加哥：芝加哥大学出版社，1993）。

27. 特别参见苏珊·穆勒·奥金，《正义、性别和家庭》（纽约：基础书局，1989）；"女性主义和多元文化：某些张力"，《伦理学》108（1998年7月）：第661-684页。

28. 琼·C. 特龙托，《道德的边界：一个政治论点的关怀伦理学》（纽约：卢特里奇出版社，1993），第185页。

29. 琼·C. 特龙托，"关怀作为一个政治概念"，见南希·J. 希奇曼和克里斯廷·斯蒂法诺主编，《政治再观瞻》（科罗拉多州博尔德：西方视点出版社，1996年），第143页。

30. 见上文。

31. 见上文，第145页。

32. 特别参见库特纳，《一切为了贩卖》。

33. 也见菲奥纳·鲁宾逊，《全球化的关怀：伦理学、女性主义理论和国际事务》（科罗拉多州博尔德：西方视点出版社，1999）。

34. 关于社群共同体论特别参见奥金，《正义、性别和家庭》和“女性主义和多元文化：某些张力”。

35. 弗吉尼亚·赫尔德，《权利和善行：社会行动的合理性》（芝加哥：芝加哥大学出版社，1989），第五章。

36. 基恩，《公民社会》，第49页。

37. 基恩，《公民社会》，第53-55页。

38. 特别参见奥金，《正义、性别和家庭》和努斯鲍姆，《性和社会正义》（纽约：牛津大学出版社，1999）。

39. 基恩，《公民社会》，第34页。

第九章

1. 克劳迪卡·卡德，“前言”，见琳达·A. 贝尔，《反思暴力行动中的伦理学：趋向自由的女性主义方法》（马里兰州拉纳姆：罗曼和利特菲尔德出版社，1993），第xiii页。

2. 见上文，第xiv页。

3. 萨拉·鲁迪克，《母性思维：走向和平的政治》（波士顿：灯塔出版社，

1989）。

4．见上书，第 162 页。

5．见上书，第 163 页。

6．弗吉尼亚·赫尔德，《女性主义道德观：文化、社会和政治的转变》（芝加哥：芝加哥大学出版社，1993），第七章。

7．举例见，德博拉·罗德，《正义和性别：性歧视和法律》（麻省剑桥：哈佛大学出版社，1989）。

8．卡罗尔·吉利根，《一种不同的声音：心理学理论与妇女发展》（麻省剑桥：哈佛大学出版社，1982），第 22 页。

9．参见安妮特·贝尔，《道德偏见：伦理学论文集》（麻省剑桥：哈佛大学出版社，1994），第 237 页。

10．伊丽莎白·M. 施奈德，“权利和政治的辩证法：从妇女运动的视角看”，《纽约大学法学评论期刊》61（1986）：第 593-652，318 页。

11．帕特里夏·史密斯主编，《女性主义法理学》，（纽约：牛津大学出版社，1993），第 3 页。

12．见上书，第 139 页。

13．金伯利·克伦肖，“种族和性交叉互动的拆解边缘化：黑人女性主义对反歧视主义学说的批判、女性主义理论和反种族主义政治”，见凯瑟琳·T. 巴特莱特和罗莎妮·肯尼迪主编，《女性主义法律理论：阅读法与性别》（科罗拉多州博尔德：西方视点出版社，1991）。

14．罗宾·韦斯特，“法理学和性别”，《芝加哥大学法学评论期刊》55（1988）：第 1-72 页，2 页。

15．施奈德，“权利和政治的辩证法”。

16．巴特莱特和肯尼迪合编，《女性主义法律理论》；德鲁希拉·康奈尔，《在自由之心脏：女性主义、性与平等》（新泽西州普林斯顿：普林斯顿大学出版社，1998）。

17．帕特里夏·史密斯，“女性主义法理学：社会变革与概念的演变，”《美国哲学协会通讯》（1995年春季）

18．克里斯廷·利特尔顿，“重构性平等”，《加州法律评论》75（4）（1987）：第1279-1337页。

19．凯瑟琳·麦金农，《未修改的女性主义：生活和法律对话》（麻省剑桥：哈佛大学出版社，1987）第103页。

20．弗朗西丝·奥尔森，“法定强奸：关于权利分析的一种女性主义批判”，《得克萨斯州法律评论》63（1984）：第387-432页，第402页。

21．见上文，第412页。

22．苏珊·埃斯特里奇，“强奸”，《耶鲁法学刊》95（1987）第1087-1184，1114页。

23．史密斯主编，《女性主义法学》第IV节。

24．举例参见，戴安娜·T. 迈耶斯，“社会排斥、道德反思和权利”，《法律与哲学》12（1993）：第217-232页。

25．塞尔马·赛弗尼修森，《公民和关怀伦理学：女性主义思考正义、道德和政治》（伦敦：卢特里奇出版社，1998），第四章。

26．见上书，第94页。

27．见上书，第100页和第105页。

28．见上书，第121页。

29．举例参见戴安娜·T. 迈耶斯，《自我、社会和个人选择》（纽约：

哥伦比亚大学出版社，1989）。

30. 帕特里夏·威廉斯，《种族和权利的炼金术》（麻省剑桥：哈佛大学出版社，1991）。

31. 见上书，第152页。

32. 乌玛·纳拉扬，“殖民主义及其他的他者：关于权利和关怀对话的思考”，《希培莎期刊》10（2）（1995）：第133-140页。

33. 伊丽莎白·弗雷泽和尼古拉·莱西，《社区政治学：一个女性主义关于自由社群共同体论辩论的批判》（多伦多：多伦多大学出版社，1993）。

34. 举例参见，戴安娜·T. 迈耶斯，“权利碰撞：对滥用语言的非惩罚性、补偿性的纠正”，《法律与哲学》14（1995）：203-243；玛撒·米诺和玛丽·林登·尚利，“关系的权利和责任：修正在自由政治理论和法律中的家庭”，《希培莎期刊》11（1）（1996年冬季）：第3-29页。

35. 玛撒·米诺，《使所有的差异存在：包容、排斥和美国法律》（纽约州伊萨卡：康奈尔大学出版社，1990），第15页。

36. 见上书，第14页。

37. 见上书，第268页。

38. 见上书，第307页。

39. 金伯尔·克伦肖，“种族和性交叉互动的拆解边缘化”。

40. 克劳迪亚·卡德，“性别和道德运气”，见于赫尔德主编《正义和关怀：女性主义伦理学重要选读》（科罗拉多州博尔德：西方视点出版社，1995）；芭芭拉休斯顿，“挽救妇女美德：道德矫正的一些风险”，见玛莎·哈宁和凯·尼尔森主编，《科学、道德和女性主义理论》，（卡尔加里：卡尔加里大学出版社，1987）。

41. 艾莉森·贾格尔“作为一个女性主义的道德推理实践的关怀”，见赫尔德主编《正义和关怀》。

42. 玛里琳·弗里德曼，《什么是朋友？女性主义的人际关系视角》（纽约伊萨克：康奈尔大学出版社，1993），第150页。

43. 参见苏珊·奥金，《正义、性别和家庭》（纽约：基础书局，1989）。

44. 萨拉·鲁迪克，“家庭中的非正义：强暴和支配，”由弗吉尼亚·赫尔德主编的《正义与关怀》。

45. 玛里琳·弗里德曼，《自主、性别和政治》（纽约：牛津大学出版社，2003）。

46. 参见弗吉尼亚·赫尔德，《权利和善行：社会行动的合理性》（纽约：自由出版社／麦克米兰，1984）。

47. 丽贝卡·格兰特和凯瑟琳·纽兰，《性别与国际关系》（布卢明顿：印第安纳大学出版社，1993）。

48. 琼·B. 兰德斯，《女性主义，公共和私人》，（纽约：牛津大学出版社，1998）。

49. 参见琼·卡拉汉，《生育、伦理学、法律：女性主义的观点》（布卢明顿：印第安纳大学出版社，1995）；罗莎琳德·P. 佩奇柴斯基，《堕胎和妇女选择：国家，性行为和生育自由》（波士顿：东北大学出版社，1985）。

50. 阿妮塔·艾伦，《不容易的通路：在一个自由社会，女性的隐私》（托托瓦，新泽西州：罗曼和利特菲尔德出版社，1988）。

51．见上书。

52．凯瑟琳·麦金农，《走向女性主义的国家理论》，（麻省剑桥：哈佛大学出版社，1989），第179页。

53．举例参见，塞拉·本哈比和德鲁希拉·科内尔主编，《作为批判的女性主义：论性别政治》（明尼阿波利斯：明尼苏达大学出版社，1987）琳达·尼科尔森主编，《女性主义／后现代主义》（纽约：卢特里奇出版社，1990）南希·弗雷泽，《难控制的实践：当代社会理论中的权力、对话和性别》（明尼阿波利斯：明尼苏达大学出版社，1989）。

54．举例参见塞尔马·赛弗尼修森，《公民和关怀伦理学》进一步讨论。

55．南希·C.M. 哈索克，"社区／性／性别：反思权利"，见南希·J. 赫思曼和克里斯廷·狄·斯蒂法诺主编《修正政治：女性主义再构造西方政治理论中的传统观念》，（科罗拉多州博尔德：西方视点出版社，1996），第42页。

56．塞尔马·赛弗尼修森，《公民和关怀伦理学》第11页。

57．克里斯廷·狄·斯蒂法诺，"女性主义政治哲学"，《美国哲学协会通讯论女性主义与哲学》（2000年春季）：第196-200，196页。

58．南希·C.M. 哈索克，《金钱、性和权利：走向女性主义历史唯物主义》（纽约：朗曼出版社，1983）。

59．埃米·艾伦，《女性主义理论的力量：统治、抵制和团结》（科罗拉多州博尔德：西方视点出版社，1999）。

60．见上书。

61．琼·特龙托，《道德的边界：一个政治论点的关怀伦理学》（纽约：卢特里奇出版社，1993），和"作为政治概念的关怀"，见赫斯曼和狄·斯蒂法诺主编《修正政治》。

62. 举例见鲁迪克，《母性思维》。

63. 参见菲奥纳·鲁宾逊，《全球化的关怀：伦理学、女性主义理论和国际事务》（科罗拉多州博尔德：西方视点出版社，1999）；此卷第十章。

64. 简·曼斯布里奇，《超越对手的民主》（芝加哥：芝加哥大学出版社，1983）。

65. 曼斯布里奇，“重构民主”，见赫斯曼和狄·斯蒂法诺主编《修正政治》，第123页。

66. 举例见弗兰克·坎宁安，《民主理论和社会主义》（剑桥：剑桥大学出版社，1987）；和卡罗尔长古尔德，《反思民主：自由和在政治，经济，和社会的社会合作》（剑桥：剑桥大学出版社，1998）。

67. 参见安妮·菲利普斯，《在场的政治》（牛津：牛津大学出版社，1995）：查尔斯·泰勒，《哲学论证》（麻省剑桥：哈佛大学出版社，1995）；艾里思·马里恩·扬，《正义和差异政治学》（新泽西州普林斯顿：普林斯顿大学出版社，1990）。

68. 凯瑟琳·B. 琼斯，《情感的权威：民主和妇女代表》（纽约：卢特里奇出版社，1993）。

69. 苏珊·门杜斯，“失去信仰：女性主义与民主”见J. 邓恩主编，《民主：未完成的旅程》（牛津：牛津大学出版社，1992）；扬，《正义和差异政治学》。

70. 赫尔德，《女性主义道德观》。

第十章

1．举例参见，丽贝卡·格兰特和凯瑟琳·纽兰，《性别与国际关系》（布卢明顿：印第安纳大学出版社，1991），第3页。

2．几个题目是：理查德·福尔克，《在暴力世界的法律秩序》（新泽西州普林斯顿：普林斯顿大学出版社，1968）；理查德·沃塞斯特罗姆，《战争和道德》（加利福尼亚州：沃兹沃思出版社，1970）；弗吉尼亚·赫尔德，西德尼·摩根贝沙，和托马斯·内格尔主编，《哲学、道德和国际事务》（纽约：牛津大学出版社，1974）；威廉姆·艾肯和休·拉福莱特主编，《世界饥饿和道德义务》（新泽西州恩格尔伍德悬崖：普伦蒂斯馆出版社，1977）；迈克尔·沃尔泽，《正义与非正义战争》（纽约：基本书局，1977）；查尔斯·R. 贝茨，《政治理论与国际关系》（新泽西州普林斯顿：普林斯顿大学出版社，1979）；斯坦利·霍夫曼，《超越国界职责：论伦理国际政治的局限和可能性》（纽约州锡拉丘兹：锡拉丘兹大学出版社，1981）；罗伯特·L. 霍姆斯，《论战争与道德》（新泽西州普林斯顿：普林斯顿大学出版社，1989）。史蒂芬·卢帕－福伊主编，《国际正义问题》，（科罗拉多州博尔德：西方视点出版社，1988）；和安德·瓦尔斯主编，《国际事务中的伦理学》（马里兰州拉纳姆：罗曼和利特菲尔德出版社，2000）。

3．举例参见路易斯·亨金，“使用武力：法律和美国政策”，见《正确与错误：国际法和武力使用》（外交关系议会，1989）。

4．举例参见，吉尔·斯特恩斯《性别和国际关系：导论》（新泽西州新不伦瑞克：罗格斯大学出版社，1998）。

5. 举例参见，罗伯特·澳·基欧汉，“国际关系理论：一个女性主义立场的贡献”，见于格兰特和K. 纽兰主编《性别与国际关系》。另见吉姆·乔治，《全球政治对话：一个批判的国际关系（再）介绍》（科罗拉多州博尔德：琳·里赖纳，1994）。

6. 参见，弗雷德·哈利迪，“国际关系未知的秘密：妇女与国际舞台上”，见于格兰特和K. 纽兰主编《性别与国际关系》。

7. J. 安·蒂克纳，《国际关系中的性别：女性主义论实现全球安全的观点》（纽约：哥伦比亚大学出版社，1992），第4页。

8. 同上书，第17页。

9. V. 斯派克·彼得森和安妮·西森·鲁尼恩，《全球性别问题》（科罗拉多州博尔德：西方视点出版社，1993），第10页。

10. 尼娜·伯恩斯坦，“对美国人来说，这是法国胆小鬼与德国阳刚男人之较量”，《纽约时报》（2003年9月28日），第4版，第5页。

11. 彼得森和鲁尼恩，《全球性别问题》，第34页。

12. 参见查尔斯·贝茨，《政治理论和国际关系》；奥诺拉·奥尼尔，《面临饥饿：论贫穷、正义和发展文集》（伦敦：艾伦和昂温出版社，1985）；和托马斯·波格，世界贫困与人权（马萨诸塞州马尔登：政治出版社，2002）。

13. 举例参见彼得·辛格，《同一个世界：全球化伦理学》（康涅狄格州纽黑文：耶鲁大学出版社，2002）。

14. 在多元化观点看来，要将不同的价值视为在不同领域适当地具有优先性，参见弗吉尼亚·赫尔德，《权利和善行：社会行动的合理性》（芝加哥：芝加哥大学出版社，1989）。

15．弗吉尼亚·赫尔德，《女性主义道德观：文化、社会和政治的转变》（芝加哥：芝加哥大学出版社，1993），第五章。

16．参见玛格丽特·简·雷丁，《有争议的商品：性、儿童、身体和其他交易的麻烦》（麻省剑桥：哈佛大学出版社，1996）。

17．伊丽莎白·贝克尔，“联合国说饥饿人数上升”，《纽约时报》（2004年12月8日）。

18．卡罗尔·古尔德，《全球化民主和人权》（纽约：剑桥大学出版社，2004），第44页。

19．同上书，第46页。

20．尤其参见克里斯廷·狄·斯蒂法诺，《男性结构：论现代政治理论的女性主义观点》（纽约州伊萨卡：康奈尔大学出版社，1991）。

21．彼得森和鲁尼恩，《全球性别问题》第34页。举例参见肯尼思·华尔兹，“国家相互依存的神话”，见雷·马夫鲁里和贝内特·兰贝格主编《在全球主义与现实主义之间：国际关系的第三次辩论》（科罗拉多州博尔德：西方视点出版社，1982）

22．蒂克纳，《国际关系中的性别》，第32页。

23．举例参见，希拉里·查尔斯沃思，“什么是‘妇女的国际人权？’”见瑞贝卡·J. 库克主编，《妇女的人权：国家和国际视角》（费城：宾夕法尼亚大学出版社，1994）。

24．J. 安·蒂克纳，《性别之中的世界政治》（纽约：哥伦比亚大学出版社，2001），第6页。

25．蒂克纳，《国际关系中的性别》，第二章。

26．想象的平等已经不仅是道德上的，也是经验中的——例如霍布斯式的人们面对一个邻居所持利剑的平等脆弱。在世界舞台上，当各国被想象是个人一样，从实际中删除平等却增加了。

27. 蒂克纳，《性别之中的世界政治》。

28. 联合国开发计划署人类发展报告（纽约：牛津大学出版社，1996），第2页。

29. 蒂克纳，《性别之中的世界政治》。

30. 彼得森和鲁尼恩，《全球性别问题》，第92-94页。

31. 休·埃伦·M. 查尔顿，《第三世界发展中的妇女》（科罗拉多州博尔德：西方视点出版社，1984）。

32. 彼得森和鲁尼恩，《全球性别问题》，第94-95页；也见蒂克纳，《性别之中的世界政治》，第94-95页。

33. 蒂克纳，《性别之中的世界政治》，第77页。

34. 同上书，第77-78页。

35. 安妮·西森·鲁尼恩，“在新自由主义‘框架’中的妇女”，见于玛丽·K. 迈耶和伊丽莎白·普鲁格主编《全球治理中的性别政治》（马里兰州拉纳姆：罗曼和利特菲尔德出版社，1999），第215-216页。

36. 同上书，第216页。

37. 埃梅克·M. 乌恰雷尔，“贩卖妇女：替代迁移或现代奴隶贸易？”见于玛丽·K. 迈耶和伊丽莎白. 普鲁格主编《全球治理中的性别政治》。

38. 哈利迪，《国际关系未知的秘密》，第161页。

39. 彼得森和鲁尼恩，《全球性别问题》，第161-162页。

40. 钱德拉·莫汉迪，“在西方的眼睛中：女性主义学术与殖民对话”见于钱德拉·塔尔帕蒂·莫汉迪，安·拉索和路德·托雷斯《第三世界妇女与女性主义政治》（布卢明顿：印第安纳大学出版社，1991），第56页。

41．艾莉森·贾格尔“西方女性主义与全球的责任”，见芭芭拉·安德鲁、让·凯勒和丽莎·施瓦兹曼主编，《女性主义在伦理学和政治学的干预》（马里兰州拉纳姆：罗曼和利特菲尔德出版社，2005）。

42．同上书。

43．同上书。

44．纳塔莉·布伦德，“政治上的关怀和人道主义反应”，见于佩吉·德斯奥特尔斯和乔安妮·沃主编《女性主义者应用伦理学》（马里兰州拉纳姆：罗曼和利特菲尔德出版社，2001）。

45．菲奥纳·鲁宾逊，《全球化的关怀：伦理、女性主义理论和国际事务》（科罗拉多州博尔德：西方视点出版社，1999），第7页。

46．玛丽·K．迈耶，“谈判的国际规范：美洲妇女委员会和对妇女的暴力行为公约，”见于迈耶和普鲁格主编《全球治理中的性别政治》，第60页。

47．蒂克纳，《性别之中的世界政治》，第77页。

48．举例参见，玛丽亚·米斯和范达纳·希瓦合编，《生态女性主义》（伦敦：齐德图书出版社，1993）

49．鲁宾逊，《全球化的关怀》，第161-162页。

50．蒂克纳，《性别之中的世界政治》，第116-119页，论通过非政府组织的妇女活动增长。

51．理查德·福尔克，“成立全球公民性”，见于杰里·布雷彻、约翰·布朗蔡尔兹和吉尔·卡特勒主编《在全球视野：超越新的世界秩序》（波士顿：南角出版社，1993）。例子是环保运动和反对全球化的有害影响之运动。

52. 安妮－玛丽·斯劳特,《一个新的世界秩序》(新泽西州普林斯顿：普林斯顿大学出版社，2004)。

53. 同上书，第3页。

54. 同上书，第33页。

55. 约翰·基恩,《全球公民社会？》(剑桥：剑桥大学出版社，2003)。

56. 同上书，第18页。

57. 同上书，第xi-xii页。

58. 斯劳特,《一个新的世界秩序》，第18页。

参考文献

Addelson, Kathryn Pyne. 1991. *Impure Thoughts : Essays on Philosophy, Feminism, and Ethics*. Philadelphia : Temple University Press.

Aiken, William and Hugh LaFollette, eds. 1977. *World Hunger and Moral Obligation*. Englewood Cliffs, N. J. : Prentice Hall.

Alcoff, Linda, and Elizabeth Potter, eds. 1993. *Feminist Epistemologies*. New York : Routledge.

Allen, Amy. 1999. *The Power of Feminist Theory : Domination, Resistance, Solidarity*. Boulder, Colo : Westview Press.

Allen, Anita. 1988. *Uneasy Access : Privacy for Women in a Free Society*. Totowa, N. J. : Rowman and Littlefield.

Almond, Gabriel A., and Sidney Verba. 1965. *Civic Culture*. Boston : Little, Brown.

Anderson, Elizabeth. 1990. "Is Women's Labor a Commodity?" *Philosophy and Public Affairs* 19 (1) (winter) :

71-92.

Anderson, Elizabeth. 1993. *Value in Ethics and Economics*. Cambridge, Mass.: Harvard University Press.

Andrew, Barbara S. 2001. "Angels, Rubbish Collectors, and Pursuers of Erotic Joy: The Image of the Ethical Woman," in *Feminists Doing Ethics*, ed. Peggy DesAutels and Joanne Waugh. Lanham, Md: Rowman and Littlefield.

Annas, Julia. 1995. *The Morality of Happiness*. New York: Oxford University Press.

Baier, Annette C. 1986. "Trust and Anti-Trust." *Ethics* 96: 231-260.

Baier, Annette C. 1994. *Moral Prejudices: Essays on Ethics*. Cambridge, Mass.: Harvard University Press.

Baier, Annette C. 2004. "Demoralization, Trust, and the Virtues,"in *Setting the Moral Compass*, ed. Cheshire Calhoun. New York: Oxford University Press.

Baron, Marcia. 1991. "Impartiality and Friendship,"Ethics 101 (4) (July): 836-837.

Baron, Marcia. 1995. *Kantian Ethics Almost without Apology*. Ithaca NY: Cornell University Press.

Baron, Marcia W., Philip Pettit, and Michael Slote, eds., 1997. *Three Methods of Ethics*. Oxford: Blackwell Press.

Barry, Brian. 1973. *The Liberal Theory of Justice*. London:

Oxford University Press.

Barry, Brian. 1995. *Justice as Impartiality*. Oxford: Oxford University Press.

Bartlett, Katherine T., and Rosanne Kennedy, eds. 1989. *Feminist Legal Theory: Readings in Law and Gender*. Boulder, Colo.: Westview Press.

Becket, Gary S. 1976. *The Economic Approach to Human Behavior*. Chicago: University of Chicago Press.

Becker, Gary S. 1981. *A Treatise on the Family*. Cambridge, Mass.: Harvard University Press.

Beitz, Charles R. 1979. *Political Theory and International Relations*. Princeton, N. J.: Princeton University Press.

Bell, Linda A. 1993. *Rethinking Ethics in the Midst of Violence: A Feminist Approach to Freedom*. Lanham, Md: Rowman and Littlefield.

Benhabib, Seyla. 1992. *Situating the Self: Gender, Community, and Postmodernism in Contemporary Ethics*. New York: Routledge.

Benhabib, Seyla, and Drucilla Cornell, eds. 1987. *Feminism as Critique: On the Politics of Gender. Minneapolis*: University of Minnesota Press.

Blum, Lawrence A. 1980. *Friendship, Altruism and Morality*. London: Routledge, 1980.

Blum, Lawrence A. 1994. *Moral Perception and Particularity*. New York: Cambridge University Press.

Blustein, Jeffrey. 1991. *Care and Commitment*. New York: Oxford University Press.

Bowden, Peta. 1997. *Caring: Gender Sensitive Ethics*. London: Routledge, 1997.

Brender, Natalie. 2001. "Political Care and Humanitarian Response," in *Feminists Doing Ethics*, eds. Peggy DesAutels and Joanne Waugh. Lanham, Md.: Rowman and Littlefield.

Brighouse, Harry. 1998. "Civic Education and Liberal Legitimacy," *Ethics* 108 (July): 719-745.

Brison, Susan J. 2000. "Relational Autonomy and Freedom of Expression," in *Relational Autonomy: Feminist Perspectives on Autonomy, Agency, and the Social Self*, eds. Catriona Mackenzie and Natalie Stoljar. New York: Oxford University Press.

Bubeck, Diemut. 1995. *Care, Gender, and Justice*. Oxford: Oxford University Press.

Calhoun, Cheshire, ed. 2004. *Setting the Moral Compass*. New York: Oxford University Press.

Callahan, Joan. 1995. *Reproduction, Ethics, and the Law: Feminist Perspectives*. Bloomington: Indiana University Press.

Campbell, Richmond. 1998. *Illusions of Paradox: A Feminist*

Epistemology Naturalized. Lanham，Md.：Rowman and Littlefield.

Card，Claudia. 1995. "Gender and Moral Luck，" in *Justice and Care：Essential Readings in Feminist Ethics*，ed. Virginia Held. Boulder，Colo.：Westview Press.

Card，Claudia，ed. 1991. *Feminist Ethics*. Lawrence：University Press of Kansas.

Card，Claudia，ed. 1999. *On Feminist Ethics and Politics*. Lawrence：University Press of Kansas.

Charlton，Sue Ellen M. 1984. *Women in Third World Development*. Boulder，Colo.：Westview Press.

Clement，Grace. 1996. *Care，Autonomy，and Justice*. Boulder，Colo.：Westview Press.

Cohen，Jean L.，and Andrew Arato. 1994. *Civil Society and Political Theory*. Cambridge，Mass.：MIT Press.

Cole，Eve Browning，and Susan Coultrap McQuin，eds. 1992. *Explorations in Feminist Ethics：Theory and Practice*. Indianapolis：Indiana University Press.

Collins，Patricia Hill. 1990. *Black Feminist Thought：Knowledge，Consciousness，and the Politics of Empowerment*. Boston：Unwin Hyman.

Cooke，Rebecca J.，ed. 1994. *Human Rights of Women：National and International Perspectives*. Philadelphia：University of

Pennsylvania Press.

Copp, David. 1998. "Equality, Justice, and the Basic Needs, " in *Necessary Goods*, ed. Gillian Brock. Lanham, Md. : Rowman and Littlefield.

Cornell, Drucilla. 1998. *At the Heart of Freedom : Feminism, Sex, and Equality*. Princeton, N. J. : Princeton University Press.

Crenshaw, Kimberle. 1991. "Demarginalizing the Intersection of Race and Sex : A Black Feminist Critique of Antidiscrimination Doctrine, Feminist Theory, and Antiracist Politics, " in *Feminist Legal Theory : Readings in Law and Gender*, eds. Katherine T. Bartlett and Rosanne Kennedy. Boulder, Colo. : Westview Press.

Cunningham, Frank. 1987. *Democratic Theory and Socialism*. Cambridge : Cambridge University Press.

Curzer, Howard J. 2002. "Admirable Immorality, Dirty Hands, Care Ethics, Justice Ethics, and Child Sacrifice. " *Ratio* 15 (3) (September) : 227-244.

Daggar, Richard. 1997. *Civic Virtues*. New York : Oxford University Press.

Dahl, Robert A. 1970. *After the Revolution*. New Haven, Conn. : Yale University Press.

Dancy, Jonathan, ed. 1997. *Reading Parfit*. Oxford : Blackwell.

Darwall, Stephen L. 1983. *Impartial Reason*. Ithaca, N. Y. : Cornell University Press.

Darwall, Stephen. 1998. *Philosophical Ethics*. Boulder, Colo.: Westview Press.

Dawes, Robyn M., and Richard H. Thaler. 1988. "Cooperation." *Journal of Economic Perspectives* 2 (3) (summer): 187-197.

DesAutels, Peggy, and Joanne Waugh, eds. 2001. *Feminists Doing Ethics*. Lanham, Md.: Rowman and Littlefield.

De Tocqueville, Alexis. 1955. *Democracy in America*, 12th ed. New York: Vintage.

Deveaux, Monique. 1995. "Shifting Paradigms: Theorizing Care and Justice in Political Theory." *Hypatia: A Journal of Feminist Philosophy* 10 (2) (spring): 115-119.

Dewey, John. 1916. *Democracy and Education*. New York: Macmillan.

Dewey, John. 1963. *Experience and Education*. New York: Collier Macmillan.

Di Stefano, Christine. 1991. *Configurations of Masculinity: A Feminist Perspective on Modern Political Theory*. Ithaca, N. Y.: Cornell University Press.

Di Stefano, Christine. 2000. "Feminist Political Philosophy." *American Philosophical Association Newsletter on Feminism and Philosophy* (spring): 196-200.

Dworkin, Ronald. 1977. *Taking Rights Seriously*. Cambridge, Mass.: Harvard University Press.

England, Paula, and Nancy Folbre. 1999. "The Cost of Caring."*Annals of the American Academy of Political and Social Science*, 561 (January): 39-51.

Estrich, Susan. 1987. "Rape." *Yale Law Journal* 95: 1087-1184.

Falk, Richard. 1968. *Legal Order in a Violent World*. Princeton, N. J.: Princeton University Press.

Falk, Richard. 1993. "The Making of Global Citizenship," in *Global Visions: Beyond the New World Order*, eds. Jeremy Brecher, John Brown Childs, and Jill Cutler. Boston: South End Press.

Ferguson, Ann, and Nancy Folbre. 1981. "The Unhappy Marriage of Patriarchy and Capitalism," in *Women and Revolution*, ed. Lydia Sargent. Boston: South End Press.

Fisher, Berenice, and Joan Tronto. 1990. "Toward a Feminist Theory of Caring," in *Circles of Care*, eds. E. Abel and M. Nelson. Albany: SUNY Press.

Flanagan, Owen, and Amelie Oksenberg Rorty, eds. 1992. *Identity, Character, and Morality: Essays in Moral Psychology*. Cambridge, Mass.: MIT Press.

Folbre, Nancy. 2001. *The Invisible Heart: Economics and Family Values*. New York: New Press.

Folbre, Nancy, and Julie A. Nelson. 2000. "For Love or Money—Or Both?" *Journal of Economic Perspectives* 14 (4) (fall): 123-

140.

Foot, Philippa. 1978. *Virtues and Vices*. Berkeley: University of California Press.

Frank, Robert A., Thomas Gilovich, and Dennis T. Regan. 1993. "Does Studying Economics Inhibit Cooperation?" *Journal of Economic Perspectives* 7 (2): 159-171.

Frankfurt, Harry G. 1988. *The Importance of What We Care About.* Cambridge: Cambridge University Press.

Fraser, Nancy. 1987. "Women, Welfare and the Politics of Needs Interpretation." *Hypatia: A Journal of Feminist Philosophy* 2 (1): 103-121.

Fraser, Nancy. 1989. *Unruly Practices: Power, Discourse, and Gender in Contemporary Social Theory*. Minneapolis: University of Minnesota Press.

Frazer, Elizabeth, and Nicola Lacey. 1993. *The Politics of Community: A Feminist Critique of the Liberal-Communitarian Debate*. Toronto: University of Toronto Press.

Friedman, Marilyn. 1993. *What Are Friends For?Feminist Perspectives on Personal Relationships and Moral Theory*. Ithaca, N. Y.: Cornell University Press.

Friedman, Marilyn. 2003. *Autonomy, Gender, Politics*. New York: Oxford University Press.

Friend, Celeste M. 1995. "Trust and the Limits of Contract," Ph. D.

dissertation. City University of New York.

Galston, William. 1992. *Liberal Purposes*. Cambridge: Cambridge University Press.

Gauthier, David. 1986. *Morals by Agreement*. Oxford: Oxford University Press.

Gilligan, Carol. 1982. *In a Different Voice: Psychological Theory and Women's Development*. Cambridge, Mass.: Harvard University Press.

Gilligan, Carol. 1987. "Moral Orientation and Moral Development," *in Women and Moral Theory*, eds. Eva Feder Kittay and Diana T. Meyers. Lanham, Md.: Rowman and Littlefield.

Goodin, Robert E. 1985. *Protecting the Vulnerable: A Reanalysis of Our Social Responsibilities*. Chicago: University of Chicago Press.

Goodin, Robert E. 1988. *Reasons for Welfare*. Princeton, N. J.: Princeton University Press.

Goodin, Robert E. 1995. *Utilitarianism as a Public Philosophy*. Cambridge: Cambridge University Press.

Gordon, Robert M. 1996. "Sympathy, Simulation, and the Impartial Spectator," in *Mind and Morals: Essays on Ethics and Cognitive Science*, eds. Larry May, Marilyn Friedman, and Andy Clark. Cambridge, Mass.: MIT Press.

Gould, Carol C. 1988. *Rethinking Democracy: Freedom and Social Cooperation in Politics, Economy, and Society*. Cambridge: Cambridge University Press.

Gould, Carol C. 2004. *Globalizing Democracy and Human Rights*. New York: Cambridge University Press.

Grant, Rebecca, and Kathleen Newland, eds. 1991. *Gender and International Relations*. Bloomington: Indiana University Press.

Gutmann, Amy. 1987. *Democratic Education*. Princeton, N. J.: Princeton University Press.

Habermas, Jürgen. 1995. "Discourse Ethics," in Jürgen Habermas, *Moral Consciousness and Communicative Action*. Cambridge, Mass.: MIT Press.

Halfon, Mark S., and Joram C. Haber, eds. 1998. *Norms and Values: Essays on the Work of Virginia Held*. Lanham, Md.: Rowman and Littlefield.

Hall, John A., ed. 1995. *Civil Society: Theory, History, Comparison*. Cambridge: Polity Press.

Hampton, Jean. 1993. "Feminist Contractarianism," in *A Mind of One's Own: Feminist Essays on Reason and Objectivity*, eds. Louise M. Antony and Charlotte Witt. Boulder, Colo.: Westview Press.

Hampton, Jean. 1997. *Political Philosophy*. Boulder, Colo.: Westview Press.

Hanen, Marsha, and Kai Nielsen, eds. 1987. *Science, Morality and Feminist Theory*. Calgary: University of Calgary Press.

Hanigsberg, Julia E. and Sara Ruddick, eds. 1999. *Mother Troubles: Rethinking Contemporary Maternal Dilemmas*. Boston: Beacon Press.

Harding, Sandra. 1987. "The Curious Coincidence of Feminine and African Moralities," in *Women and Moral Theory*, eds. Eva Feder Kittay and Diana T. Meyers. Lanham, Md.: Rowman and Littlefield.

Harding, Sandra, and Merrill Hintikka, eds. 1983. *Discovering Reality: Feminist Perspectives on Epistemology, Metaphysics, Methodology and Philosophy of Science*. Dordrecht: Reidel.

Harrington, Mona. 1999. *Care and Equality: Inventing a New Family Politics*. New York: Knopf.

Hartsock, Nancy C. M. 1983. *Money, Sex, and Power: Toward a Feminist Historical Materialism*. New York: Longman.

Hartsock, Nancy C. M. 1996. "Community/Sexuality/Gender: Rethinking Power,"in *Revisioning the Political: Feminist Reconstructions of Traditional Concepts in Western Political Theory*, eds. Nancy J. Hirschmann and Christine Di Stefano. Boulder, Colo.: Westview Press.

Hays, Constance L. 2000. "Commercialism in U. S. Schools Is Examined in New Report." *New York Times* (September 14), pp.

C1 and 25.

Hekman, Susan J. 1995. *Moral Voices, Moral Selves*. University Park : University of Pennsylvania Press.

Held, Virginia. 1968. "On the Meaning of Trust." *Ethics* 78 (January).

Held, Virginia. 1977. "Rationality and Reasonable Cooperation." *Social Research* 44 (4) (winter) : 708-744.

Held, Virginia. [1984] 1989. *Rights and Goods : Justifying Social Action*. Chicago : University of Chicago Press.

Held, Virginia. 1988. "Access, Enablement, and the First Amendment," in *Philosophical Dimensions of the Constitution*, eds. Diana T. Meyers and Kenneth Kipnis. Boulder, Colo. : Westview Press.

Held, Virginia. 1993. *Feminist Morality : Transforming Culture, Society, and Politics*. Chicago : University of Chicago Press.

Held, Virginia. 2002. "Moral Subjects : The Natural and the Normative." Presidential address, American Philosophical Association, Eastern Division. *Proceedings and Addresses of the American Philosophical Association*. Newark, DE (November).

Held, Virginia, ed. 1995. *Justice and Care : Essential Readings in Feminist Ethics*. Boulder Colo. : Westview Press.

Held, Virginia, Sidney Morgenbesser, and Thomas Nagel, eds. 1974. *Philosophy, Morality, and International Affairs*. New York : Oxford University Press.

Henkin，Louis. 1990. *The Age of Rights*. New York: Columbia University Press.

Henkin，Louis. 1989. "The Use of Force：Law and U. S. Policy，" in *Right v. Wrong：International Law and the Use of Force*. Council on Foreign Relations，1989.

Herman，Barbara. 1993. *The Practice of Moral Judgment*. Cambridge，Mass.：Harvard University Press.

Hirschmann，Nancy J.，and Christine DiStefano，eds. 1996. *Revisioning the Political：Feminist Reconstructions of Traditional Concepts in Western Political Theory*. Boulder，Colo.：Westview Press.

Hoagland，Sara Lucia. 1989. *Lesbian Ethics：Toward New Value*. Palo Alto，Calif.：Institute of Lesbian Studies.

Hobbes，Thomas. 1972. *The Citizen：Philosophical Rudiments Concerning Government and Society*，ed. B. Gert. Garden City，N. Y.：Doubleday.

Hoffman，Stanley. 1981. *Duties beyond Borders：On the Limits and Possibilities of Ethical International Politics*. Syracuse，N. Y.：Syracuse University Press.

Holmes，Robert L. 1989. *On War and Morality*. Princeton，N. J.：Princeton University Press.

Houston，Barbara. 1987. "Rescuing Womanly Virtues：Some Dangers of Moral Reclamation，" in *Science，Morality and*

Feminist Theory, eds. M. Hanen and K. Nielsen. Calgary: University of Calgary Press.

Hursthouse, Rosalind, Gavin Lawrence, and Warren Quinn, eds. 1998. *Virtues and Reasons: Philippa Foot and Moral Theory*. Oxford: Clarendon Press.

Jaggar, Alison M. 1983. *Feminist Politics and Human Nature*. Totowa, N. J.: Rowman and Allanheld.

Jaggar, Alison M. 1989. "Feminist Ethics: Some Issues for the Nineties." *Journal of Social Philosophy* 20: 91-107.

Jaggar, Alison M. 1995. "Caring as a Feminist Practice of Moral Reason," in *Justice and Care: Essential Readings in Feminist Ethics*, ed. Virginia Held. Boulder, Colo.: Westview Press.

Jaggar, Alison M. 2005. "Western Feminism and Global Responsibility," in *Feminist Interventions in Ethics and Politics*, eds. Barbara S. Andrew, Jean Keller, and Lisa H. Schwartzman. Lanham, Md.: Rowman and Littlefield.

Jones, Kathleen B. 1992. *Compassionate Authority: Democracy and the Representation of Women*. New York: Routledge.

Kant, Immanuel. 1959. *Foundations of the Metaphysics of Morals*, trans. Lewis White Beck. Indianapolis: Bobbs-Merrill.

Keane, John. 1998. *Civil Society: Old Images, New Visions*. Stanford, Calif.: Stanford University Press.

Keane, John, 2003. *Global Civil Society*? Cambridge: Cambridge

University Press.

Keller, Jean. 1997. "Autonomy, Relationality, and Feminist Ethics." *Hypatia: A Journal of Feminist Philosophy* 12 (2): 152-165.

Kittay, Eva Feder. 1995. "Taking Dependency Seriously." *Hypatia: A Journal of Feminist Philosophy*. 8-29.

Kittay, Eva Feder. 1999. *Love's Labor: Essays on Women, Equality, and Dependency*. New York: Routledge.

Kittay, Eva Feder, and Diana T. Meyers, eds. 1987. *Women and Moral Theory*. Lanham, MD: Rowman and Littlefield.

Koehn, Daryl. 1998. *Rethinking Feminist Ethics: Care, Trust and Empathy*. London: Routledge.

Kuttner, Robert. 1998. *Everything for Sale: The Virtues and Limits of Markets*. New York: Knopf.

Kymlicka, Will, and Wayne Norman. 1994. "Return of the Citizen: A Survey of Recent Work on Citizenship Theory." *Ethics* 104 (January): 352-381.

Landes, Joan B., ed. 1998. *Feminism, the Public and the Private*. New York: Oxford University Press.

Landes, Elisabeth M., and Richard A. Posner. 1978. "The Economics of the Baby Shortage." *Journal of Legal Studies* 7: 323-348.

Larrabee, Mary Jeanne, ed. 1993. *An Ethic of Care: Feminist and Interdisciplinary Perspectives*. New York: Routledge.

Levine, Arthur. 2000. "The Soul of a New University." *New York Times* (March 13), op-ed page.

Li, Chenyang. 1994. "The Confucian Concept of *Jen* and the Feminist Ethics of Care: A Comparative Study." *Hypatia: A Journal of Feminist Philosophy* 9 (1): 70-89.

Li, Chenyang. 2002. "Revisiting Confucian *Jen* Ethics and Feminist Care Ethics: A Reply to Daniel Star and Lijun Yuan." *Hypatia: A Journal of Feminist Philosophy* 17 (1): 130-140.

Linz, Juan J., and Alfred Stepan. 1996. *Problems of Democratic Transition and Consolidation: Southern Europe, South America, and Post-Communist Europe*. Baltimore: Johns Hopkins University Press.

Littleton, Christine. 1987. "Reconstructing Sexual Equality." *California Law Review* 75 (4): 1279-1337.

Lloyd, Genevieve. 1984. *The Man of Reason: "Male" and "Female" in Western Philosophy*. Minneapolis: University of Minnesota Press.

Lugones, Maria C. 1991. "On the Logic of Pluralist Feminism," in *Feminist Ethics*, ed. Claudia Card. Lawrence: University Press of Kansas.

Luper-Foy, Steven, ed. 1988. *Problems of International Justice*. Boulder, Colo.: Westview Press.

MacCormick, Neil. 1996. "Justice as Impartiality: Assenting with

Anti-Contractualist Reservations." *Political Studies* 44: 305-310.

Macedo, Stephen. 1995. "Liberal Civic Education and Religious Fundamentalism: The Case of God v. John Rawls?" *Ethics* 108: 468-496.

Maclntyre, Alasdair. 1981. *After Virtue: A Study in Moral Theory.* Notre Dame, Ind.: University of Notre Dame Press.

MacIntyre, Alasdair. 1999. *Dependent Rational Animals: Why Human Beings Need the Virtues*. Peru, IlL.: Open Court.

MacIntyre, Alasdair. 1988. *Whose Justice? Which Rationality?* Notre Dame, Ind.: University of Notre Dame Press.

MacKenzie, Catriona, and Natalie Stoljar, eds. 2000. *Relational Autonomy: Feminist Perspectives on Autonomy, Agency, and the Social Self*. New York: Oxford University Press.

MacKinnon, Catharine. 1987. *Feminism Unmodified: Discourses on Life and Law*. Cambridge, Mass.: Harvard University Press.

MacKinnon, Catharine. 1989. *Toward a Feminist Theory of the State*. Cambridge, Mass.: Harvard University Press.

McLaren, Margaret A. 2001. "Feminist Ethics: Care as a Virtue," in *Feminists Doing Ethics*, ed. Peggy DesAutels and Joanne Waugh. Lanham, Md: Rowman and Littlefield.

Maghroori, Ray, and Bennett Ramberg, eds. 1982. *Globalism versus Realism: International Relations' Third Debate*. Boulder, Colo.: Westview Press.

Mahowald, Mary. 1994. *Philosophy of Woman : Classical to Current Concepts*, 3rd ed. Indianapolis, Ind. : Hackett.

Mahowald, Mary, Anita Silvers, and David Wasserman. 1998. *Disability, Difference, Discrimination*. Lanham, Md. : Rowman and Littlefield.

Manning, Rita. 1992. *Speaking from the Heart : A Feminist Perspective on Ethics*. Lanham, Md. : Rowman and Littlefield.

Manning, Steven. 1999. "How Corporations Are Buying Their Way into American Classrooms." *Nation* (September 27), pp. 11-18.

Mansbridge, Jane. 1983. *Beyond Adversary Democracy*. Chicago : University of Chicago Press.

Mansbridge, Jane. 1996. "Reconstructing Democracy," in *Revisioning the Political : Feminist Reconstructions of Traditional Concepts in Western Political Theory*, eds. Nancy Hirschmann and Christine Di Stefano. Boulder, Colo. : Westview.

Marwell, Gerald, and Ruth Ames. 1981. "Economists Free Ride, Does Anyone Else? : Experiments on the Provision of Public Goods, IV." *Journal of Public Economics*. 15, 3 : 295-310.

Mason, Andrew. 1999. "Political Community, Liberal-Nationalism, and the Ethics of Assimilation," *Ethics* 109 : 2 (January) 261-286.

McMurtry, John. 1991. "Education and the Market Model." *Journal of Philosophy of Education* 25, 2 : 209-217.

Mendus, Susan. 1996. "Some Mistakes About Impartiality," *Political Studies* XLIV: 319-327.

Mendus, Susan. 2002. *Impartiality in Moral and Political Philosophy*. Oxford: Oxford University Press.

Meyer, Mary K., and Elisabeth Prügl, eds. 1999. *Gender Politics in Global Governance*, Lanham, MD: Rowman & Littlefield.

Meyers, Diana T. 1989. *Self, Society, and Personal Choice*. New York: Columbia University Press.

Meyers, Diana Tietjens. 1994. *Subjection and Subjectivity: Psychoanalytic Feminism and Moral Philosophy*. New York: Routledge.

Meyers, Diana Tietjens. 2002. *Gender in the Mirror: Cultural Imagery and Women's Agency*. New York: Oxford University Press.

Meyers, Diana Tietjens. 2004. "Narrative and Moral Life," in Cheshire Calhoun, ed., *Setting the Moral Compass*. New York: Oxford University Press.

Meyers, Diana Tietjens, ed. 1997. *Feminists Rethink the Self*. Boulder CO: Westview Press.

Mies, Maria, and Vandana Shiva, eds. 1993. *Ecofeminism*. London: Zed Books.

Miller, David. 1989. *Market, State, and Community*. Oxford: Oxford University Press.

Minow, Martha. 1990. *Making All The Difference: Inclusion, Exclusion, and American Law*. Ithaca, NY: Cornell University Press.

Minow, Martha, and Mary Lyndon Shanley. 1996. "Relational Rights and Responsibilities: Revisioning the Family in Liberal Political Theory and Law," *Hypatia: A Journal of Feminist Philosophy*. I 1: 1 (Winter) 3-29.

Mohanty, Chandra Talpade, Ann Russo, and Lourdes Torres, eds. 1991. *Third World Women and The Politics of Feminism*. Bloomington: Indiana University Press.

Morgan, Kathryn Pauly. 1987. "Women and Moral Madness," in M. Hanen and K. Nielsen, eds., *Science, Morality and Feminist Theory*. Calgary: University of Calgary Press.

Nagel, Thomas. 1970. *The Possibility of Altruism*. London: Oxford University Press.

Narayan, Uma. 1997. *Dislocating Cultures: Identities, Traditions and Third World Women*. New York: Routledge.

Nelson, Hilde Lindemann. 2001. "Identity and Free Agency," in Peggy DesAutels and Joanne Waugh, eds., *Feminists Doing Ethics*. Lanham, MD: Rowman & Littlefield.

Nicholson, Linda, ed. 1990. *Feminism/Postmodernism*. New York: Routledge.

Nickel, James W. 1987. *Making Sense of Human Rights*.

Berkeley：University of California Press.

Noddings，Nel. 1986. *Caring：A Feminine Approach to Ethics and Moral Education*. Berkeley：University of California Press.

Noddings，Nel. 2002. *Starting At Home：Caring and Social Policy*. Berkeley：University of California Press.

Nussbaum，Martha C. 1986. *The Fragility of Goodness*. Cambridge：Cambridge University Press.

Nussbaum，Martha C. 1999. *Sex and Social Justice*. New York：Oxford University Press.

Nussbaum，Martha C.，and Jonathan Glover，eds. 1995. *Women，Culture and Development：A Study of Human Capabilities*. Oxford：Clarendon Press.

Okin，Susan Moller. 1979. *Women in Western Political Thought*. Princeton：Princeton University Press.

Okin，Susan Moller. 1989. *Justice，Gender，and the Family*. New York：Basic Books.

Okin，Susan Moller. 1998. "Feminism and Multiculturalism：Some Tensions，" *Ethics* 108 (July) 661-684.

Olsen，Frances. 1984. "Statutory Rape：A Feminist Critique of Rights Analysis，" *Texas Law Review* 63：387-432.

O'Neill，Onora. 1985. *Faces of Hunger：An Essay on Poverty，Justice，and Development*. London：Allen & Unwin.

Oshana，Marina. 1998. "Personal Autonomy and Society，" *Journal of Social Philosophy* XXIX，1：81-102.

Petchesky，Rosalind P. 1985. *Abortion and Women's Choice：The State，Sexuality，and Reproductive Freedom*. Boston：Northeastern University Press.

Peterson，V. Spike，and Anne Sisson Runyan. 1993. *Global Gender Issues*. Boulder，CO：Westview Press.

Phillips，Anne. 1995. *The Politics of Presence*. Oxford：Oxford University Press.

Pincoffs，Edmund. 1986. *Quandaries and Virtues：Against Reductivism in Ethics*. Lawrence：University Press of Kansas.

Pogge，Thomas. 2002. *World Poverty and Human Rights*. Malden，MA：Polity Press.

Posner，Richard A. 1992. *Economic Analysis of Law*. 4th ed. Boston：Little，Brown and Co.

Potter，Nancy. 2001. "Is Refusing to Forgive a Vice?" in *Feminists Doing Ethics*，ed. Peggy DesAutels and Joanne Waugh. Lanham，Md：Rowman and Littlefield.

Purdy，Laura M. 1996. *Reproducing Persons：Issues in Feminist Bioethics*. Ithaca，NY：Cornell University Press.

Putnam，Robert D. 1994. *Making Democracy Work*. Princeton：Princeton University Press.

Putnam，Robert D. 1996. "The Strange Disappearance of Civic America，" *The American Prospect* 24 (Winter)：34-49.

Radin, Margaret Jane. 1996. *Contested Commodities: The Trouble with Trade in Sex, Children, Body Parts, and Other Things*. Cambridge, MA: Harvard University Press.

Rawls, John. 1971. *A Theory of Justice*. Cambridge, MA: Harvard University Press.

Rawls, John. 1993. *Political Liberalism*. New York: Columbia University Press.

Rhode, Deborah L. 1989. *Justice and Gender: Sex Discrimination and the Law*. Cambridge, MA: Harvard University Press.

Robinson, Fiona. 1999. *Globalizing Care: Ethics, Feminist Theory, and International Affairs*. Boulder CO: Westview Press.

Rorry, Amelie Oksenberg, ed. 1980. *Essays on Aristotle's Ethics*. Berkeley: University of California Press.

Ruddick, Sara. 1980. "Maternal Thinking," *Feminist Studies* 6: 342-367.

Ruddick, Sara. 1989. *Maternal Thinking: Toward a Politics of Peace*. Boston: Beacon Press.

Ruddick, Sara. 1995. "Injustice in Families: Assault and Domination," in Virginia Held, ed., *Justice and Care: Essential Readings in Feminist Ethics*. Boulder, CO: Westview Press.

Ruddick, Sara. 1998. "Care as Labor and Relationship," in Mark S. Halfon and Joram C. Haber eds., *Norms and Values:*

Essays on the Work of Virginia Held. Lanham, MD : Rowman & Littlefield.

Sandel, Michael. 1982. *Liberalism and the Limits of Justice*. Cambridge : Cambridge University Press.

Schneider, Elizabeth M. 1986. "The Dialectic of Rights and Politics : Perspectives From the Women's Movement," *New York University Law Review* 61 : 593-652.

Schwarzenbach, Sibyl. 1996. "On Civic Friendship," *Ethics* 107, 1: 97-128.

Sevenhuijsen, Selma. 1998. *Citizenship and The Ethics of Care : Feminist Considerations on Justice, Morality and Politics*. London : Routledge.

Shanley, Mary Lyndon. 1993. "Surrogate Mothering' and Women's Freedom : A Critique of Contracts for Human Reproduction." *Signs* 18, 3 : 618-639.

Sherwin, Susan. 1992. *No Longer Patient : Feminist Ethics and Health Care*. Philadelphia : Temple University Press.

Shue, Henry. 1980. *Basic Rights*. Princeton, N. J. : Princeton University Press.

Singer, Peter. 2002. *One World : The Ethics of Globalization*. New Haven, CT : Yale University Press..

Slaughter, Anne-Marie. 2004. *A New World Order*. Princeton, NJ : Princeton University Press.

Slote, Michael. 1983. *Goods and Virtues*. Oxford : Oxford University Press.

Slote, Michael. 1992. *From Morality to Virtue*. New York : Oxford University Press.

Slote, Michael. 2001. *Morals From Motives*. Oxford : Oxford University Press.

Smart, Carol. 1989. *Feminism and the Power of Law*. London : Routledge.

Smith, Patricia, ed. 1993. *Feminist Jurisprudence*. New York : Oxford University Press.

Smith, Patricia. 1995. "Feminist Jurisprudence : Social Change and Conceptual Evolution," *American Philosophical Association Newsletter on Feminism and Philosophy* (*Spring*).

Spelman, Elizabeth V. 1988. *Inessential Woman*. Boston : Beacon Press.

Star, Daniel. 2002. "Do Confucians Really Care? A Defense of the Distinctiveness of Care Ethics : A Reply to Chenyang Li," *Hypatia : A Journal of Feminist Philosophy*. 17, 1 : 77-106.

Steans, Jill. 1998. *Gender and International Relations : An Introduction*. New Brunswick, NJ : Rutgers University Press.

Stocker, Michael. 1990. *Plural and Conflicting Values*. New York : Oxford University Press.

Sunstein, Cass R. 2004. *The Second Bill of Rights : FDR's Unfinished*

Revolution and Why We Need It More Than Ever. New York: Basic Books.

Taylor, Charles. 1979. *Hegel and Modern Society*. Cambridge: Cambridge University Press.

Taylor, Charles. 1985. *Philosophical Papers*. Cambridge: Cambridge University Press.

Taylor, Charles. 1995. *Philosophical Arguments*. Cambridge, MA: Harvard University Press.

Tessman, Lisa. 2001. "Critical Virtue Ethics: Understanding Oppression as Morally Damaging," in *Feminists Doing Ethics*, ed. Peggy DesAutels and Joanne Waugh. Lanham, Md: Rowman and Littlefield.

Tester, Keith. 1992. *Civil Society*. New York: Routledge.

Thomson, Judith Jarvis. 2001. *Goodness and Advice: With Commentary*. Ed. Amy Gutmann. Princeton: Princeton University Press.

Tickner, J. Ann. 1992. *Gender In International Relations: Feminist Perspectives on Achieving Global Security*. New York: Columbia University Press.

Tickner, J. Ann. 2001. *Gendering World Politics*. New York: Columbia University Press.

Tong, Rosemarie. 1993. *Feminine and Feminist Ethics*. Belmont, CA: Wadsworth.

Traub, James. "This Campus is Being Simulated." *The New York Times Magazine* (Nov. 19, 2000): 88-126.

Trebilcot, Joyce, ed. 1983. *Mothering: Essays in Feminist Theory*. Totowa, NJ: Rowman & Allanheld.

Tronto, Joan C. 1993. *Moral Boundaries: A Political Argument for an Ethic of Care*. New York: Routledge.

Tronto, Joan C. 1996. "Care as a Political Concept," in Nancy J. Hirschmann and Christine Di Stefano, eds. *Revisioning the Political: Feminist Reconstructions of Traditional Concepts in Western Political Theory*. Boulder, CO: Westview Press.

Unger, Roberto Mangabeire. 1975. *Knowledge and Politics*. New York: The Free Press.

United Nations Development Programme. 1996. *Human Development Report*. New York: Oxford University Press.

Vallentyne, Peter, ed. 1991. *Contractarianism and Rational Choice*. New York: Cambridge University Press.

Valls, Andrew, ed. 2000. *Ethics in International Affairs*. Lanham, MD: Rowman & Littlefield.

Velleman, J. David. 1999. "Love as a Moral Emotion," *Ethics* 109: 2 (January) 338-374.

Walker, Lawrence J. 1984. "Sex Differences in the Development of Moral Reasoning: A Critical Review," *Child Development* 55: 677-691.

Walker，Margaret Urban. 1989. “Moral Understandings：Alternative ‘Epistemology’ for a Feminist Ethics，” *Hypatia：A Journal of Feminist Philosophy*，4：15-28.

Walker, Margaret Urban. 1992. “Feminism，Ethics，and the Question of Theory，” *Hypatia：A Journal of Feminist Philosophy*，7：23-38.

Walker, Margaret Urban. 1998. *Moral Understandings：A Feminist Study in Ethics*. New York：Routledge.

Walker, Margaret Urban. 2003. *Moral Contexts*. Lanham，MD：Rowman & Littlefield.

Walker, Margaret Urban，ed. 1999. *Mother Time：Women，Aging，and Ethics*. Lanham, MD：Rowman & Littlefield.

Wallace，James D. 1978. *Virtues and Vices*. Ithaca，NY：Cornell University Press.

Walzer，Michael. 1977. *Just and Unjust Wars*. New York：Basic Books.

Wasserstrom，Richard，ed. 1970. *War and Morality*. Belmont，CA：Wadsworth Publishing Co.

West，Robin. 1988. “Jurisprudence and Gender，” *University of Chicago Law Review* 55：1-72.

White，Julie Anne. 2000. *Democracy，Justice，and The Welfare State：Reconstructing Public Care*. University Park：The Pennsylvania State Press.

Wilber, Charles K., ed. 1998. *Economics, Ethics, and Public Policy*. Lanham, MD : Rowman & Littlefield.

Willett, Cynthia. 1995. *Maternal Ethics and Other Slave Moralities*. New York : Routledge.

Williams, Bernard. 1981. *Moral Luck : Philosophical Papers 1973-1980*. Cambridge : Cambridge University Press.

Williams, Bernard. 1985. *Ethics and the Limits of Philosophy*. Cambridge, MA : Harvard University Press.

Williams, Patricia J. 1991. *The Alchemy of Race and Rights*. Cambridge, MA : Harvard University Press.

Yee, Chan Sin. 2003. "The Confucian Conception of Gender in the Twenty-First Century, " in Hahm Chaibong and Daniel A. Bell, eds., *Confucianism for the Modern World*. Cambridge : Cambridge University Press.

Young, Iris Marion. 1990. *Justice and the Politics of Difference*. Princeton, NJ : Princeton University Press.

Yuan, Lijun. 2002. "Ethics of Care and Concept of *Jen* : A Reply to Chenyang Li, " *Hypatia : A Journal of Feminist Philosophy* 17 : 1, 107-129.

索　引

（本索引所标页码为英文版页码，参见中文版边码）

图书在版编目(CIP)数据

关怀伦理学 /(美) 赫尔德著;苑莉均译. —北京:商务印书馆,2014
ISBN 978-7-100-10502-6

Ⅰ. ①关… Ⅱ. ①赫… ②苑… Ⅲ. ①伦理学 Ⅳ. ①B82

中国版本图书馆 CIP 数据核字(2013)第 289470 号

关怀伦理学
〔美〕弗吉尼亚·赫尔德 著
苑莉均 译

商 务 印 书 馆 出 版
(北京王府井大街36号 邮政编码 100710)
商 务 印 书 馆 发 行
北京瑞古冠中印刷厂印刷
ISBN 978-7-100-10502-6

2014 年 10 月第 1 版　　开本 850×1168 1/32
2014 年 10 月北京第 1 次印刷　　印张 11½
定价: 30.00 元